波尔山羊
高效饲养技术

赵中权　主编
赵永聚　王高富　副主编

化学工业出版社
·北京·

本书在总结了多年波尔山羊养殖经验的基础上，系统地介绍了波尔山羊的起源、种质特性、繁殖技术、饲养管理、杂交利用、疫病防控、养殖场的建设及管理、养殖模式、养殖效益分析和产品综合利用技术，使广大读者读完此书对波尔山羊养殖有全面了解，能真正地动手养殖，可操作性强。本书针对波尔山羊优点和相对的缺点，提出最佳利用模式；针对南北方气候环境条件的差异，提出适宜的养殖场建造形式；针对不同的养殖类型提出不同的养殖模式并进行效益分析，让广大读者能够针对自身情况选择适宜的养殖模式。

本书内容丰富，既注重理论知识，又具有一定的实践性和可操作性，可作为广大养殖企业（户）和众多创业者的学习用书，也可作为畜牧基层工作者的技术指导用书，还可作为高等院校和中职学校学生的参考用书。

图书在版编目（CIP）数据

波尔山羊高效饲养技术/赵中权主编．—北京：
化学工业出版社，2016.9（2022.1重印）
ISBN 978-7-122-27639-1

Ⅰ．①波…　Ⅱ．①赵…　Ⅲ．①山羊-饲养管理
Ⅳ．①S827

中国版本图书馆 CIP 数据核字（2016）第 165162 号

责任编辑：漆艳萍　　装帧设计：韩　飞
责任校对：李　爽

出版发行：化学工业出版社
（北京市东城区青年湖南街 13 号　邮政编码 100011）
印　　刷：北京京华铭诚工贸有限公司
装　　订：三河市振勇印装有限公司
850mm×1168mm　1/32　印张 8　字数 214 千字
2022 年 1 月北京第 1 版第 8 次印刷

购书咨询：010-64518888
售后服务：010-64518899
网　　址：http://www.cip.com.cn
凡购买本书，如有缺损质量问题，本社销售中心负责调换。

定　　价：28.00 元

编写人员名单

主　　编　赵中权

副 主 编　赵永聚　王高富

编写人员　王高富　俄广鑫　曾　艳　孙雅望

　　　　　王自力　赵中权　赵永聚

审　　稿　张家骅　黄勇富

前言

FOREWORD

波尔山羊原产于南非共和国，有生长速度快、适应性强、饲料利用率高等优良特性，是目前世界上公认的最理想的肉用山羊品种之一。我国从1995年开始引入此品种，已有20年的养殖历史，已经分布于我国20多个省、自治区和直辖市，种羊引入后，各地采用纯种繁育和现代繁殖生物技术快速地增加了纯种波尔山羊数量，并用波尔山羊改良地方羊种，提高了本地山羊生产性能，促进了波尔山羊在我国的发展。但近年来，由于没有正确地使用杂交，致使波尔山羊杂交后代也表现出一些缺点，如杂交后代的繁殖性能较差，表现在产羔率较低、发情不明显、断奶至发情时间长、母性差等，影响了波尔山羊产业的发展。鉴于此，有必要写一本介绍波尔山羊养殖新技术的著作，针对波尔山羊优点和相对缺点，提出波尔山羊较佳利用模式；针对南北方气候环境条件的差异，提出适宜的养殖场建造形式；针对不同的养殖类型提出不同的养殖模式并进行效益分析，让广大养殖户（企业）能够针对自身情况选择适宜的养殖模式，从而提高波尔山羊养殖效益。这就是写此书的出发点。

需要说明的是，在写作本书的过程中，笔者参阅了部分专家、学者的相关资料，因限于篇幅就不一一列出，在此深表歉意，同时也表示感谢。由于笔者水平有限，书中不足和疏漏之处，恳请广大读者和同行批评指正。

编　者

目录

CONTENTS

第一章 波尔山羊的种质特性

第二章 波尔山羊的繁殖技术

第三章 波尔山羊的饲养管理

第四章 波尔山羊选育及杂交利用

第五章 波尔山羊疫病防控技术

第六章 波尔山羊养殖场的建设及管理

第七章 波尔山羊羊肉及其副产品综合利用技术

第八章 波尔山羊养殖模式及养殖效益分析

参考文献

第一章 波尔山羊的种质特性

第一节 波尔山羊的起源与生产现状

一、波尔山羊的来源

波尔源自荷兰语“Boer”，意为“农民”。波尔山羊（Boer goat）是南非育成的一个优良肉用山羊品种，以体型大、早期生长快、繁殖率高、产肉多和适应性强等特点而著称于世，是目前世界上公认的最理想的肉用山羊品种之一，有“肉用山羊之父”的美称。现已被广泛地饲养在新西兰、澳大利亚、德国、加拿大、中国及非洲许多国家和地区。

1. 波尔山羊的起源

波尔山羊原产于南非好望角地。其祖先有三种来源：一来自Namaqua Bushmen和Fooku部落的山羊（Barrow，1801），二来自印度山羊（Pegler，1886），三来自欧洲山羊（Schreiner，1898）。该品种山羊的无角特性和较高产奶量似乎说明该品种曾受欧洲奶山羊的影响（Anon，1960），而此前也曾报道好望角地区很早就饲养荷兰山羊。而根据南非早期居民的游牧和商业贸易特点，波尔山羊的基因可能确实有多种来源。波尔山羊在品种形成过程中至少吸收了来自南非、埃及、苏丹、印度和欧洲五个国家或地区山羊品种的血液，并以印度山羊品种为主。奶山羊对波尔山羊的形成有一定影响，因此该品种保留着产奶量高和某些类型无角等特征，最终在南非经过近两个世纪的风土驯化与漫长的杂交选育而成著名肉用山羊品种。

2. 波尔山羊的培育与发展

据资料记载，波尔山羊的培育经历了以下三个阶段。

第一阶段（1800～1820 年）：在南非好望角地区，随着羊场主的居住趋于安定，他们就开始对其所饲养的地方山羊的某些性状有目的地进行选择育种。经过选育，逐渐形成了体型紧凑结实、匀称、被毛短的早期波尔山羊，其中以土种型和无角型居多。

第二阶段（20 世纪初～1959 年）：此时品种已基本定型。显著标志是许多羊场向肉用方向选择，并育成了体型良好、生长快、繁殖率高、体躯被毛短，且头部和肩部有红褐色毛斑的改良型波尔山羊，但仍有大量的普通型和长毛型。

第三阶段（1959 年至今）：1959 年 7 月南非成立波尔山羊协会，开始了波尔山羊正规化育种。育种协会首先制定了改良型波尔山羊的品种标准，对其外形特征做出明确规定，即被毛白色，头部红褐色并有星型白色毛带，允许有一定数量的红斑；皮肤最好有色，特别是无被毛覆盖处；体质强壮，体型良好；四肢较短，后躯发育良好，肌肉丰满；其次是随着波尔山羊的类型、毛色和体型等外形趋于一致，于 1970 年正式实施波尔山羊生产性能测定计划，开始逐步进入有目的地选择波尔山羊生产特征阶段。这时波尔山羊具有优秀的肉用体型，且肉质优良。

3. 波尔山羊的类型与发展

波尔山羊品种内差异较大，类型较多。根据南非波尔山羊育种协会（网址：http：//studbook. co. za/boergoat/stand. html）资料介绍，波尔山羊主要有以下 5 个类型。

（1）普通型　普通波尔山羊，肉用体形明显，毛短，体躯有不同的花斑，常见的有灰白色、深棕色和棕色的头颈等，多饲养在欧洲农场中。

（2）无角型　无角波尔山羊，毛短，无角，体形欠理想，多为奶山羊的杂交后代。

（3）长毛型　长毛波尔山羊，被毛长而厚，体格较大，但肉质粗糙，此类型羊多在成年时宰杀，生产大羊肉。

（4）土种型　地方波尔山羊，腿长，体型多变，且不理想，体躯毛色多样。

（5）改良型　改良型波尔山羊，是20世纪初由南非开普（Cape）省波尔山羊育种协会于1959年在普通波尔山羊基础上，统一育种计划，起草育种章程和品种标准，经过严格选育形成的。为当前世界各地饲养的主要类型。

二、世界波尔山羊的生产

波尔山羊是全世界公认为最好的肉山羊品种，世界各国在利用波尔山羊杂交改良当地山羊向肉用方向发展中，已取得了明显的进展与成就。到目前为止，先后被引入澳大利亚、新西兰、德国、加拿大、美国等30多个国家，显示出很好的肉用特征、广泛的适应性、较高的经济价值和显著的杂交优势，并在这些国家改良山羊品种及发展肉用羊生产中扮演着重要的角色。

1. 南非

南非是波尔山羊原产地。南非地处南半球，有“彩虹之国”之美誉，位于非洲大陆的最南端，陆地面积为121.9万公顷，其东、南、西三面被印度洋和大西洋环抱，陆地上与纳米比亚、博茨瓦纳、莱索托、津巴布韦、莫桑比克和斯威士兰接壤。东面隔印度洋和澳大利亚相望，西面隔大西洋和巴西、阿根廷相望，是非洲第二大经济体，国民拥有很高的生活水平，南非的经济相比其他非洲国家相对稳定。气候条件适宜山羊养殖。现在，南非大约有500万只波尔山羊，主要分布在4个省，其中改良型波尔山羊约有160万只。1959年，南非成立了波尔山羊育种协会，并制定和出版发行波尔山羊的种用标准。于1970年正式实施波尔山羊生产性能测定计划，开始逐步进入有目的地选择波尔山羊生产特征阶段。测定分

5个阶段，包括以下指标：母羊特征、产奶量、羔羊断奶前后的生长率、饲料转化率，公羔体重、在标准化饲养条件下断奶后公羔的生长率、公羊后裔胴体的定性和定量评定。

2. 新西兰

初期，新西兰的波尔山羊是1986年通过非洲东南部津巴布韦引进的波尔山羊冷冻胚胎、胚胎移植的手段获得的。1994年开始向世界许多国家，尤其是中国出售波尔山羊种羊、冻精及胚胎。

在新西兰，波尔山羊表现出良好的适应性和较高的生产性能，初生公羊、母羊的平均体重分别约为4.0千克和3.6千克，断奶重约为21.9千克和20.5千克，周岁重约为50.2千克和38.4千克，成年重约可达145千克和90千克；断奶前平均日增重分别约为186克和182克，周岁内日增重约为126.6克和96.2克。母羊7月龄即可发情配种，平均产羔率为207.8%。目前，还培育出红棕波尔山羊品系，其特点是体质健壮、体格硕大、性情较温顺。

波尔山羊一般3月龄断奶，6～18月龄出栏。断奶体重公羊约为21.9千克，母羊约为20.5千克。据新西兰波尔山羊育种中心资料，8～10月龄羊屠宰率为48%，成年羊屠宰率为50%～54%，肉骨比4.7∶1（其他山羊为3.6∶1）。

3. 澳大利亚

1994年从新西兰的选育群中引进波尔山羊，并同时成立澳大利亚波尔山羊育种协会（BGBAA），1995年10月解除隔离检疫。BGBAA制定了波尔山羊品种标准、性能测定和品种登记计划，其中测定记录的项目主要有标准体重、脂肪厚度和活体眼肌扫描面积等。其种羊等级由新西兰大学的农业商务研究所（ABRI）评定。

在放牧条件下，澳大利亚的波尔山羊母羊一般10月龄左右配种，发情周期为18～21天，妊娠期150天左右；初产羊每胎1～2羔，成年羊每胎2～3羔。初生公羊、母羔的平均体重分别为3.7千克和3.4千克，断奶重约为24千克和22千克，7月龄重约为48千克和45千克，周岁重约为68千克和60千克，成年重约为130

千克和100千克；12月龄内日增重接近200克。8～10月龄屠宰率为48%，1岁时为50%，3岁为54%，4岁时为56%。且澳大利亚波尔山羊更适合放牧与舍饲相结合的饲养方式。

澳大利亚非常重视利用波尔山羊进行商品羊生产，并提出若干可行性的理由。例如，波尔山羊与牛和绵羊混牧，不会降低草场的载牧量，还有助于控制杂草、改善草场和保护土壤等；根据农民意愿饲养肉用山羊是否立足于其原有羊群的实际情况，研究了用波尔山羊与野化山羊、安哥拉山羊和奶山羊杂交的效果；针对澳大利亚长期利用绵羊生产羊肉的问题，提出波尔山羊生产上的优势，以积极引导山羊肉的国内消费。

近期，澳大利亚波尔山羊协会培育出了黑波尔山羊。

4. 美国

1993—1994年由澳大利亚、新西兰引进波尔山羊，主要用于其肉用山羊（主要为西班牙山羊）的杂交改良，也繁殖纯种。从那时起，爆发了对波尔山羊繁殖育种的研究热潮。目前，随着检疫规定的放宽，也能够直接从南非进口山羊原种，推动了美国波尔山羊养殖的发展。波尔山羊性情温顺、繁殖力高、生长速度快等特点，使其在美国肉山羊商业领域中尤为突出。成年波尔山羊公、母羊体重分别为90.72～154.22千克、86.18～104.32千克。

目前，美国波尔山羊协会是世界上最大的波尔山羊协会，会员超过7000人/年，登记超过45000头/年。每年整个肉羊产业的价值估计在15000万～40000万美元。

三、我国波尔山羊生产现状及开发利用前景

从1995年开始，我国先后从德国、南非、澳大利亚和新西兰等国引入波尔山羊，分布在陕西、江苏、四川、重庆、河南、山东、贵州、浙江、河北、云南、北京、天津、江西、福建、山西、安徽、湖北、辽宁、广西等20多个省、市、区。经过20余年的饲养与繁殖，与其他引进畜种一样，在我国的发展经历了波折起伏，大体经历了如下三个阶段。

1. 引种和初步认识阶段

1995年引进波尔山羊时，全国对其生长性能及其适应性了解甚少，所以开展的工作主要围绕生长繁育性能和适应性观测进行，这方面的报道很多。饲养在江苏的波尔山羊基本适应了当地的自然生态条件，其生产性能、繁殖性能与我国地方山羊品种相比已显示出优势；饲养在四川的波尔山羊繁殖性能研究，初产母羊产羔率为156%，经产母羊为203%，平均为188%。特别是用波尔山羊改良当地山羊，杂交优势明显，是改良我国山羊，提高其产肉性能的理想品种。武和平等（1998）对饲养在陕西的波尔山羊进行研究指出，该品种不仅具备良好产肉性能，而且对低产普通山羊的杂交改良效果十分显著；在江苏，杂交一代的初生重、2月龄体重、6月龄体重分别比当地羊提高了41.4%、64.7%和104%（周欣德，1999)；与鲁北白山羊杂交，产羔率为181%，成活率为92%，公、母羔初生重分别比当地羊提高了58.3%和38.7%，3月龄公、母羊体重分别提高了105.22%和93.91%（李金树等，1998)；与江苏徐淮山羊杂交，杂种羊和当地山羊的初生重分别约为2.68千克和1.52千克，断奶重约为15.46千克和8.44千克，只均增收56.16元（赵开飞等，1999)；与湖北宜昌白山羊杂交，初生重提高67.8%，2月龄重提高86.7%（侯礼臣，1997)；与四川仁寿山羊杂交，在100日龄，杂交一代公羊在胴体重、净肉重、屠宰率、净肉率分别比仁寿山羊提高了77.90%、85.84%、8.54%和7.74%；杂交一代110日龄母羊胴体重、净肉重、屠宰率、净肉率分别提高了90.44%、105.41%、10.16%和10.10%，且板皮面积大（熊朝瑞等，1998)。

经过几年的试验饲养和观察，波尔山羊的优良性能被我国绝大多数养羊界人士所认识，认为引进波尔山羊必将对我国山羊业的发展起到推动作用，这些工作为波尔山羊的引进和推广奠定了坚实的基础。

2. 炒种和盲目发展阶段

波尔山羊的优良性能和良好的适应性被人们认识后，一些单位

和个人纷纷将投资转向饲养波尔山羊，在我国上下形成了“波尔山羊热”。在这一阶段，“波尔山羊开发公司”“波尔山羊原种场”“波尔山羊庄园”在全国比比皆是。经济实力较大的投资者千方百计不惜重金从国外引进波尔山羊或冷冻胚胎，进行繁殖和扩群；经济实力相对差的投资者从波尔山羊开发公司、波尔山羊原种场、波尔山羊庄园等成群（批）以期货等形式引进种羊。种羊价格不断攀升，动辄每只数万。如刚出生的羔羊卖到 1.5 万元左右，断奶后能卖到 2 万～3 万元，比进口种羊还贵。在 2003 年举办的种羊展示拍卖会上卖到 13.8 万元的天价，杂交羊最高也能卖到 6000 多元。很多媒体将波尔山羊宣传得完美无缺。

与此同时，波尔山羊的精液冷冻技术和胚胎移植技术得到了广泛应用和推广。如毛凤显用 5 种国内外较好的稀释液制作波尔山羊冻精，筛选出最好的稀释液，采用正交设计对稀释比例、降温时间、滴冻颗粒大小和解冻温度四因素分三水平进行试验，筛选出效果较好的冷冻-解冻方式，并以最佳方式制作的波尔山羊冻精进行输精试验，一个情期不返情率为 65.77％（146/222），说明筛选出的最佳稀释液配方及冷冻工艺完全可以在生产中推广应用，并可获得较理想的结果。再如范必勤等以波尔山羊为胚胎供体、当地淮山羊为受体，以黄体酮阴道栓作同期发情处理。采用促卵泡激素和促黄体激素对供体母羊作超数排卵处理。供体母羊与波尔种公羊首次交配后的 3.5 天和 5.5 天分别于输卵管和子宫角回收胚胎。从 3 头供体母羊共获 65 枚胚胎，经鉴定分级，其中 53 枚为可移植胚胎，分别移植至相应同期发情的 27 头受体母羊的输卵管或子宫内，每头受体移入 1～2 枚胚胎。经过 3 个情期以上，其中 20 头受体母羊未出现返情，受体妊娠率为 74％。7 头母羊产双羔，9 头母羊产单羔，共获 23 头羔羊。妊娠受体产羔率为 80％，移植胚胎的发育率为 43.4％。平均每头供体母羊获得纯种波尔山羊羔羊 7.7 头。上述结果表明，波尔山羊胚胎移植可用于商业性生产开发以获取显著的经济效益与社会效益。这些技术其积极的一面提高了波尔山羊母羊的利用率，加快了波尔山羊的生产速度，增加了供种能力，在一定程度上缓解了波尔山羊的供需矛盾；但消极的一面是由于昂贵的技术费用和对能繁母羊造成的损害，更加大了炒种的费用。

在这个阶段，对波尔山羊的炒作和波尔山羊的实际利用情况看，基本上偏离了引种时的初衷。昂贵的价格决定了波尔山羊“贵族”身份，波尔山羊一直以“生产种羊，实现高额利润”的运作模式循环往复，广大农牧区养羊户买不起种羊，就更谈不上品种改良、提高羊肉产量、改善羊肉品质了。由于种羊市场供大于求和泡沫的破灭，导致种羊价急剧回落，纯种波尔山羊及其杂交后代出现销售停滞、产品积压的局面，更有甚者对波尔山羊赔本抛售或集中屠宰。这一阶段大部分种羊场经营困难，负债累累，举步维艰。部分种羊场破产倒闭。而另一方面广大山羊养殖户急需良种，事实上对波尔山羊需求量很大，但无法对接。

3. 价格回落和有序发展阶段

2006 年前后，持续低迷的波尔山羊种羊市场有所复苏，种羊销售开始增多。但是价格较低，一般周岁左右的种羊售价在 1000 元左右。购买者大多为养羊户，购来的种羊基本上用于杂交改良，达到了引入波尔山羊的目的。

在肉用山羊生产中，波尔山羊主要用作杂交终端父本，可提高后代的生长速度和生产性能。从波尔山羊品种杂交改良情况来看，均表现在后代肉用性状明显改观，初生重、生长发育速度、体尺体重、屠宰率、胴体等，较同龄地方本地山羊显著提高。实践证明，用波尔山羊杂交改良其他品种山羊，效果十分显著，波尔山羊确实是一个不可多得的杂交终端父本品种。

据闫振富等介绍，此时由于该羊引入我国时间长，其杂交代次的增高，再加上有的种羊场由于资金紧张而养的种羊营养水平差，导致纯种羊和杂交羊难以区分，波尔山羊杂交羊冒充纯种羊充斥市场的现象时有发生，种羊市场十分混乱。此外，由于政府招标采购种羊套用其他商业招标采购商品的办法，以价格决定中标，价格越低越易中标，为低成本生产的杂交羊提供了销售市场，严重地影响了相对高投入生产的纯种羊的推广。同时，用杂交羊作父本改良效

果差，也对用波尔山羊改良当地山羊造成了不良影响，挫伤了农民改良当地羊的积极性，规范种羊市场势在必行。

四、波尔山羊杂交改良效果

我国山羊生产性能，尤其是产肉性能普遍较差，因此引进波尔山羊杂交改良是一条很好的途径。波尔山羊种羊引入后，各地都很重视，加强饲养管理，采用繁殖新技术，如胚胎移植技术、冷冻精液技术、人工授精技术等，加快了纯种波尔山羊的繁殖速度，促进了波尔山羊业在我国的发展。同时，很多省（区）用波尔山羊与当地山羊开展了杂交改良试验工作，取得了明显效果。

1. 波尔山羊在安徽省的杂交改良效果

用波尔山羊、萨能山羊与安徽白山羊杂交，根据任守文等报道(2002)，波×安 F_1 6 月龄体重约 25.0 千克，日增重约 123 克，与安徽白山羊相比，分别提高 119.9%和 133.84%；胴体重（12.95±1.68)千克，屠宰率（52.95±5.56)%，与安徽白山羊相比，分别提高 143.23%、4.82%。波×安 F_1 8 月龄体重约 29.06 千克，日增重约 108.33 克，分别比同龄安徽白山羊提高 114.15%和 124.52%。说明，用波尔山羊改良安徽白山羊，杂种一代体重、日增重、胴体重和屠宰率都有显著提高，特别是在 6 月龄以前表现突出。

用波尔山羊与萨×安 F_1 母羊进行三元杂交试验，F_2 到 6 月龄时体重约为 20.71 千克，日增重约 102.06 克，分别比安徽白山羊提高 80.72%和 93.99%，胴体重（13.47±1.48)千克，屠宰率 50.69%，分别比安徽白山羊提高 62.29%和 2.22%。但是，用波尔山羊级进杂交安徽白山羊，其波×波×安杂种羊 6 月龄体重约 27.76 千克，日增重约 137.33 克，分别比波×萨×安杂种羊提高 34.04%和 34.56%，差异极显著。8 月龄时，波萨安 F_2 体重约为 24.23 千克，日增重约 91.21 克，分别比安徽白山羊提高 78.56%和 89.04%；用波尔山羊级进安徽白山羊的 F_2，即波波安杂种，体重约为 37.97 千克，日增重约 145.54 克，分别比波萨安 F_2 提高

56.71%和59.57%，差异也极显著。说明在增重方面，波波安杂交组合显著优于波萨安杂交组合。在肉用性能方面，与安徽白山羊相比，波萨安杂种羊在胴体重、屠宰率、胴体产肉量、净肉率、肉骨比、眼肌面积、内脏脂肪沉积能力等指标提高了，但是肉色变淡，pH值下降，大理石纹变差，失水率较多，肌纤维变粗，反映肉用品质有不同程度下降。在皮用性能方面，波萨安杂种羊在鲜皮重、皮张面积、真皮层厚度等性状方面比安徽白山羊有所提高，但皮张的撕裂强度、断裂伸张率、皮肤均匀率、毛纤维密度等则有不同程度的下降。

2. 波尔山羊在四川省的杂交改良效果

根据王志全等报道（2001），用波尔山羊与简阳大耳羊杂交，F_1杂种羊，6月龄时体重公羊为（30.82±1.49）千克、母羊为（27.19±1.51）千克，周岁时体重公羊为（49.20±2.42）千克、母羊为（41.04±2.30）千克，成年时体重公羊为（68.03±3.21）千克、母羊为（52.07±2.26）千克，分别比同龄同性别的简阳大耳羊提高52.2%、49.81%、63.46%、51.38%、54.02%和44.52%，差异都极显著（$p<0.01$）。同时屠宰4月龄波×简F_1杂种羊，可获胴体约10.14千克，获净肉重7.84千克，分别比同龄简阳大耳羊提高45.06%和51.06%，差异极显著（$p<0.01$）。

用波尔山羊级进波×简F_1，获得的波×波×简F_2羊，6月龄时体重公羊（31.22±1.46）千克、母羊（27.59±1.66）千克，8月龄时体重公羊（38.17±1.70）千克、母羊（33.34±1.86）千克，周岁时体重公羊（50.95±2.50）千克、母羊（41.97±2.43）千克，成年时体重公羊（71.33±3.67）千克，母羊（54.63±3.12）千克，与同龄同性别的波×简F_1相比，体重均有提高，但差异不显著（$p<0.05$）。

3. 波尔山羊在山东省的杂交改良效果

据张树村报道（2005），用波尔山羊与山东省沂蒙山区的黑山羊杂交，杂种F_1体重，6月龄体重公羊为（36.22±3.73）千克，

母羊为（35.76±2.18）千克，比同龄黑山羊分别提高59.63%和62.84%；周岁体重F_1公羊（61.34±2.36）千克，母羊（60.37±2.68）千克，比同龄黑山羊分别提高60.87%和75.09%。杂种F_1周岁羊屠宰结果，胴体重（26.28±3.75）千克，净肉重（20.33±3.10）千克，屠宰率（52.25±4.76）%，胴体净肉率77.36%，上述指标比同龄黑山羊分别提高131.95%、133.14%、12.48%和0.4%。说明，杂种F_1在生长发育和主要肉用性状指标方面，与当地山羊相比具有显著优势。

4. 波尔山羊在云南省的杂交改良效果

据文际坤等报道（2001），用波尔山羊与云南省曲靖市的鲁布革黑山羊杂交改良试验，波×鲁F_1 6月龄体重公羊为(25.24±3.89)千克，母羊为(23.06±3.83)千克，比同龄的鲁布革黑山羊分别提高17.45%和12.38%；8月龄体重公羊为(29.24±4.14)千克，母羊为(28.38±3.12)千克，分别比同龄的鲁布革山羊提高21.68%和12.57%；11月龄体重公羊为(36.53±4.45)千克，母羊为(35.43±4.49)千克，分别比同龄的鲁布革山羊提高19.81%和13.56%。肉用性能测定结果，8月龄F_1羯羊胴体重(15.03±1.25)千克，净肉重(11.20±1.68)千克，屠宰率47.70%，胴体净肉率为76.71%，与同龄鲁布革羯羊相比，胴体重提高31.84%，净肉重提高41.59%；11月龄F_1羯羊胴体重(19.07±2.80)千克，净肉重(15.47±2.20)千克，屠宰率51.0%，胴体净肉率82.17%，与同龄鲁布革羯羊相比，胴体重提高55.93%，净肉重提高57.86%。经测定，波×鲁F_1羊肉的pH值为(6.14±0.17)，失水率为(14.14±3.99)%，熟肉率为(59.08±1.63)%，剪切值为(2.86±0.28)千克，与鲁布格山羊肉对应指标相比，差异不显著。经品味鉴定，波×鲁F_1肉品的香气、香味、膻味、嫩度和多汁性与鲁布格羊肉品种相比，无明显差异。

5. 波尔山羊在贵州省的杂交改良效果

沿河县是贵州白山羊的中心产区，该县位于贵州省东北角，乌江流域下游，与重庆市接壤，平均海拔 780 米，属中亚热带季风气候，年平均气温 15.7℃，年均降水量 1175 毫米，相对湿度 75%，全年无霜期 311 天，年均日照 1190 小时。主要农作物有玉米、水稻、小麦、黄豆、花生、薯类、油菜等，农作物秸秆丰富，并有红（白）三叶草与多年生黑麦草混播型人工牧草地 82.87 公顷。1999 年引进波尔山羊公羊作父本，在黑水乡农户中与沿河白山羊母羊杂交。试验组和对照组在相同条件下，采用白天放牧，夜间适当补饲优质草料和配合颗粒饲料，加强幼羔的护理和培育，7 日龄后投喂优质牧草诱导采食，20 日龄后补饲颗粒精料；定期统一用阿丙达唑驱虫、双胛脒水溶液洗浴和预防接种；保持圈舍、环境清洁卫生，保证清洁饮水。

6. 波尔山羊在广东省的杂交改良效果

为了提高雷州山羊的产肉性能和商品率，刘艳芬等（2002）引入波尔山羊、奴比山羊和隆林山羊为父本，对雷州山羊进行杂交，试验从 1999 年年初开始，至 2000 年年底结束。各试验组羊按常规方法放牧和管理，羊舍采用高架楼式床面，舍外设运动场，白天归牧后在运动场饮水、休息，每天清扫羊舍内外，每周消毒 1 次，定期驱虫和药浴，春秋两季接种传染性胸膜肺炎疫苗，羔羊 4 周后随群放牧。试验结果指出，6 月龄波雷杂种一代羊体重公羊(19.25±2.98)千克，母羊(19.21±2.94)千克，分别比对照组雷州山羊提高 83.75%和 74.0%，8 月龄波雷杂种一代羔羊体重公羊(24.33±3.20)千克、母羊(24.42±3.13)千克，比对照组雷州山羊分别提高 47.45%和 93.04%，效果相当显著。但试验者认为，波尔山羊引种成本较高，而且毛色为白色，短期内被群众接受有一定困难；努比羊的杂种生产性能虽略低于波尔山羊的杂种，但努比羊引种成本低，后代毛色为黑色或红棕色，群众易于接受，便于大面积推广。

7. 波尔山羊在甘肃省的杂交改良效果

为提高河西山羊的产肉性能，甘肃省张掖地区畜牧站从 1999

年开始，从陕西麟游县购进波尔山羊冻精，并在全区山羊较为集中的 14 个乡村进行杂交，杂种羊与当地山羊编号后混群粗放饲养。根据张永东的资料（2003），波尔山羊杂种一代羊（共获 F_1 996 只），体格高大，结构紧凑，背腰平直，体躯近似圆桶形，四肢健壮，发育良好；杂种羊毛色因母本而异，其中白色者占 61.5%，杂种公羊显父本性状所占比例较高，为 85.0%。6 月龄体重 F_1 公羊约为 27.36 千克，母羊约 25.75 千克，分别比对照组河西山羊提高 45.8%和 64.5%，同时一代杂种羊对当地生态经济环境表现出很强的适应性，主要表现在耐粗饲、易管理、食草性广、行走能力强、抗逆性好等。

8. 波尔山羊在陕西省的杂交改良效果

陕西省是波尔山羊引入我国最早的省区之一，也是我国波尔山羊业目前发展最快和发展最好的地区之一。武和平等（1998）对饲养在陕西的波尔山羊进行研究指出，该品种不仅具备良好产肉性能，而且对低产普通山羊的杂交改良效果十分显著。以麟游县为例，1998 年以来，该县抢抓西部大开发的历史机遇，积极实施特色产业战略，坚持把发展以波尔山羊为主的畜牧业作为调整农业结构的突破口和增加农民收入的现实途径，高标准起步，高科技推动，大力实施波尔山羊产业开发，使全县畜牧业出现前所未有、快速发展的势头。2002 年，全县羊只饲养量 23.6 万只，比 1997 年增加 4 倍，畜牧业产值已占到农业总产值的 51.6%，农民人均养羊收入占纯收入的 56.3%。根据万博荣等的资料（2001），波×奶 F_1杂种羊 8 月龄体重（37.42±2.31）千克，比同龄地方奶山羊提高 50.28%，F_1杂种羊 12 月龄体重（46.50±2.83）千克，比同龄奶山羊提高 31.91%；波×奶 F_1 周岁胴体重（23.63±1.84）千克，胴体净肉重（18.43±1.87）千克，骨肉比为1∶4.35，屠宰率为 51.92%，胴体净肉率为 77.99%，与对照组同龄奶山羊相比，胴体重提高 33.2%，胴体净肉重提高 47.2%，差异极显著。几年来，麟游县用波尔山羊改良地方奶山羊 13 万只，生产杂种羊 15 万只，其中 F_1 9.4 万只、F_2 4.5 万只、F_3 1.1 万只，并在 2002 年 8 月

15～17 日成功地举办了“2002 首届中国麟游波尔羊节”。

9. 波尔山羊在重庆市的杂交改良效果

在以农户放牧为主的饲养条件下，用波尔山羊与南江黄羊、川东白山羊（简称本地羊）杂交，研究其杂交效果和生长育肥潜力，为波尔山羊的推广和提高本地山羊产肉能力提供科学依据。根据彭祥伟等的研究资料（2002），波×南 F_1 杂种羊体重，4 月龄为(20.20±2.26)千克，6 月龄为(27.19±2.56)千克，8 月龄为(34.67±4.70)千克，分别比对照组南江黄羊提高 31.77%、30.58%和 34.90%；波×本 F_1 杂种羊体重，4 月龄为(19.18±3.92)千克，6 月龄为(24.96±4.44)千克，8 月龄为(33.05±4.66)千克，分别比对照组本地山羊提高 136.50%、122.66% 和 116.30%；屠宰 7 月龄杂种羊结果，波×本 F_1 杂种羊宰前活重约为 27.30 千克，胴体重约 12.90 千克，屠宰率为 47.25%；波×南 F_1 杂种羊宰前活重约为 24.60 千克，胴体重约 12.25 千克，屠宰率为 49.80%。波尔山羊体格大，与南江黄羊和本地山羊杂交能否顺利产羔，是人们关注的问题之一，经两年多近百窝母羊产羔统计，即使和中等或中等偏小的母羊配种，仍能顺利产羔，没有发生难产现象；同时成年波尔山羊、纯种后代或杂交后代，对丘陵灌丛草（坡）地适应性较强，具有较好攀岩、越障、识险避险能力，合群性好，食谱广，牧速中等，步履稳健，性情温顺，适宜于舍饲和放牧饲养。

波尔山羊的引进和推广无疑会对我国肉山羊业的发展起到积极的推动作用，但我国多年的引种经验和畜牧业发展规律告诉我们，各地在引种时，应正确认识波尔山羊的生产性能和杂交利用优势。如在马拉维与东非小型山羊杂交，发现其产羔率只有 139%，羔羊死亡率却高达 24.5%，平均日增重为 73.8 克。对波尔山羊适宜杂交代数进行了研究发现，随着杂交代数增加，产羔率和羔羊一岁体重下降，羔羊死亡率增加。所以，应进行波尔山羊在各引种地的适应性、杂种后代生长发育状况及杂交适宜代数等方面的研究，以便正确发挥波尔山羊对我国养羊业的作用。

第二节　波尔山羊的品种特征

一、波尔山羊生活习性

1. 有较强的抗病能力，生存能力强

波尔山羊适应性较强。波尔山羊四肢健壮，能长距离放牧。它不仅能在密集的灌丛和崎岖的山地很好放牧，还能长途跋涉寻找食物和饮水。波尔山羊不仅采食树叶，而且攀爬树干和树枝，对于幼树尤其如此。这种采食特性使其很少感染寄生虫。波尔山羊喜食树叶，对苦味的耐受性高。在南非，波尔山羊对地中海式气候、热带和亚热带气候、半荒漠气候都适应；同时，波尔山羊对从纳米比亚和澳大利亚的干热沙漠气候，甚至大雪覆盖的德国的山区，都有很强的适应能力。在我国，无论炎热的南部丘陵地带，还是寒冷的北部牧区，都能安家落户，充分证明该品种山羊较强的适应性。

波尔山羊体质强壮，抗病能力较强，对蓝舌病、氢氰酸中毒症和肠毒血症有很强的抵抗能力。波尔山羊在发病初期，临床症状常不明显，也不易察觉，当发病症状明显时，往往病情已很严重，治疗效果也不太理想。所以，尽管波尔山羊发病少、抗病力强，但仍要采取预防为主的方针。

2. 波尔山羊食谱广，采食、消化吸收能力强

波尔山羊能采食地面低草、小草、花蕾和灌木树叶，对草籽的咀嚼也很充分，素有“清道夫”之称。后肢能站立，有助于采食高处的灌木或乔木的幼嫩枝叶；舌上苦味感觉器发达，适应采食各种苦味植物。瘤胃很大，瘤胃内的微生物品种很多（细菌、真菌和纤毛虫等），能分解饲料中的纤维素，把非蛋白氮转化为菌体蛋白，可合成维生素。波尔山羊肠道相对长度长于其他家畜，可达到自身体长的 27 倍。因此，对草料消化充分，对营养物质吸收利用完全，比其他草食家畜抗饥饿能力更强。

3. 波尔山羊性格活泼好动，喜欢登高

波尔山羊生性好动，除卧息反刍之外，大部分时间是处于走走停停的逍遥运动之中。羔羊表现得尤为突出，经常有前肢腾空、躯体直立、跳跃、嬉戏等动作。在放牧时，波尔山羊喜欢游走，善于登高。在山区的陡坡和悬崖上，绵羊不能攀登的地方，山羊能行动自如，可直上直下60°的陡坡，而绵羊则需斜向作“之”字形游走。因此，山羊的采食范围可达崇山峻岭、悬崖峭壁。根据山羊这一习性，在舍饲条件下，应设置宽敞的运动场，如果是倚山建羊舍的，运动场可在凹凸不平的山上围建，如在平地建羊舍，运动场内可垒石墙或土堆，供山羊登高活动，使羊获得足够的运动，保证其健康地生长。

4. 波尔山羊合群性强

波尔山羊具有较强的合群性，易建立起群体结构，主要通过视、听、嗅、触等感官活动来传递和接受各种信息，以保持和调整群体成员之间的活动。无论放牧还是舍饲，山羊总喜欢在一起活动，并由年龄大、后代多、身强体壮的羊担任头羊，带领全群统一行动。所以，对于大群放牧的羊群只要有一头训练有素的头羊带领，就较容易放牧。头羊可以根据饲养员的口令，带领羊群向指定地点移动。山羊喜群居，如果单独饲养，往往表现不安；群牧的山羊中个别掉队者常常鸣叫不止。山羊的这种合群性给生产带来了好处，既方便管理，又有利于放牧。应注意，经常掉队的羊，往往不是因病，就是因为老弱跟不上群。

5. 波尔山羊喜干厌湿，爱清洁

“羊性喜干厌湿，最忌湿热湿寒，利居高燥之地”。波尔山羊也是如此，喜欢干燥的生活环境，舍饲的山羊常常喜欢在地势较高的干燥地方站立或休息。山羊长期生活在潮湿低洼的环境里，往往易感染肺炎、蹄炎及寄生虫病。故羊舍应建在地势高、排水畅通、背风向阳的地方，有条件的养羊户还可以在羊舍内建羊床，供其休息，以防潮湿。

波尔山羊嗅觉灵敏，故饲喂草料、饮水一定要清洁新鲜。对于放牧羊群的草场要根据面积、羊群数量，按照一定顺序轮流放牧。对于舍饲的羊群要在羊舍内设置水槽、食槽和草料架，且要常清洗。饮水要勤换，饲草要少喂勤添，羊舍要干净卫生。

二、波尔山羊种质特性

1. 动物学分类

按照现代动物分类学来划分，波尔山羊属于动物界脊椎动物门、哺乳纲、偶蹄目、反刍亚目、洞角科、绵羊山羊亚科、山羊属(Capra)、山羊种。

2. 体形外貌

改良型波尔山羊，具有强健的头，眼睛清秀，罗马鼻，公羊角基粗大并向上向后弯曲，母羊角细而直立；耳大下垂，头颈部及前肢比较发达，体躯长、宽、深，肋部发育良好且完全展开，胸部发达，背部结实宽厚，腿臀部丰满，四肢结实有力。体躯毛色为白色，头、耳、颈部颜色可以是浅红色至深红色，但不超过肩部(图 1-1)。以下为特征：前额下陷，口窄，颌短，耳小直立或折叠，背下陷，前肢 X 肢势，蹄内向或外向，被毛长而粗糙，奶头粗大等。

图 1-1　波尔山羊

3. 生产性能

(1) 生长发育　波尔山羊体格大，生长发育快。公羔初生重

3.6～4.2 千克，母羔初生重 3.1～3.6 千克。断奶前日增重一般在200 克以上，6 月龄时体重 30 千克以上。据武和平等（1998）对饲养在陕西的 14 只波尔山羊和 22 只后代的观察报道，在当地饲养条件下，波尔山羊 2 月龄断奶前，公、母羔日增重分别是 182.50 克和 155.20 克，5～6 月龄日增重最高，公、母羔分别是 306.00 克和 213.00 克，周岁时公羊的体长、体高、胸深、胸宽、胸围、管围分别是成年公羊的 74.74%、85.48%、78.38%、88.31%、70.93%和 82.57%；周岁母羊的相应指标分别是成年母羊的 87.04%、87.28%、80.73%、86.77%、75.24%和 96.42%，都基本上接近成年羊。一般成年波尔山羊公羊体长 85～95 厘米，体高 75～90 厘米，体重 75～136 千克（中国杨凌）、75～90 千克（南非）、80～130 千克（德国）；成年母羊体长 75～80 厘米，体高 65～70 厘米，体重 64～89 千克（中国杨凌）、50～60 千克（南非）、50～70 千克（德国）。

（2）产肉性能　波尔山羊肉用性能好。屠宰率 8～10 月龄为 48%，周岁、2 岁和 3 岁时分别为 50%、52%和 54%，4 岁时达到 56%～60%或更高。

南非用波尔山羊与绵羊品种的比较试验中，波尔山羊的屠宰率为 48.3%，南非肉用美利奴羊为 46.6%，毛用美利奴羊为 41%，杜泊羊为 48.5%；脂肪总含量，上述品种，相应为 18.31%、11.8%、15%和 16.7%；胴体脂肪含量分别为 18.2%、14.1%、17.9%和 19.3%；肉骨比，波尔山羊为 4.7∶1，南非肉用美利奴羊、毛用美利奴羊和杜泊羊分别为 4.4∶1、4.3∶1 和 4.8∶1。

波尔山羊胴体瘦而不干，肉厚而不肥，色泽纯正，膻味小，多汁鲜嫩，倍受消费者欢迎。通过肉的嫩度和风味评定发现，波尔山羊肉胶原质含量较高，而溶解度较低。

（3）繁殖性能　波尔山羊成熟早，初情期为 4 月龄，母羔 6 月龄性成熟；公羔 3～4 月龄性成熟，但需到 5～6 月龄或体重 32 千克时方可用作种用。波尔山羊是不完全的季节性发情动物，在良好的饲养条件下，波尔山羊母羊没有休情期，可以全年发情。发情周

期为18～21天，发情持续期为37.4小时，妊娠期平均为148天。产后休情期，在产羔季节为37天，在非产羔季节为60天，产后第1次发情，最早可在20天。波尔山羊每胎平均产2羔，其中50%的母羊产双羔，10%～15%的产3羔，在性能测定中的产羔率为193%，如果用多胎性选择和良好的管理相结合，产羔率可达225%。奶山羊对波尔山羊的形成有一定影响，因此该品种保留着产奶量高的特征。波尔山羊泌乳期前8周奶产量为1.91～2.32千克/天，其中乳脂率含量为3.4%～4.6%，蛋白质为3.7%～4.7%，乳糖为5.2%～5.4%。

（4）板皮品质　波尔山羊皮质地细密，坚韧结实，富有弹性，是制作皮革的好材料，品质可与牛皮相媲美，尤其是皮衣，柔软，手感好，外观美丽而大方。

4. 种用价值

波尔山羊是当今世界上最著名的肉用山羊品种，被誉为“肉用山羊之父”。国外在利用波尔山羊杂交改良当地山羊向肉用方向发展中，已取得了明显的进展与成就。

我国大部分省区为了发展肉羊生产，先后从南非、德国、澳大利亚、新西兰等国家引进了波尔山羊品种，进行了纯繁和杂交改良工作，有力地推动了我国山羊饲养水平的提高。但是，波尔山羊引入我国后也出现了一些不可忽视的问题，产生了较多的盲点和误区。一些企业和种羊场利用农民致富心切的心理，人为炒种，在出售种羊时无等级、无标准，随意定价。个别炒种者则将杂交一代、二代、三代羊等冒充纯种羊出售给农民，影响了纯种波尔山羊的推广应用。为了追求杂交后代的头部棕色、耳部下垂的特征，多数养羊户采用单一的级进杂交的方法，甚至不惜采用火焗油等不法手段坑害养殖户。对此，我们应该保持清醒的头脑，有组织、有计划地对波尔山羊进行科学、合理的品种资源利用。

第二章 波尔山羊的繁殖技术

第一节 山羊繁殖的生理特性

一、山羊生殖器官组成和构造

1. 母羊的生殖器官

母羊的生殖器官包括三个部分。一是性腺，即卵巢。二是生殖道，包括输卵管、子宫、阴道。以上两部分也称内生殖器官。三是外生殖器官，包括尿生殖的庭、阴唇、阴蒂（图 2-1）。

（1）卵巢　山羊卵巢位于子宫角尖端外侧，耻骨前缘之后，形状为椭圆形，长 1～1.5 厘米。初情期开始后，根据发情周期中的时期不同，卵巢上有大小不等的卵泡、红体或黄体突出于卵巢表面。卵巢组织分为皮质部和髓质部，髓质由结缔组织和神经血管系统构成。皮质内含有卵泡、卵泡的前身和续产物（红体、黄体和白体）。卵泡、红体和黄体的形态构造因发育阶段不同而有很大的变化。卵巢的主要机能如下。

① 卵泡发育和排卵　卵巢皮质部分布着许多原始卵泡（初级卵泡）。原始卵泡是由一个卵母细胞和周围一单层卵泡细胞构成，它在胎儿时期即完成了全部数量的储备。初情期开始后，初级卵泡经过次级卵泡、生长卵泡和成熟卵泡发育阶段，最终排出卵子。排卵后在原始卵泡处形成黄体。

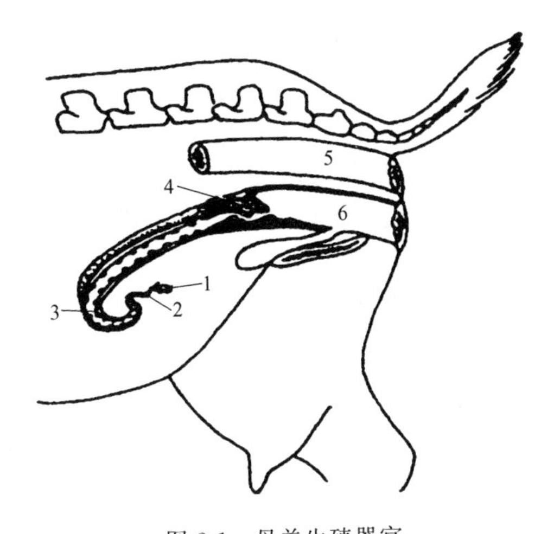

图 2-1　母羊生殖器官

1—卵巢；2—输卵管；3—子宫角；4—子宫颈；5—直肠；6—阴道

② 分泌雌激素和黄体酮　在卵泡发育过程中，包围在卵泡细胞外的两层卵巢皮质基细胞形成卵泡膜，内膜分泌雌激素，一定量的雌激素是导致母畜发情的直接原因。紧接在排卵之后，在原排卵处颗粒膜形成皱壁，增生的颗粒细胞形成索状，从卵泡腔周围呈辐射状延伸到腔的中央形成黄体。黄体能分泌黄体酮，它是维持怀孕所必需的激素之一。

（2）输卵管　输卵管是卵子进入子宫的必经通道，包在输卵管系膜内，长 15～30 厘米，有许多弯曲。管的前三分之一段较粗，称为壶腹，是精子受精的地方。其余部分较细，称为峡部。壶腹和峡部连接处叫壶峡连接部。管的前端（卵巢端）靠近卵巢，扩大呈漏斗状，叫作漏斗。漏斗的面积为 6～10 厘米^2。漏斗的边缘形成许多褶皱，称为输卵管伞。输卵管的主要功能如下。

① 承受并运送卵子　从卵巢排出的卵子先到伞，活动将其运输到漏斗和壶腹，再到壶峡连接部。

② 生殖机能　精子获能、受精以及卵裂均在输卵管内进行。

③ 分泌机能　分泌物主要为黏蛋白及黏多糖，它是精子、卵子的运载工具，也是精子、卵子及早期胚胎的培养液。

（3）子宫　子宫由两侧子宫角、子宫体及子宫颈构成。羊的子宫角基部之间有一纵膈，将两侧子宫角分开，称为对分子宫。子宫的主要机能如下。

① 交配时，子宫借其肌纤维的有节律的收缩作用运送精液，使其超越本身运动速率通过输卵管的子宫口进入输卵管。分娩时，子宫以其强力阵缩而排出胎儿。

② 子宫内膜的分泌物和渗出物，以及内膜进行糖、脂肪、蛋白质代谢的产物，可为精子获能提供环境，又可供孕体（囊胚到附植）的营养需要。怀孕时，子宫内膜（牛和羊为子宫阜）形成母体胎盘，与胎儿胎盘结合成为胎儿与母体间交换营养和排泄物的器官。子宫是胎儿发育的场所。

③ 在发情季节，如果母畜未孕，在发情期的一定时期，一侧子宫角内膜所分泌的前列腺素对同侧卵巢自发情周期黄体有溶解作用，以致黄体机能减退，垂体又大量分泌促卵泡素，引起卵泡发育成长，导致发情。

④ 子宫颈是子宫的门户，在不同的生理状况下伺机启闭。在平时子宫颈处于关闭状态，以防异物侵入子宫腔，发情时稍微开张，以利精子进入，同时宫颈大量分泌黏液，是交配的润滑剂。妊娠时，子宫颈柱状细胞分泌黏液堵塞子宫颈管，防止感染物侵入。临近分娩时刻，颈管扩张，以便胎儿排出。

⑤ 子宫是精子的“选择性储存库”之一，子宫颈黏膜分泌细胞所分泌的黏液，将一些精子导入子宫颈黏膜隐窝内。宫颈可滤剔缺损和不活动的精子，所以它是防止过多精子进入受精部位的第一道栅栏。

2. 公羊的生殖器官

公羊的生殖器官主要包括睾丸、附睾、阴囊、输精管、副性腺和阴茎等部分，不同品种之间的差异仅是部分器官的大小不同（图 2-2）。

（1）睾丸　睾丸有 2 个，均呈长卵圆形，长轴与地平面垂直。睾丸表面为浆膜，往里是白膜（内有血管），再往里是实质部（由若干锥形小叶组成）。睾丸的主要机能如下。

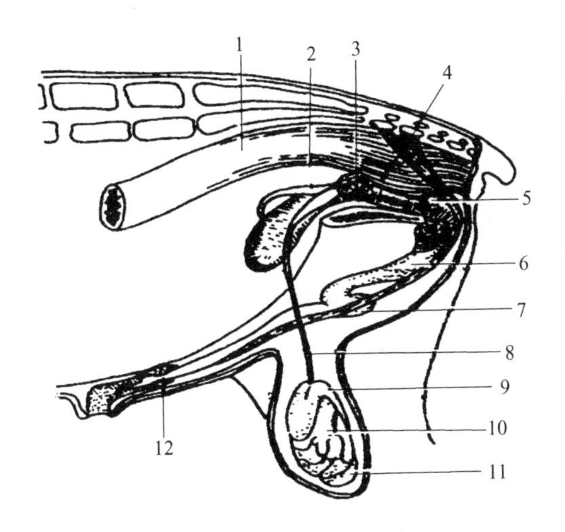

图 2-2　公羊生殖器官

1—直肠；2—输精管壶腹；3—精囊腺；4—前列腺；5—尿道球腺；
6—阴茎；7—S 状弯曲；8—输精管；9—附睾头；
10—睾丸；11—附睾尾；12—包皮

① 由分布在间质组织内的曲精细管产生精子，每克睾丸组织每天可产生 2400 万～2700 万个精子，每个睾丸均重 100～150 克。

② 分泌雄性激素，尤其是睾酮，激发公羊的性欲和性兴奋，刺激完成第二性征的发育。

(2) 附睾　附睾有 2 个，均呈不规则的长管形，沿睾丸一侧从上到下附着在睾丸上，可划分为头、体、尾三部分，其头部有十几条睾丸输出管，汇合于睾丸网而形成一条弯曲小管，此管腔到尾部变粗，进入输精管。附睾的功能如下。

① 附睾是精子最后成熟的地方。据研究，从精细管中出来的精子受精能力极低，通过附睾需 13～15 天的时间，其形态得到完全发育，运动和受精能力可大大提高。

② 附睾是作为精子的储存库，据报道，附睾内 pH 值为弱酸性（6.2～6.8），渗透压高，温度低，使精子处于低耗能量的休眠状态。

③ 附睾为精子提供营养物质，以利于精子在附睾内长期储存而不死亡。

（3）阴囊 阴囊是包裹睾丸及附睾的囊状物，上端狭细，内有一中隔分成左右两腔，各有一个睾丸。在结构上，阴囊最外层为毛发，皮肤内有汗腺、脂腺和肌肉组织，最内层阴囊鞘膜包裹睾丸。阴囊的功能如下。

① 阴囊可支持和保护睾丸。

② 阴囊可调节睾丸温度。

（4）输精管 输精管有2条，是从附睾尾延续到尿道的较厚的环形肌肉层管道。两条输精管相遇在尿道时，最后3～4厘米变粗，形成输精管壶腹部。输精管的功能如下。

① 输精管作为暂时储存精子的地方。

② 依靠肌肉收缩力在射精时将精液推入尿道。

（5）副性腺 副性腺紧附尿道，与输精管相接；它包括2个阴囊腺、1个前列腺和2个尿道球腺。其中，精囊腺最大，位于尿道与输精管连接处；其后是前列腺，围绕在尿道周围，有数个小排泄管直通尿道；最后是尿道球腺，位于骨盆腔出口处的尿道上端。副性腺的功能如下。

① 冲洗尿道，使精子免受尿液污染（尿道球腺）。

② 稀释精子，增大精液量（前列腺）。

③ 提供精子所需的能源即果糖，中和精液的酸碱度（精囊腺）。

（6）尿道 尿道是从膀胱通向阴茎的一根长管道，是尿液和精液共同排出的通道。

（7）阴茎 阴茎内有一条管道（阴茎尿道），被三个血管丰富的海绵体所包围；海绵体外覆盖着一系列肌肉组织和一层厚厚的弹性纤维组织。阴茎的功能如下。

① 作为公羊的交配器官 在性兴奋时，进入阴茎的血管收缩，海绵体组织空隙充血，阴茎膨大呈勃起挺长状，便于完成交配行为，当性松弛时，血液流出海绵体，阴茎垂松，其在阴囊后部恢复

成S状弯曲，阴茎缩回到阴鞘内。

② 具有射精和排尿双重功能　在交配时，细长的尿道（3～4厘米）伸出阴茎头（即龟头），呈帽状隆起，分布有大量感觉纤维，将精液喷洒在母羊的子宫颈口外和阴道深部。

二、波尔山羊的繁殖规律

1. 波尔山羊性成熟与初配年龄

公、母羔生后出现第一次发情时的年龄即为初情期，通常称为性成熟，此时一般为5～10月龄，体重为成年羊的40%～60%。公羔的性成熟时间较早，为4～7月龄，特征是能排出具有受精能力的成熟精子，但畸形精子或未成熟精子比例较多；母羔性成熟较晚，为6～8月龄，特征是能够接受配种并产生正常的后代。性成熟的早晚还受到营养条件、个体发育等因素的影响，应当注意，性成熟的羊不适于立即配种利用（即初配），因为其生殖器官和机体其他器官都还处于生长发育时期，过早配种会阻碍个体的正常发育，也对后代的体质和生产性能表现不利，但若过迟配种，则会降低羊只的利用价值和经济效益，故生产中应提倡适时配种。一般来讲，初配母羊的体重达成羊体重的70%是比较适宜的时间。波尔山羊公、母羊的初配年龄通常在12月龄左右，但饲养管理条件好的母羊，也可以提前配种。

2. 波尔山羊发情与配种

母羊达到性成熟年龄时，卵巢出现周期性排卵现象，随着每次排卵，生殖器官也发生了周期性的系列变化，周而复始地循环，直至性衰退以前，我们通常把母羊有性行为的初期叫发情。大部分山羊性活动旺盛时期主要是在春秋两季，以秋季最为集中，部分山羊品种能够常年发情，发情旺期就是山羊最适宜的配种繁殖期。山羊能否正常繁殖往往取决于能否正常发情、能否适时配种或输精。

（1）发情表现　公羊的发情表现（又称为性行为）比较明显，常表现为性兴奋，如举头、口唇上翘、发出连串鸣叫、追逐母羊并用前肢压踩母羊等，要等到兴奋高潮时进行交配。公羊交配动作迅速，时间短，一般仅数十秒即完成。

母羊发情一般表现为兴奋不安，对外界刺激敏感，食欲减退，接近公羊或在公羊追逐与爬跨时站立不动，外阴充血肿胀，阴道松弛并分泌出黏液，有时从外阴部流出。据观察，在发情开始时，阴部流出的黏液量少而清亮；12～18小时后，量多而转为浑浊；25～30小时后，则黏液量少而黏稠，呈奶油样。

（2）发情持续期　母羊每次发情持续的时间称为发情持续期。波尔山羊的发情持续期为24～48小时，发情持续期长短受年龄、繁殖季节等因素影响。一般来讲，羔羊初情期发情持续时间最短（18～30小时），1.5岁后到成年逐渐延长（20～40小时）；繁殖季节初期发情持续时间较短，中期较长，末期变短；混有公羊的母羊群比母羊单独饲喂的发情持续时间短，但发情比较一致。

（3）排卵时间　母羊排卵一般多在发情开始后30～36小时。但有些发情期短的个体可能在发情结束后排卵，也有些羊未表现发情而排卵（称为静默发情）。据研究，卵子排出后在输卵管中存活时间为12～24小时，而公羊精子进入母羊生殖道后受精作用的旺盛时间为10～12小时，故母羊最适宜的配种时间应是开始发情后12～16小时。

（4）发情周期　母羊从上一次发情开始到下一次发情的间隔时间叫作发情周期，山羊的发情周期平均为21天，范围在18～24天。在一个发情期内，没有受孕的母羊，会再次出现发情。在一个完整的发情周期里，生殖道将发生一系列规律性变化。但相比之下，发情周期的长短则受到个体、年龄等因素的影响。

3. 受精与妊娠

（1）受精　在母羊生殖道即输卵管上1/3处，精子进入卵子形成受精卵，此为受精过程。公羊一次射出的精子数目多，但到达受精部位的精子还不足1000个。要注意衰老的精子或卵子对受精、受精卵的附植、胚胎发育和羔羊发育都是不利的，故生产中必须加强适时配种和保证公羊的精液品质。

（2）妊娠期　受精卵在母羊体内分裂、分化到发育成为胎儿并

排出体外的时间称为妊娠期，一般为 5 个月，变动范围为 144～155 天。健康、发情正常的母羊，配种后 20 天不再发情，就可能是妊娠了。母羊妊娠后，机体生理、生殖器官等亦发生相应变化。怀孕母羊变得安静温顺、食欲增加、毛色变得光亮、体形逐渐丰满、行动谨慎、喜好静卧、阴门紧闭、阴道黏膜苍白、黏液浓稠。在妊娠后期，乳房膨胀、腹围增大、体重增加、呼吸加快、排粪排尿次数增多。一些母羊还会出现腹下和后肢水肿的现象。妊娠前期（约 90 天）胎儿生长缓慢、母羊体重增加较慢；妊娠后期（约 60 天）胎儿生长迅速，营养供应充足时，母羊和胎儿体重总共增加 5～8 千克。

妊娠期受到许多因素的影响，同一品种内的不同个体间妊娠期差异可达 1～5 天，母羊营养水平低时妊娠期较长，怀双羔母羊的妊娠期比怀单羔时稍短，老龄母羊的妊娠期稍长。

第二节 波尔山羊的繁殖

一、山羊配种季节的确定

山羊的配种季节受到很多因素的控制，如发情季节性、温度、营养状况、性刺激等，这在确定配种季节时是首先要考虑的；其次是根据计划的产羔次数和产羔时间来定。一般来说，公羊没有明显的配种季节，但精液的品质却有明显的季节性变化。公羊的性活动秋季最高、冬季最低；精液的品质与温度和昼夜长短有关，持续交替的高温、低温变化，都会降低精子总数、活力、正常精子比例等精液指标，故公羊的利用期最好选在秋季和春季。

二、波尔山羊的发情鉴定

发情鉴定的目的是及时发现发情母羊，正确掌握配种或人工授精时间，以防误配漏配而降低受胎率与产羔率。波尔山羊的发情鉴定主要有外部观察法、阴道检查法和试情法三种。

1. 外部观察法

山羊发情表现尤为明显，发情母山羊兴奋不安，食欲减退，反刍停止，大声鸣叫，强烈摇尾。外阴部及阴道充血、肿胀、松弛，并排出或流出大量黏液。外部观察法鉴定母羊发情是目前常用的方法。

2. 阴道检查法

这是一种较为准确的发情鉴定方法。它是通过开膣器观察阴道黏膜、分泌物和子宫颈口的变化情况来判断发情与否。阴道检查时，先将母羊保定好，外阴部清洗干净；再把开膣器清洗、消毒、烘干后，涂上灭菌的润滑剂或用生理盐水浸湿；检查员左手横向持开膣器，闭合前端，慢慢插入，轻轻打开前端，通过反光镜或手电筒光线检查阴道内变化；当发现阴道黏膜充血、红色、表面光亮湿润、有透明黏液渗出，子宫颈口充血、松弛、开张、有黏液流出时，即可定为发情；检查完后稍微合拢开膣器前端，抽出。Sherman 等认为，当子宫颈口开张、湿润、流出黏液呈浑浊状（而不是清亮的）时候，配种与输精时机较为适宜。

3. 试情法

在羊群较大时，鉴定母羊发情最好采用公羊试情法。试情公羊应选择身体健康、性欲旺盛、没有疾病、年龄 1.5～5 岁的个体比较大的本地公山羊或杂种公羊。试情公羊不能与发情母羊交配，为了防止试情羊偷配，对试情羊应采取以下措施。

① 每当试情时，在试情羊腹下系上试情布（图 2-3）。试情布用长 40 厘米、宽 35 厘米的白布，四角系上带子，试情时拴在试情羊腹下，每天用过的试情布都要洗干净。

② 结扎输精管。在配种季节前，将选用的试情羊输精管结扎，用这样的羊来试情。

③ 阴茎移位。选用的试情公羊进行阴茎移位术，这样试情公羊爬跨发情母羊时阴茎伸向一侧，不能交配。

试情时每 100 只母羊放入 2～3 只试情公羊为宜，配种季节每

图 2-3 公羊试情

天早晚各试情 1 次，每次试情时间 1 小时左右。配种后的母羊应继续试情一个发情周期，防止返情母羊漏配，造成空怀。

三、发情控制技术

发情控制是指通过干预山羊的自然繁殖模式，使之与管理目标和经济目的相一致，从而提高母羊繁殖效率的技术方法。通常对个体实施诱导发情，对羊群实施同期或同步发情。实践证明，发情控制给羊群的管理决策带来更大的方便和灵活性，表现在：一是母羊分期分批发情配种，可以减少优秀公羊或母羊往返配种的次数；二是为个别优秀的母羊选择特定的配种与产羔日期，对于难以判断发情的母羊能准确预告其发情时间；三是由同期发情带来的配种与产羔同期，有利于实施人工授精技术和推广规模化羔羊育肥；四是有可能增加繁殖季节早期母羊发情的只数和受胎率。

发情控制的效果主要取决于母羊所处的状态。按照同期发情的处理方法，发情控制可分为激素法（刺激或模拟活动性黄体消退）和非激素法（羔羊早期断奶、光照控制和引入公羊气味）两大类；而按照实施对象，可分为诱导发情（对个体）和同期发情（对群体）两大类。

1. 诱导发情

又称诱发发情，主要是指母羊在乏情期内，人为地借助外源激素或非激素法引起母羊发情排卵，并进行配种。此法能打破季节性繁殖规律，缩短母羊繁殖周期，以便实行密集产羔计划，提高母羊繁殖力，其主要途径有羔羊早期断奶、激素处理、生物学刺激等。

（1）羔羊早期断奶　此法的实质是通过羔羊的早期断奶，缩短母羊的产羔间隔，使母羊早日恢复性周期活动并提早发情。早期断奶的时间可根据生产需要与断奶羔羊的管理水平来决定。一般来说，1 年 2 胎的母羊，在羔羊出生后 0.5～1 月龄断奶；3 年 5 胎的母羊，在羔羊出生后 1.5～2 月龄断奶。2 年 3 胎的母羊，羔羊出生后 2.5～3 月龄断奶。要注意，早期断奶羔羊应设法进行人工育羔。

（2）激素处理　其方法是将孕激素阴道栓放入母羊子宫颈外口处 16～18 天，于撤栓前 2 天肌内注射 400 国际单位孕马血清促性腺激素，于撤栓时肌内注射 0.05 毫克氟前列烯醇，处理后的母羊发情率可达 90%以上。为提高发情母羊的受胎率，可在配种时注射 1 毫升促黄体酮。

2. 同期发情

在繁殖季节，通过人为干预母羊发情周期，实现群体母羊同时发情。常用方法主要是利用药物诱发发情。同期发情配种时间集中，有利于发挥人工授精的优点，扩大利用优良的种公羊，使产羔时间集中，便于管理。尤其在肥羔专业化、工厂化的整批生产中，具有重要的实践意义与经济价值。

目前常用的同期发情药物根据其性质可分为三类。一是抑制卵泡和发情的制剂，如黄体酮、甲地孕酮、氟孕酮等；二是加速黄体消退、导致母羊发情、缩短发情周期的制剂，如前列腺素（PGF）；三是促进卵泡生长发育和成熟排卵的制剂，如孕马血清促性腺激素（PMSG）、垂体促卵泡素（FSH）、人绒毛膜促性腺激素（HCG）等。

（1）孕激素阴道栓法（PRID） 孕激素阴道栓处理法是目前山羊同期发情的一种最常用方法。其原理为在施药期内，如果黄体发生退化，外源孕激素将代替内源孕激素（黄体分泌的孕激素），人为地创造一个黄体期，推迟发情期的到来。血液中孕激素长期维持在相对较高的水平，可以抑制卵泡的发育和羊只的发情。而这样经过一定时间处理后同时停药（即取出阴道栓），黄体期结束，山羊出现发情特征。

方法是将孕激素阴道栓放入母羊子宫颈外口处16～18天后再取出，在2～3天内母羊发情率可达90%。阴道栓可购买商业制剂，也可自制。自制方法是将海绵团成2～3厘米的小方块，栓上45厘米细线，浸吸孕激素制剂，用专用埋栓导入器或开膣器将吸上孕激素的海绵送入子宫颈外口处。常用孕激素和剂量为黄体酮150～300毫克、甲孕酮50～70毫克、甲地孕酮80～150毫克、氟孕酮20～40毫克。

单独的孕激素阴道栓处理效果较低，而孕激素阴道栓法配合其他激素使用可以取得很好的同期发情效果。乏情季节亦可以使用阴道栓对山羊进行同期发情处理。而在非繁殖季节采用孕酮栓＋孕马血清促性腺激素＋人绒毛膜促性腺激素法进行诱导同期发情处理可以取得很好的效果。针对不同激素配合阴道栓处理山羊同期发情效果的研究上，取栓时配以垂体促卵泡素＋前列腺素，羊只在取栓后24小时左右取得了很好的同期发情效果。

（2）前列腺素注射法 将前列腺素或其类似物，在母羊发情后数日向子宫内灌注或肌内注射一定剂量，能在2～3天内引起发情。从理论上讲，前列腺素只有卵巢上存在活动的黄体时，才具有同期发情的效果，其原理是前列腺素诱发的黄体消退降低了血液黄体酮的水平，从而引起发情。因此，当卵巢活动处于不同阶段时，不同处理方案的效果可能会有差异。

四、波尔山羊的配种方法

波尔山羊的配种方法有自由交配、人工辅助交配和人工授精三种。

1. 自由交配

自由交配是养羊生产中最原始的交配方法。平常公母羊混群放牧，或在配种期公羊和母羊混群，由发情母羊、公羊随时交配。这种配种方法虽有一定好处，但缺点较多：一是增加了公羊的饲养数量，加大了饲养费用，公母羊的比例一般为1∶20～1∶30；二是母羊在一个发情期内，交配次数太多，不仅浪费公羊精液，对公羊体力消耗太大，同时无法掌握公羊精液品质的好坏、母羊是否受胎；三是公母羊合群放牧，母羊发情后，公羊交配次数太多，互相干扰，影响公母羊抓膘；四是无法选种选配和进行血统关系记载，母羔初情期时公羊也交配，出现早配，影响母羔的生长发育和后代品质的提高；五是无法控制生殖道疾病传播和记载预产期，造成管理上的困难。一些养羊场或养羊专业户，无条件采取其他配种方法而实行自由交配，应在选种选配的原则下，在母羊群中放入指定的种公羊进行交配，以利于提高羊群的品质。

2. 人工辅助交配

人工辅助交配有利于克服自由交配的缺点。辅助交配是公母羊分群放牧饲养，到了配种季节每天对母羊进行试情，找出来的发情母羊，与指定的公羊交配。采取这种方法，可以准确地登记配种日期、公母羊的耳号、配种次数，可以计算出母羊预产期，便于做好产前的准备工作。同时有利于选种选配，提高种羊的利用率。人工辅助交配，在一个配种期内，每只种公羊可负担50～60只母羊的配种。

3. 人工授精

羊的人工授精，是通过人为的、借助于器械的帮助，将公羊的精液采出来，经过适当处理后，再输入到发情母羊生殖道内，使母羊受精的一种先进配种方法。

波尔山羊常用的人工输精有开膣器法、输精管插入法以及一次性塑料管输精法。

（1）开膣器法　目前全国大部分地区采用此法。这种方法适用于体格比较大的经产母羊。操作过程是将待配母羊固定在配种架上，洗净并擦干母羊的外阴部，把消毒过的开膣器插入阴道，并轻轻转动找到母羊的子宫颈，然后将输精器通过开膣器的管塞，将0.05～0.1毫升精液压入子宫颈内即可（图2-4）。这种方法优点是输精部位准确，受胎率较高，但对小羊来说存在着输精操作困难、小羊受苦、影响受胎率等缺点。

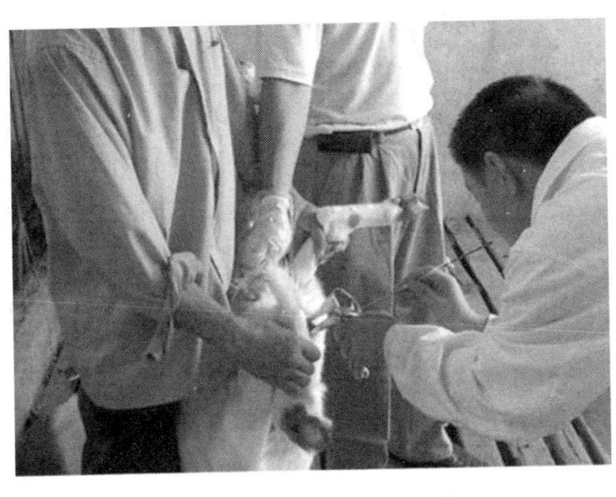

图2-4　波尔山羊人工授精

（2）输精管插入法（又称山羊简易输精技术）　把山羊两后腿提起倒立，两腿夹住羊的前躯进行保定，进行阴户外部洗涤和消毒。输精员用手扒开母羊阴户，输精管沿母羊背部平行不断地扭转和缓慢顺利插入到阴道底部输精，输精管插入时，手势轻柔，切忌粗暴或用力过猛，以防戳伤子宫颈黏膜。这种方法克服了用开膣器输精困难的障碍，并有良好的授精效果。在农村应用可以做到上门服务，方便群众。此法一次情期受胎率达93.07%。

（3）一次性塑料管输精法

① 材料的选择和主要技术指标　材料选择无毒、无色、透明的半软质塑管，直径为4毫米，管长180～200毫米，容积0.5毫升以上，头盖和尾盖可以塞住塑料管口使之不漏精液，硬度、弹性

符合输精要求，不能过软或过硬，使输精管顺利到达阴道底部，接近子宫颈口，而不损害阴道黏膜。

② 制作方法　用滴管吸取稀释好的精液，用手将塑料管弯成U形的一端开口处，沿管壁灌入稀释好的精液，输入量0.5毫升。拔出滴管，平衡U形管，即两端开口处离精液面2厘米（呈空管）。然后再盖上尾盖，贴上标签，标明日期、品种，套上包装袋，将袋口重新封好即保存。

③ 操作方法　先拿掉一头端的头盖，由一人将发情母羊两腿提起倒立，用两腿夹住羊的前躯保定，对母羊阴户周围进行消毒处理，再扒开阴户，然后把输精管缓缓旋转插入母羊阴户至一定深度阴道底部子宫颈口处，取掉另一头的尾盖或剪一小段（节），精液即可自行流入子宫颈内，如精液流入缓慢时，可轻轻改变输液管的角度或稍微伸缩，幅度不宜大，以便精液流出，输精完毕，轻轻抽出输精管，并在母羊背部拍打一下，放开母羊后腿，输精管用后即弃去。

五、波尔山羊的妊娠诊断与生产技术

1. 妊娠诊断

波尔山羊配种后，应及时准备做好妊娠诊断，特别是早期诊断，是提高受胎率、减少空怀的一项重要工作。判断是否妊娠的方法主要有以下几种。

（1）外部观察法　发情正常的母羊，配种后20天左右不再发情则可初步判断已经怀孕。怀孕后的母羊，消化机能增强、食欲旺盛、体重增加、被毛光顺、性情变得温顺、安静、阴门收缩紧闭、行动小心谨慎。妊娠后期母羊腹围增大，尤其右侧突出，两侧腹部不对称。乳房逐渐增大，临产前可以挤出少许黄色乳汁。

（2）公羊试情法　母羊配种后应继续坚持试情一个发情期，在下一个发情期不再出现发情，对公羊没有性欲要求，不接受公羊的爬跨，可认为母羊已经怀孕。

（3）腹部触诊法　这一方法适用于怀孕2个月以上的羊。一般

在早晨空腹时进行。触诊时检查者用两腿夹住羊的颈部，两手放在母羊腹下乳房前方的两侧部位，连续将腹部微微托起。左手将羊的右腹向左方微推，左手拇指和食指叉开微加压力，可以摸到游动较硬的块状物，反复几次，即可基本断定母羊已怀孕。检查时要细心，手的动作应轻巧灵活，仔细触摸，不可用力太大，以免造成流产。

（4）超声波诊断法　测定时，将母羊轻轻放倒，多采取右侧卧，怀孕中后期也可自然站立保定，然后在后腹部壁涂上液体石蜡，将探头紧贴腹壁，向周围不断改变探头方向的滑动。怀孕20天左右可以在乳房基部稍后方听到有节律的“唰唰”声，母体子宫的血流音与母体心音同步，每分钟98～128次。妊娠50天在乳房基部4厘米处可以听到胎儿的血流音，此种声音为一种快速的“唧唧”单音，每分钟210次左右。妊娠中后期，可以在此处听到胎儿的心音。这种诊断方法，准确率可达到90%以上。直肠内超声波探测法可提高诊断的准确率。

2. 波尔山羊临产前的症状

母羊临产前，外阴部、乳房、尻部以及行为均发生一系列变化，都是母羊临产前的预兆。母羊临产前有以下几方面的症状。

① 临产母羊乳房迅速增大，稍发红发亮，乳头直。初产母羊在怀孕3～4个月时，乳房慢慢膨大，到怀孕后期更为显著。临产前能挤出黄色乳汁。

② 临产母羊腹部下垂，尾根两侧肌肉松软，有凹陷，产前2～3小时凹陷更为明显，行走时可见到颤动。这些表现是临产前的一个典型征兆。

③ 临产母羊的阴唇肿大潮红，阴门容易开张，卧下时更为明显，生殖道流出的黏液变稀而透明，牵缕性增加。

④ 母羊临近分娩时在行动上表现出举动不安、排尿次数增多、时卧时起、频频用前蹄刨地、回头望腹、常离群在安静的地方呆立、目光凝滞、食欲减退、反刍停止、躺卧时两后肢不向腹下曲缩而呈伸直状态。当发现母羊卧地，四肢伸直努责时，已到临产。

3. 接产

接产是养羊生产中的重要环节，接产工作组织不好、安排不当、护理不好，将会造成较大的经济损失，因此，必须重视接产工作。

（1）产羔前的准备　拟订怀孕母羊预产计划表。根据母羊配种月份和配种日期，以及怀孕期按150天计推算出怀孕母羊预产日期，并印发给饲养怀孕母羊的饲养员、产房接产人员、兽医，使他们掌握每只怀孕母羊的产羔时间，这样便于对临产母羊的饲养管理和接产。多数波尔山羊是在怀孕148～153天后产羔。

（2）产房的准备　根据各地的气候条件、经济发展水平，产房准备应因地制宜，不强求一致。冬季和早春产羔，因天气比较寒冷，必须预先做好产房准备。产羔开始前10～15天对产房进行检修，产房要保暖，空气要新鲜，光线要充足。初生羔羊对低温环境特别敏感，出生后最初1小时直肠温度要降低2～3℃，防寒措施不好羔羊容易发生感冒、肺炎等疾病。产房温度保持8℃为宜。产前对产房全面消毒，消毒过后保持地面干燥，并铺上干净的垫草。产房要配备产羔栏，每个产羔栏的面积为1～1.6米^2。

（3）草料的准备　母羊产后前几天在产房饲养。产前应备足优质干草、精料、多汁饲料等，以备产后母羊的补饲。晚春、夏秋季节，可在产羔舍附近放牧。

（4）配备足够人员　接产护羔是一项细致而繁重的工作。根据产羔母羊数、双胎率及产羔集中程度配备人员，做到昼夜值班，护理好待产母羊和产后的母子羊，防止其被压死、踩死、挤死。

（5）用具药品的准备　如5%的碘酒、来苏儿、酒精、强心剂和镇静剂等，还要有注射器、编号用具、纱布、毛巾、脸盆、秤、分娩记录本等。

（6）助产　一般情况下，经产母羊产羔较快，正常分娩的母羊羊膜破裂后几分钟到半小时羔羊便会顺利产出，不需要助产。正常胎位的羔羊，出生时先出两前肢的蹄，随后是嘴鼻，然后露出头顶，这时羔羊就会很快生出来。产双羔先后间隔5～30分钟，多至

儿小时。少数初产母羊，因骨盆狭窄、阴道狭小，老龄母羊由于体弱或胎儿过大、1胎多产，产羔时比较困难。如遇到难产时需要助产。其方法是等羔羊嘴端露出后，左手向前推动母羊会阴部，羔羊头部露出后，再用左手托住头部，右手握住前肢，随母羊努责时向后下方拉出胎儿。

遇到胎位不正，如两肢在前，不见头部，或头在前，未见前肢等情况，先将母羊后躯部垫高，当母羊阵缩时将胎儿露出的部分推回去。指甲剪短、磨光，用2%的来苏儿溶液洗手，涂上润滑剂，手伸入阴道探明胎位，帮助纠正成顺胎，然后再产出。

（7）初产羔羊及产后母羊护理　羔羊出生后应尽快将其口、鼻、耳内黏液掏出，羔羊身上的黏液让母羊舐干，母羊不舐时，在羔羊身上撒些麸皮，引诱母羊舐干，这样可以增强母子亲和力。若天气寒冷，母羊又不肯舐时，可用干布等擦干羔羊身上的黏液，以免羔羊受凉引起感冒。羔羊的脐带让其自然断裂，有的脐带不断，应先掐住脐带基部，将脐带中的血向外排挤，离羔羊腹部4～5厘米处，用手拧断或剪断，涂上5%碘酒消毒（不然会引起脐带炎，有时还会并发疝气）。羔羊生出后0.5～3小时胎衣排出，并立即处理掉。

母羊分娩结束，用温水洗擦其乳房，擦干后挤出几滴乳汁，待羔羊称重后帮助羔羊早吃初乳。给母羊饮些加有麸皮的温水，消除疲劳，减少腹部空虚之感。休息后喂给优质干草，根据产乳情况给料，并保持产羔栏干燥。

（8）羔羊假死的处理　有时怀孕期已满而出生的羔羊，生长发育正常，但不呼吸，心脏仍有跳动，这种现象称为“假死”。造成“假死”的原因主要是胎儿过早的呼吸动作而吸入羊水，或子宫内缺乏氧气，分娩时延长分娩时间，也有可能受凉所致。遇到羔羊“假死”时，要认真检查，不要把“假死”当成真死而处理掉，特别是种用波尔羔羊，会造成大的损失。

抢救“假死”的办法，一是提起羔羊两后肢，使头向下，拍打背部、胸部或向左右摇晃，使堵塞咽喉的黏液流出；二是进行人工呼吸，有节律的推压羔羊胸部两侧，也可拉住前两肢，以拉锯式的反复屈伸，拍打胸部两侧，促使羔羊恢复呼吸；三是向羔羊鼻孔里吹气，吹气时，不要用力太大，以免破坏肺泡。因为受凉造成“假死”的羔羊，应立即放到暖室或温箱，使之早日恢复正常状态。

第三节　波尔山羊的繁殖新技术

一、波尔山羊人工授精技术的程序

1. 采精

（1）采精前准备

① 采精室（场）的准备　采精室地面用0.1%的新洁尔灭溶液或3%～5%煤酚皂（来苏儿）或石炭酸溶液喷洒消毒，夜间打开紫外线灯消毒，工作服可在夜间挂在采精室进行紫外线消毒。

② 台羊或采精台的准备　采精前，将活台羊牵入采精架加以保定，然后彻底清洗其后躯，特别是尾根、外阴、肛门等部分。外阴部用2%来苏儿水消毒，并用干净抹布擦干。如用假母羊做台羊，须先经过训练，即先用真母羊为台羊，采精数次，再改用假母羊为台羊。

③ 公羊性准备　种公羊采精前性准备的充分与否，直接影响着精液的数量和质量。因此，在临采精前，均须以不同诱情方法使公羊有充分的性欲和性兴奋。一般采取让公羊在活台羊附近停留片刻，进行几次假爬跨或观看其他公羊爬跨射精等方法，可增加性刺激强度，表现出较强烈的性行为。

利用假台羊采精，要事先对种公羊进行调教，使其建立条件反射。调教的方法是在假台羊的后躯涂抹发情母羊的阴道黏液和尿液，公羊则会受到刺激而引起性兴奋并爬跨假台羊，经过几次采精后即可调教成功；在假台羊旁边牵一发情母羊，诱使公羊进行爬跨，但不让其交配而把其拉下，反复多次，待公羊的性冲动达高峰时，迅速牵走母羊，令其爬跨假台羊采精；将待调教的公羊拴系在

假台羊附近，让其目睹另一头已调教好的公羊爬跨假台羊，然后再诱其爬跨。在公羊调教过程中，要反复进行训练，耐心诱导，切勿施用强迫、恐吓、抽打等不良刺激，以防止性抑制而给调教造成困难。获得第一次爬跨采精成功后，还要经过几次反复，以便使公羊建立巩固的条件反射。此外，还要注意人畜安全和公羊生殖器官的清洁卫生。

（2）采精方法（假阴道）

① 假阴道的准备　假阴道的安装和消毒。首先检查所用的内胎有无损坏和沙眼。安装时先将内胎装入外壳，使光面朝内，并要求两头等长，然后将内胎一端翻套在外壳上，依同法套好另一端，此时勿使内胎有扭转情况，并使松紧适度，然后在两端分别套上橡皮圈固定之。用长柄镊子夹上70%酒精棉球消毒内胎，从内向外旋转，勿留空间，要求彻底，待酒精挥发后，用生理盐水棉球多次擦拭（图2-5、图2-6）。

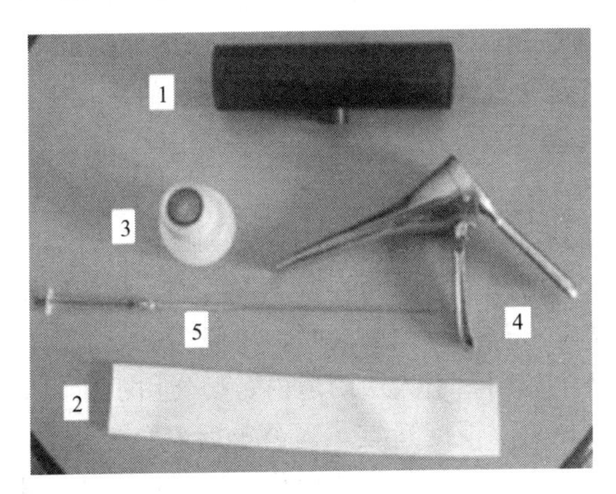

图2-5　羊采精、输精器械

1—外壳；2—内胎；3—集精杯；4—开腟器；5—输精枪

② 灌注温水　左手握住假阴道的中部，右手用量杯或吸水球将温水（50～55℃）从灌水孔灌入，水量为外壳与内胎间容量的1/3～1/2为宜。实践中常竖立假阴道，水达灌水孔即可。最后装上带活塞的气嘴，并将活塞关好。

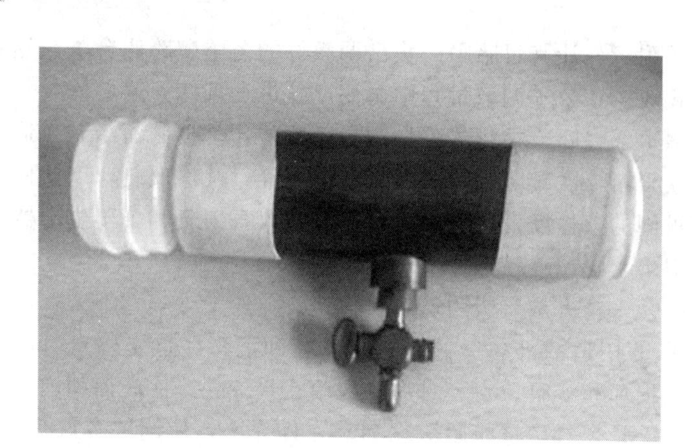

图 2-6　组装好的羊采精用假阴道

③ 涂抹凡士林　用消毒玻璃棒取少许经消毒的凡士林涂抹一薄层，涂抹深度以假阴道长度的前 1/3～1/2 处为宜。

④ 检温、吹气加压　用消毒的温度计插入假阴道内检查温度，以采精时达 39～42℃为宜。若温度过高或过低，可用冷水或热水加以调节。当温度适宜时向夹层注入空气，使涂凡士林一端的内胎壁愈合，口部呈三角形裂隙为宜。最后用纱布盖好入口，准备采精。

⑤ 采精技术　采精人员右手握住假阴道后端，固定好集精杯（瓶），并将气嘴活塞朝下，蹲在台羊右后侧，让假阴道靠近母羊的臀部；在公羊跨上母羊背侧的同时，将假阴道与地面保持 35°～40°角，迅速将公羊的阴茎引入假阴道内，切勿用手抓碰擦阴茎；若假阴道内温度、压力、滑度适宜，当公羊后躯急速用力向前一冲时，即已射精；此时，顺公羊动作向后移下假阴道，并迅速将假阴道竖起，集精杯一端向下；然后打开活塞上的气嘴，放出空气，取下集精杯，用盖盖好，送精液处理室待检。

⑥ 采精频率　合理安排公羊采精频率是维持公羊健康和最大限度采集精液的重要条件。公羊采精频率要根据精子产生数量、储存量、每次射精量、精子活率、精子形态正常率和饲养管理水平等因素来决定。随意增加采精次数，不仅会降低精液品质，而且会造

成公羊生殖机能降低和体质衰弱等不良后果。在生产上，山羊的适宜采精频率见表2-1。对于常年采精公羊，采精频率通常为每周采精2～3天，每天采精2次。生产上所采精液样品中如出现未成熟精子、精子尾部近头端有未脱落原生质滴、种公羊性欲下降等，都说明公羊采精次数过多，这时应立即减少或停止采精。

表2-1 正常成年公羊的采精频率及其精液特性

每周采精次数	平均每次射精量/毫升	平均每次射出精子总数/亿个	平均每周射出精子总数/亿个	精子活率/%	正常精子率/%
4～10	0.5～1.5	15～60	60～300	60～80	80～95

2. 精液品质检查（评定）

（1）精液的外观检查

① 精液量　射精量是指公羊1次采精所射出精液的容积，可以用带有刻度的集精瓶（管）直接测出。当公羊的射精量太多或太少时，都必须查明原因。若射精量太多，可能是由于副性腺分泌物过多或其他异物（尿、假阴道漏水）混入；如过少，可能是由于采精技术不当、采精过频或生殖器官机能衰退所致。凡是混入尿、水及其他不良异物的精液，均不能使用。

② 色泽与气味　羊正常精液呈乳白色或浅乳黄色，其颜色因精子浓度高低而异。乳白程度越重，表示精子浓度越高。若精液颜色异常，表明公羊生殖器官有疾病。如精液呈淡绿色表示混有脓汁；呈淡红色表示混有血液；呈黄色表示混有尿液等。诸如此类色泽的精液，应该弃去或停止采精。

精液一般无味。有的带有动物本身的固有气味，如羊精液略有膻味。任何精液若有异味（如尿味、腐败臭味）时应停止使用。

③ 云雾状　羊正常精液因精子密度大而呈混浊不透明状，肉眼观察时，由于精子运动翻腾滚滚如云雾状。精液混浊度越大，云雾状越显著，乳白色越浓，表明精子密度和活率也越高。

（2）显微镜检查

① 精子活率检查　精子活率是指精液中呈前进运动精子所占

的百分率。由于只有具有前进运动的精子才可能具有正常的生存能力和受精能力，所以精子活率与母羊的受胎率有密切关系，它是目前评定精液品质优劣的重要指标之一。一般鲜精子活率在60%以下不可用于配种。检查精子活率的常用方法是目测评定法。通常采用光学显微镜放大200～400倍，对精液样品检查标本进行目测评定。可在普通的玻璃片上滴一滴精液，然后用盖玻片均匀盖着整个液面，做成压片，在显微镜下目测评定标本。也可采用精液检查板法。使用时将精液滴在检查板中央，过量的精液将会自动流向四周，再盖上盖玻片，即制成检查标本。羊的原精液密度大，可用生理盐水、5%的葡萄糖溶液或其他等渗稀释液稀释后再进行制片。

精子的活动受室内温度影响极大。温度高了，活动加快；温度低了，则活动减弱。因此，检查时室温应保持在18～30℃之间，显微镜周围温度在37～38℃的保温箱内进行。

精子运动方式可分为直线前进运动、旋转运动、摆动运动三种。精子的直线前进运动最有利于受精。评定精子活率时就是以精液中精子直线前进运动的百分比来衡量。

② 精子密度检查　精子密度通常是指每毫升精液中所含精子数。根据精子密度可以计算出每次射精量中的总精子数，再结合精子活率和每次输精量中应含有效精子数，即可确定精液合理的稀释倍数和可配母羊的只数。因此，精子的密度也是评定精液品质优劣的常规检查中的主要项目。但一般只需在采精后对新鲜的原精液做一次性密度检查即可。

目前测定精子密度的主要方法是目测法、血细胞计计数法和光电比色测定法。目测法（又称估测法）是在检查精子活力时同时进行的，在显微镜下可根据精子稠密程度，分为密（25亿个/毫升以上）、中（20亿～25亿个/毫升）、稀（20亿个/毫升以下）三级，(图2-7)。“密”指在视野中精子之间距离小于1个精子的长度；“中”指在视野中精子之间距离大约等于1个精子的长度；“稀”指在视野中精子之间距离大于1个精子的长度。

血细胞计计数法，计算精子与计算血液中红细胞、白细胞的操

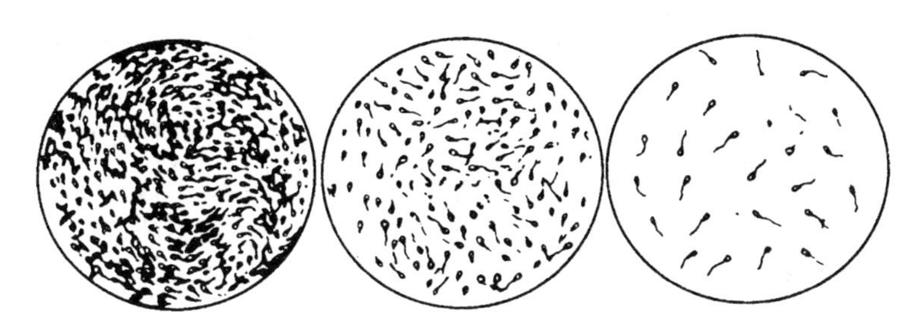

图 2-7　羊精子密度示意图

作方法相类似。这是一种比较准确地测定精子密度的方法，且设备比较简单，但操作步骤较多，故一般也只对公羊精液品质做定期检查时采用。其操作方法是用红血细胞吸管吸至“0.5”刻度，然后再吸入3%氯化钠溶液至“100”刻度，稀释200倍；以拇指及食指分别按住吸管的两端，充分摇动使精液和3%氯化钠溶液混合均匀，然后弃去吸管前端数滴，将吸管尖端放在计算板与盖玻板之间的空隙边缘，使吸管中的精液流入计算室，充满其中；在400～600倍显微镜下观察，用计数器数出5个大方格内精子数。计算时以精子头部为准，在方格四边线条上的精子，只计算上边和左边的，避免重复。选择的5个大方格，应位于1条直角线上或四角各取1个，再加上中央1个。求得5个大方格的精子总数后，乘上1000万或加7个零，即可得每毫升精液所含精子数。

光电比色计精子密度测定法的原理是精子密度越高，其精液越浓，以致透光性越低，从而使光电比色计通过反射光或透射光能准确地测定精液样品中的精子密度。目前世界各国已较普遍应用于牛、羊精子密度的测定。其优点是准确、快速，使用精液量少，仪器价格一般，经久耐用，操作简便，一般技术人员均可掌握。其方法是事先将原精液稀释成不同倍数，并用血细胞计计算其精子密度，从而制成已知系列各级精子密度的标准管，然后使用光电比色计测定其透光度，根据透光度求出每相差1%透光度的级差精子数，编制成精子密度查数表备用。一般检测精液样品时，只需将原精液按1∶80～1∶100的比例稀释后，先用光电比色计测定其透光值，然后根据透光值查对精子密度查数表，即可从中找出其相对应的精子密度值。

③ 精子形态检查　精子的形态正常与否与受胎率有着密切的关系。如果精液中形态异常的精子所占的比例过大，不仅影响受胎率，甚至可能造成遗传障碍，所以有必要进行精子形态的检查。特别是冷冻精液，对精子的形态检查更有必要。精子形态检查有畸形率和顶体异常率检查 2 种。

a. 精子畸形率　一般品质优良的精液，其精子畸形率不超过 14%，普通的也不能超过 20%，超过 20%者，则会影响受精率，不宜用作输精。

畸形精子一般分为四类：头部畸形，如头部巨大、瘦小、细长、圆形、轮廓不明显、皱褶、缺损、双头等；颈部畸形，如颈部膨大、纤细、曲折、不全，带有原生质滴、不鲜明、双颈等；体部畸形，如体部膨大、纤细、不全，带有原生质滴、弯曲、曲折、双体等；尾部畸形，如尾部弯曲、曲折、回旋、短小、长大、缺损、带有原生质滴、双尾等。正常精子及各类型畸形精子如图 2-8 所示。一般头、颈部畸形较少，体、尾部畸形较多。

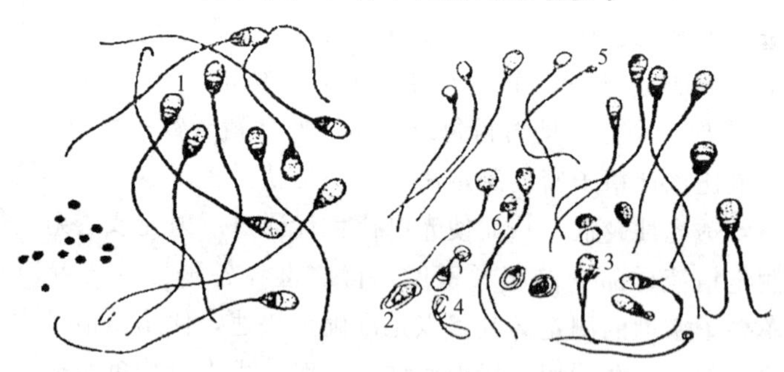

图 2-8　精子类型图

1—正常精子；2—脱落的原生质滴；3—各类畸形精子；
4—精子头尾分离；5、6—带原生质滴精子

精液中有大量畸形精子出现时，证明精子的生成过程中受到破坏；副性腺及尿道分泌物有病理变化；由精液射出起至检查时或保

存过程中，因没有遵守技术操作规程使精子受到外界不良影响。

畸形精子检查方法是先将精液用生理盐水或稀释液适当稀释后，做涂片；干燥后，浸入96%酒精或5%福尔马林中固定2～5分钟，用蒸馏水冲洗；阴干后可用伊红（亚甲蓝、甲紫、红墨水也可以）染色2～5分钟用蒸馏水冲洗即可放在600～1500倍显微镜下检查，总数不少于300个。

畸形精子率的计算为畸形精子占计算总精子数的百分比。在日常精液检查中，不需要每天检查，只有在必要时才进行。

b. 精子顶体异常率　同畸形率检查一样制成抹片，待自然干燥后再用福尔马林磷酸固定液固定15分钟，水冲洗后用姬姆萨缓冲液染色1.5～2小时，再用水冲洗干燥后，用树脂封装，置于1000倍以上普通显微镜下随机观察500个精子（最少不得少于200个），即可计算出顶体异常率。顶体异常一般表现有膨胀、缺损、部分脱落和全部脱落等情况。

福尔马林磷酸盐固定液的配制：先配制0.89%氯化钠溶液，取2.25克$Na_2HPO_4 \cdot 2H_2O$和0.55克$NaH_2PO_4 \cdot 2H_2O$放入容量瓶中加入0.89%氯化钠（NaCl）溶液约30毫升；待磷酸盐全部溶解，加入经碳酸镁（$MgCO_3$）饱和的甲醛8毫升；再用0.89%氯化钠（NaCl）溶液配制到100毫升，静置24小时后即可使用。姬姆萨原液的配制，取姬姆萨染料1克，甘油66毫升，甲醛66毫升；先将姬姆萨粉剂溶于少量甘油中，在研钵内研磨，直至无颗粒为止；再将全部甘油倒入，置于56℃恒温箱中2小时；然后加入甲醛，密封保存于棕色瓶中。

3. 精液的稀释

（1）精液稀释的目的　山羊的精液密度大，一般1毫升原精液中约有25亿个精子，但每次配种，只要输入5000万～8000万个精子，就可使母羊受胎。精液稀释以后不仅可以扩大精液量，增加可配母羊只数，更重要的是稀释液可以中和副性腺的分泌物，缓解对精子的损害作用，同时供给精子所需要的营养，为精子生存创造一个良好的环境，从而达到延长精子存活时间，便于精液的保存和运输。

（2）稀释液的主要成分和作用

① 稀释剂　稀释剂主要用于扩大精液容量。各种营养物质和保护物质的等渗溶液都具有稀释精液、扩大容量的作用，只不过其作用有主次之分而已。一般用于扩大精液量的物质多采用等渗氯化钠、葡萄糖、果糖、蔗糖及奶类等。

② 营养剂　营养剂主要提供营养以补充精子生存和运动所消耗的能量。常用的营养物质有葡萄糖、果糖、乳糖、奶和卵黄等。

③ 保护剂　保护剂指对精子能起保护作用的各种制剂，如维持精液 pH 值的缓冲剂、防止精子发生冷休克的抗冻剂，以及创造精子生存的抑菌环境等。

a. 缓冲物质　在精液保存过程中，随着精子代谢产物（如乳酸和 CO_2）的积累，pH 值会逐渐降低，超过一定限度时，会使精子发生不可逆的变性。因此，为防止精液保存过程中的 pH 值变化，需加入适量的缓冲剂。常用的缓冲物质有柠檬酸钠、酒石酸钾钠、磷酸二氢钾等。

b. 抗冻物质　在精液的低温和冷冻保存中，必须加入抗冻剂以防止冷休克和冻害的发生。常用的抗冻剂为甘油和二甲基亚砜（DMSO）等。此外，奶类和卵黄也具有防止冷休克的作用。

c. 抗菌物质　在精液稀释中必须加入一定剂量的抗生素，以抑制细菌的繁衍。常用的抗生素有青霉素、链霉素和氨苯磺胺等。

d. 其他添加剂　其他添加剂的主要作用是改善精子外在环境的理化特性，以及母羊生殖道的生理机能，以利于提高受精机会，促进受精卵发育。

（3）稀释液的种类和配制方法

① 稀释液的种类　根据稀释液的性质和用途，稀释液可分为现用稀释液、常温保存稀释液、低温保存稀释液和冷冻保存稀释液四类。

a. 现用稀释液　以扩大精液容量、增加配种头数为目的的现用稀释液适用于采精后稀释，立即输精用。在牧场、农村饲养种公

羊的单位开展人工授精可采用这种稀释液。现用稀释液以简单的等渗糖类和奶类物质为主体配制而成，也可将0.85%或0.89%氯化钠溶液高压灭菌后使用。

b. 常温保存稀释液　该类稀释液适宜精液常温短期保存用，一般pH值较低。肉羊常温保存稀释液有鲜乳稀释液、葡萄糖-柠檬酸钠-卵黄稀释液。鲜乳稀释液是将新鲜牛奶或羊奶用数层纱布过滤，然后在水浴锅中加热至92～95℃，维持10～15分钟，冷却至室温，除去上层奶皮，每毫升加青霉素1000国际单位、链霉素1000国际单位，用于山羊、绵羊精液的稀释。葡萄糖-柠檬酸钠-卵黄稀释液是用100毫升蒸馏水加3克无水葡萄糖、1.4克柠檬酸钠溶解过滤后煮沸消毒15～20分钟，降至室温加入20毫升新鲜卵黄，每毫升加入青霉素1000国际单位、链霉素1000国际单位，适用于绵羊精液稀释；100毫升蒸馏水加5克乳糖、3克无水葡萄糖、1.5克柠檬酸钠或加入5.5克葡萄糖、0.9克果糖、0.6克柠檬酸钠、0.17克乙二胺四乙酸二钠，溶解过滤消毒冷却后每毫升加青霉素1000国际单位、链霉素1000国际单位，适用于山羊精液稀释。

c. 低温保存稀释液　适宜精液低温保存用，其成分较复杂，多数含有卵黄和奶类等抗冷休克作用物质，还有的添加甘油或二甲基亚砜等抗冻害。

绵羊精液保存稀释液配方：10克奶粉加100毫升蒸馏水配成基础液，取90%基础液和10%卵黄再加上1000国际单位/毫升青霉素和1000国际单位/毫升双氢链霉素制成稀释液。

山羊精液保存稀释液配方：葡萄糖0.8克，二水柠檬酸钠2.8克，加蒸馏水100毫升配成基础液，取80%基础液、20%卵黄、青霉素1000国际单位/毫升、双氢链霉素1000国际单位/毫升配成稀释液。

徐刚毅等用葡萄糖-卵黄-柠檬酸低温保存稀释液保存波尔山羊精液49小时后活力可达60%。

d. 冷冻保存稀释液　常见的抗冻保护剂分为渗透型和非渗透

型，甘油、乙二醇、二甲亚砜、1,2-丙二醇等防冷剂能进入细胞内，属于渗透型防冻剂；非渗透型防冻剂，在冷冻过程中不进入细胞内，如蔗糖、海藻糖和果糖等多元糖。

渗透型防冻剂的主要作用机制是与水结合后，使水的冰点下降，使之不宜形成冰晶，从而起到保护作用。而非渗透型防冻剂的作用则是提高细胞外的渗透压，使细胞内的水分外流，使细胞在冷冻中减少冰晶的形成，从而达到冷冻保护的作用。

② 稀释方法和倍数

a. 稀释方法　精液稀释的温度要与精液的温度一致，在20～25℃时进行稀释。将与精液等温的稀释液沿精液瓶壁缓缓倒入，用经消毒的细玻璃棒轻轻搅匀。如做20倍以上高倍稀释时，应分两步进行，先加入稀释液总量的1/3～1/2做低倍稀释，稍等片刻后再将剩余的稀释液全部加入。稀释完毕后，必须进行精子活率检查，如稀释前后活率一样，即可进行分装与保存。

b. 稀释倍数　精液进行适当倍数的稀释可以提高精子的存活力。绵羊、山羊的精液一般稀释比例为1∶2～1∶4；精子密度在25亿以上的精液可以1∶40～1∶50稀释。根据试验，山羊精液以1∶10稀释的常温精液受胎率达95.16%，甚至以1∶20、1∶30、1∶40、1∶50、1∶80、1∶100等6种稀释比例，输精后的情期受胎率均在80%以上。其中1∶20～1∶40的情期受胎率达91.74%～97.23%，1∶50～1∶100的情期受胎率达81.82%～89.38%。

4. 液态精液的保存和运输

（1）液态精液的保存　精液保存时可暂时抑制或停止精子的运动，降低其代谢速度，减缓其能量消耗，以达到延长精子存活时间而又不至于丧失受精能力。精液的保存方法，一般可按保存温度分为常温（15～25℃）保存、低温（0～5℃）保存、冷冻（－79℃或－196℃）保存等。

① 常温保存　常温保存温度为15～25℃，允许温度有一定的变动幅度，所以也称变温保存或室温保存。常温保存无需特殊的温控和制冷设备，比较简便。特别是绵羊精液采用常温保存，比低温

或冷冻保存的效果相对较好。一般绵山羊精液常温保存48小时以上，活力仍可达原精液活力的70%。其缺点则是保存时间较短。

常温保存方法是将稀释后的精液装瓶密封，用纱布或毛巾包裹好，于15～25℃避光保存。通常采用隔水保温方法处理。也可将储精瓶直接放在室内、地窖或自来水中保存。

② 低温保存　将羊的精液保存于0～5℃环境下，称低温保存。低温保存时间较常温保存时间长。

降温处理精子发生冷休克的温度是0～10℃。稀释后的精液，为避免精子发生冷休克，必须采取缓慢降温方法，从30℃降至5℃时，每分钟下降0.2℃左右为宜，整个降温过程需1～2小时完成。方法是将分装好的精液瓶用纱布或毛布包缠好，再裹以塑料袋防水，置于0～5℃低温环境中存放，也可将精液瓶放入容器内，一起置放在0～5℃低温环境中，经1～2小时，精液温度即可降至0～5℃。

保存方法最常用的方法是将精液放置在冰箱内保存，也可用冰块放入广口瓶内代替；或者在广口瓶里盛有化学制冷剂（水中加入尿素、硫酸铵等）的凉水内；还可吊入水井深处保存。无论哪种方法，均应注意维持温度的恒定。

低温保存的精液在输精前要进行升温处理。升温的速度对精子影响较小，故一般可将储精瓶直接投入30℃温水中即可。

（2）液态精液的运输　可用塑料细管盛装和运输液态精液。运输精液的细管可用内径0.3厘米、长20厘米的灭菌软塑料管；每管装稀释精液0.44～0.5毫升；在酒精灯上将细管两端加热，待管端熔化时，用镊子夹一下，将两端密封。运输距离在1～2小时的路程时，可用干净的毛巾或软纸包起来，装在运输袋内带走。如果运输距离在4～6小时以上的路程时，就要将装有精液的细管放入盛有凉水和冰块的保温瓶中运输，到达目的地后，从保温瓶中取出细管，使温度回升，按上述方法输精。

液态精液运输时应注意：盛装精液的器具应安放稳妥，做到避光、防湿、防震、防撞；运输途中，必须维持精液的温度恒定，切忌温度升降变化；运输精液应附有精液运输单，其内容有发放的站名、公畜品种和畜号、采精日期、精液剂量、稀释液种类、稀释倍数、精子活率和密度等内容。

5. 输精

（1）输精前的准备

① 母羊准备　将发情母羊两后肢保定在输精室内离地高度50厘米左右的横杠式输精架上或站立在输精坑边。若无输精架或输精坑时可由工作人员保定母羊，其方法是工作人员倒骑在羊的颈部，用双手握住羊的两后肢飞节上部并稍向上提起，以便于输精。在输精前先用0.01%的高锰酸钾或2%的来苏儿水消毒输配母羊外阴部，再用温水洗掉药液并擦干，最后以生理盐水棉球擦拭。

② 器械准备　各种输精用具在使用之前必须彻底洗净消毒，用灭菌稀释液冲洗。玻璃和金属输精器，可置入高温干燥箱内消毒或蒸煮消毒。橡胶管不宜高温，可蒸汽消毒。阴道开张器及其他金属器材等用具，可高温干燥消毒，也可浸泡在消毒液内或利用酒精火焰消毒。

输精枪以每头母羊1支为宜。当不得已数头母羊用1支输精枪时，每输完1头后，先用湿棉球（或卫生纸或纱布块）由尖端向后擦拭干净外壁，再用酒精棉球涂擦消毒，其管内腔先用灭菌生理盐水冲洗干净，后用灭菌稀释液冲洗方可再使用。

③ 精液准备　用于输精的精液，必须符合羊输精所要求的输精量、精子活率及有效精子数等。

④ 人员准备　输精人员要身着工作服，手洗干净后用75%酒精消毒，待酒精挥发干后再持输精器。

（2）输精的要求

① 输精时间　母羊输精时间一般在发情后10～36小时。在生产上，一般早晨发现母羊发情，可在当天下午输精；傍晚发现母羊发情，可于第二天上午输精。为提高母羊受胎率，可第一次输精后间隔12小时再输1次，此后若母羊仍继续发情，可再输精1次。

② 输精量　原精液可为0.05～0.1毫升，稀释后精液或冷冻

精液应为0.1～0.2毫升。要求每个输精剂量中有效精子数应不少于2000万个。

③ 输精方法　输精时将开膣器插入阴道深部，之后旋转90°，开启开膣器寻找子宫颈口。如果在暗处输精，用额灯或手电筒光源辅助。开膣器开张幅度宜小，从缝里找子宫颈口较容易；否则开张越大，刺激越大，羊努责，越不易找到子宫颈口。子宫颈口的位置不一定正对阴道，但其在阴道内呈一小突起，附近黏膜充血而颜色较深。找到子宫颈口后，将输精器插入子宫颈口内1～2厘米处将精液缓缓注入。有些羊需用输精器前端拨开子宫颈外1～3厘米处上、下2片或3片突起的皱壁，方可将输精器插入子宫颈内。若子宫颈口较紧或不正者，可将精液注到子宫颈口附近，但输精量应加大1倍。输完精后先将输精器取出，再将开膣器抽出。

注意，输精瞬间应缩小开膣器开张程度，减少刺激，并向外拉1/3，使阴道前边闭合，容易输精。输精完毕母羊在原保定位置停留一会儿再放开，将母羊赶走。输精人员的手和输精器外壁要用生理盐水擦净后再操作。

二、胚胎移植技术程序

1. 波尔山羊胚胎移植的基本原则

(1) 生理上要一致　供体和受体在发情时间上要尽量接近，同步差应在24小时之内，误差越小越好。同步差越大，受胎率越低，甚至不能受孕。只有发情时间上一致，才能保证生理上的一致。

(2) 解剖部位上要一致　发育不同阶段的胚胎对母体生殖道环境要求极其严格，其变化直接受到卵巢上黄体分泌激素多少的控制，黄体的形成时间则与卵母细胞受精时间是一致的，胚胎的发育则和子宫内膜的发育是一致的。胚胎的发育伴随着在输卵管、子宫相对位置的变化，就要求受体提供相应的变化。胚胎空间位置错乱，就意味着相互关系的破坏，则导致胚胎的死亡。因此，胚胎移植前和移植后，其空间部位要求尽量相似。换句话说，如果胚胎来自输卵管，那么也要将其移植至输卵管，如果来自子宫角，那么则应移入子宫角。

（3）移植的期限要一致　胚胎采集与移植的期限不能超过周期黄体的寿命，最长也要在黄体退化前数日进行，通常是在供体发情配种后3～7天采集胚胎。7.5～8天之后，胚胎开始附植，开始与子宫建立密不可分的关系，移植就不能进行了。所以，采集胚胎的方法一般有三种：一是在配种的2.5～3天经输卵管采集；二是在配种的3～4天运用输卵管和子宫角结合法采集；三是在配种的6～7天经子宫角采集。

（4）严格检查胚胎的质量　从供体采集的胚胎存在着未受精、退化、发育不正常等现象，必须经过严格的鉴定，确定发育正常者方可移植。为了保证胚胎的质量，移植过程中要使用较高质量的冲胚液保存液，避免物理、化学、生物方面的影响，冲出胚胎后应尽快移植。

（5）严格选择供体和受体　供体和受体的年龄、体重、品种、饲养管理条件、健康状况、生殖器官发育、生殖生理机能均对移植的受胎率有较大影响，应注意加以选择。

2. 供体羊的选择

（1）对供体羊的要求　选择的供体母羊应符合品种标准，具有较高的生产性能和遗传育种价值、繁殖机能正常、营养与体质状况好、年龄2.5～6岁为宜，青年羊至少应在1.5岁（18月龄）以上。选择的供体在优秀的基础上必须是健康的，无规定传染病和影响繁殖的疾病。某些有特殊价值的老龄羊，也可加强饲养管理，选作供体，多留一些后代。一般来说，没有产过羔的，无论是何种年龄，包括初情期的处女羊，都不宜选取，因为这样的羊没有经产史，无法考察其繁殖机能。对选择的供体应进行生殖系统检查，要求生殖器官发育正常，无卵巢囊肿、子宫炎等疾病，无流产史、难产史和屡配不孕史，膘情适中，过肥过瘦均不宜选取。若为在羊场和市场购买的供体则应检查是否进行过采胚手术。每只供体采胚理论上是可以反复多次利用的，但实际上由于手术过程中操作不当，往往造成生殖器官粘连而难以冲胚，每采胚一次则风险增加一次。

因此，对手术采胚后的风险应有必要的心理准备。

在选择供体母羊的同时，也要注意与配公羊的选择，因为后者也为受精卵提供优良的遗传基因。因此，选择公羊，要像一般作繁殖计划那样考虑选种选配。并认真检查与配公羊精液品质，选择精液品质好的公羊与供体配种，为超排卵获得好的受精率创造条件。若受精率不高，将严重影响胚胎移植的效果。所以要高度重视种公羊的饲养管理和使用，要给予全价饲料，特别是蛋白质和矿物质饲料的供给，在配种季节未曾到来之前，就应给予补饲。

（2）供体母羊的饲养管理　供体羊群至少应在移植计划开始前2个月建立，以避免其后可能出现的应激。在气候恶劣的条件下，羊群应有较好遮阴、避风或挡雨设施。供体母羊应有适当的配种体况，青年羊体重应达到成年羊体重的70%以上方可使用。

良好的营养状况是保持正常繁殖机能的必要条件。供体羊应在有优质牧草的草场放牧，补充高蛋白饲料、维生素和矿物质，并供给食盐和清洁的饮水，做到合理饲养，精心管理。在采胚前后，不得任意变换饲草料和管理程序，使母羊保持中等以上的膘情。冬季青草缺乏时应补饲胡萝卜或青贮料，确保供体羊的膘情和生殖机能良好。

3. 供体羊的预处理

（1）流产处理　供体羊在计划进行超排的前2个月组群集中饲养，如果曾经与公羊混过群或配过种，在组群7天后先行PG流产处理，方法按PG药品说明进行。

（2）治疗生殖道疾病　对供体羊群进行生殖道检查，发现疾病及时治疗。对一般的生殖道炎症，可以采用注射青霉素、链霉素加阴道冲洗药，阴道冲洗可以用0.1%的高锰酸钾液，也可购买专用的阴道冲洗液。

（3）驱虫防疫　在超排进行的前2个月，完成驱虫、药浴及常规的防疫注射。常用的驱虫药物有敌百虫、左旋咪唑、阿维菌素、丙硫咪唑等。常用的药浴药物有0.1%～0.2%杀虫脒、1%敌百虫溶液、80～200毫克/升速灭菊酯溶液或石硫合剂等。常用的疫苗有三联四防苗、传染性胸膜肺炎苗、羊痘苗、口蹄疫苗等。

（4）观察记录　对于集中的供体进行发情周期的观察记录，方法是每天早晚放入试情公羊进行试情，对发情时间及发情期进行记录。

4. 超数排卵的方法

超数排卵的方法按控制发情方式来分有三种：一是自然发情法，首先对供体母羊逐日试情，将发情的母羊及时挑出，记录其发情日期和时刻，将发情开始之日的第 2 天，算作下一周期的第 1 天，在该个体预定再次发情的前 3～5 天开始给予激素；二是黄体酮海绵栓法，对供体、受体同时放置黄体酮海绵栓，放入的那天为第 1 天，绵羊在第 11 天、山羊在第 16 天开始注射超排药物，如果用 FSH，一般连续 3 天减量注射，如果用 PMSG 就一次性注射，在第 15～18 天取黄体酮海绵栓，完成超排进入配种程序；三是 PG 两次处理法，给供体羊注射 PG，观察记录发情情况，10 天之后进行第 2 次 PG 注射，同样观察记录发情情况。其后的操作与第一种方法相同。

超数排卵的方法按用药来分有两种：一是促卵泡素（FSH）减量注射法，供体母羊在发情周期的第 17 天开始，肌内注射，早晚各注射 1 次，间隔 12 小时，分 3 天减量注射，注射剂量 100～200 国际单位，也可根据羊的体重或其他因素具体而定，供体羊一般在开始注射的第 4 天表现发情，发情后立即肌内注射促黄体素（LH）75～100 国际单位；二是孕马血清促性腺激素（PMSG）处理法，在发情周期的第 17 天，1 次肌内注射 PMSG 1000～2000 国际单位，发情后 18～24 小时肌内注射等量的抗 PMSG。

具体的超排参考方案如下。

方案一：采用阴道栓＋240 毫克 FSH 3 天 6 次股二头肌内注射，最后一次注射时撤栓。

方案二：0 天 PG，12 天 FSH，13 天 FSH，14 天 FSH＋PG，15 天 FSH，FSH 剂量逐渐减少。

5. 配种与输精

自然交配或人工输精见本节“一、波尔山羊人工授精技术的程序”中的相关内容。

6. 胚胎的回收

波尔山羊胚胎的回收方法为手术法（图 2-9），以波尔山羊供体羊发情日为 0 天，2～3 天用输卵管法，6～7 天用子宫角法。

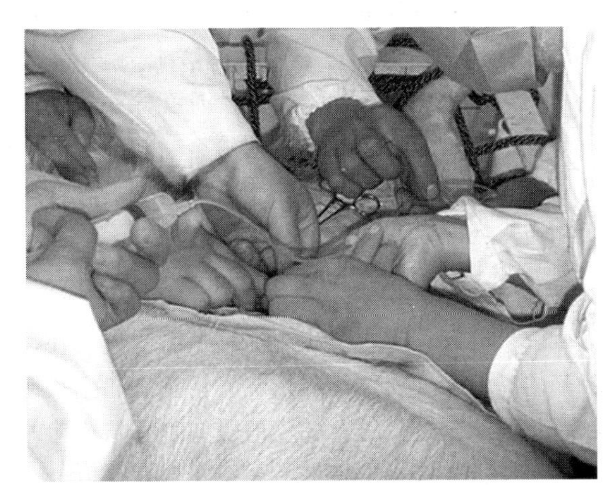

图 2-9　手术法冲胚

为了确保移植的成功，要做好人员、手术操作间、器械、药品的准备。术前 1 天，供体羊应空腹 1 天，将手术羊只前低后高仰卧保定，确定部位，剪毛、消毒、麻醉，在腹中线的一侧乳房边缘做 4～5 厘米切口，逐层切开，切开腹膜后将食指、中指伸入腹腔，在与骨盆腔交界的前后位置寻找子宫角，找到子宫角后，用二指夹持牵引到切口外，先循一侧子宫角至输卵管，在输卵管的末端转弯处找到该侧卵巢，若卵巢上有排卵点表明有卵排出，即可开始采胚。

用冲洗输卵管腔回收进入输卵管部胚胎的方法称为输卵管法，回收时，将长 5～7 厘米，外径 3～4 毫米的硅胶管由输卵管伞的喇叭口插入输卵管 2～3 厘米，用血管钳或手指固定，冲卵管的另一端接集卵皿。助手用注射器吸取37℃左右的冲卵液5～10毫升，在子宫角与输卵管相接的顶端部位，将针头沿输卵管方向插入，用手指捏紧，然后推压注射器，使冲卵液经输卵管至集卵皿。

用冲洗子宫角的方法回收进入子宫角的胚胎称为子宫角回收法。用止血钳在排卵侧子宫角近宫体部扎孔，将冲卵管气囊端从孔中朝输卵管方向插入，至近子宫角大弯处，充气4～5毫升，使气囊完全充盈将子宫角充分堵塞。在子宫的输卵管端，用钝性针头从子宫角尖端插入，连接注射器，推入冲卵液15～20毫升。助手持集卵皿接住冲卵液。术毕，抽出冲卵管，针孔涂布甘油或油剂青霉素，复位子宫，肌肉、脂肪、皮肤分层缝合。从回收的冲卵液中在实体显微镜下检出胚胎，鉴定胚胎发育状况，把发育良好的胚胎转移至磷酸缓冲液（PBS）中保存并准备移植。

7. 受体羊的选择

胚胎移植效果的好坏，主要表现在移植后受体的妊娠率和产羔率。而受胎率的高低又和受体的膘情、发情状态、生殖道内环境有密切关系，因此，认真选择符合要求的受体是移植成功的主要因素之一。受体母羊通常要选择膘情好、有正常生育能力、适应性强的适龄土种羊或低代杂种羊，1岁半的幼龄母羊性周期还不甚规律，老龄羊的采食能力、膘情较差，配种受胎后胎儿不能得到很好的发育，像这类年幼和年老的羊一般不宜选作受体。受体羊的年龄应与供体羊较为接近，相差1岁之内最好。笔者在胚胎移植实践中，遇到的多数是在移植前2～3个月才在市场上购买，结果买到的有相当数量的是流产的，或者是屡配不孕的，或者是发情不正常的，大大影响了移植效果。对此，应引起高度重视，可以提前受体羊的购买时间，并进行观察，对频繁发情，无发情表现的进行先行淘汰，确保受体羊群的质量。

8. 受体羊预处理

在胚胎移植前2个月，要对选择好的受体集中饲养，并进行驱虫、药浴、防疫注射、生殖道检查，对于有生殖疾病的羊进行治

疗。对于购买来的受体，如不知其是否妊娠，要进行 PG 处理，使妊娠个体流产。需要注意的是，PG 处理应在集中 1 周后进行，对于配种 3 天之内的羊，PG 注射不能起到流产作用。流产的羊只要进行阴道冲洗，并注射青霉素 320 万国际单位、链霉素 100 万国际单位，每天 3 次，连续 3 天。

被选择的受体，发情期必须与供体一致。受体与供体的同步发情，与受体的其他因素相比，是胚胎移植成功更为重要的因素。一种方法是从数量较大的受体羊群内选择与供体发情自然同步的受体，受体与供体数量之比不低于 20∶1。另一种方法是让供体羊与一定数量的受体羊，在胚胎移植前的一个发情周期内，都接受黄体酮及其类似物或前列腺素类似物的处理，使受体羊与供体羊集中在同一时期发情。

9. 胚胎移植

胚胎移植的过程与胚胎回收的过程相同，切开腹腔拉出卵巢，检查黄体发育情况，无黄体或黄体过小的不能移植。输卵管法移胚时术者持移卵器从输卵管喇叭口斜向插入输卵管，把带胚胎的保存液注入输卵管，将子宫复位缝合。子宫法移胚时，用钝性针头在子宫角输卵管端避开血管斜向子宫体方向扎孔，然后把吸有胚胎的移卵管向输卵管方向插入子宫角，将胚胎推入子宫角，针孔涂布油剂青霉素，子宫复位缝合，一个发情周期时进行鉴定，不发情者即视为妊娠。

第三章 波尔山羊的饲养管理

第一节　波尔山羊的营养需要和日粮配制

一、波尔山羊消化生理和营养物质利用

1. 成年羊的消化生理特点

（1）瘤胃的功能　山羊的瘤胃又被称为活体饲料发酵罐，其温度保持在39～41℃，pH值为6～8。瘤胃内适宜的环境使得大量微生物在其中栖息繁殖，现已知的60多种微生物中，主要为厌氧性纤毛虫、细菌和真菌为主，并随饲料种类、饲喂方式及动物年龄等因素的不同而变化。每毫升瘤胃内容物中含有100亿～500亿个细菌和100万～200万条纤毛原虫；瘤胃的容积特别大，波尔山羊的瘤胃一般可达23升，占胃总容积的79%，占整个消化道容积的70%，可作为饲料的临时储藏库。瘤胃不能分泌消化液，但是胃壁分布有大量的纵型肌环，它们能够强有力地收缩和松弛，进行节律性的蠕动，使得食物得到充分搅拌并与瘤胃微生物充分接触。瘤胃微生物对于改变和消化饲料营养物质起到重要作用，主要包括：产生纤维水解酶，能将摄入的50%～80%的粗纤维分解转化成碳水化合物和低级脂肪酸，再经过瘤胃上皮细胞吸收；将饲料中的非蛋白氮或者低质量的蛋白质转化为高品质的菌体蛋白，这一来源能满足山羊机体对蛋白质需要量的20%～30%；合成的B族维生素和

维生素 K 能满足机体对这几种维生素的需要。

(2) 反刍　山羊摄食食物后一般不经过充分咀嚼就会吞咽进瘤胃，饲料在瘤胃中与水和唾液混合后被揉磨、浸泡、软化、发酵，再以食团的形式沿食道上行至口腔，经细致咀嚼后再吞咽后回到瘤胃进行消化和吸收，这个过程称为反刍。反刍包括逆呕、再咀嚼、再混合唾液和再吞咽四个过程，其机制是通过食物刺激网胃、瘤胃前庭以及食管黏膜而引发的反射性逆呕。这一过程可以嚼碎食糜，增加其与瘤胃微生物的接触面积，促进食糜的发酵和分解；还能利用与食糜一起大量吞进的口腔唾液中含有的钙、钠、钾、镁等矿物质及其碱性特质，供给瘤胃微生物生长所需的养分并中和部分瘤胃发酵产生的胃酸，以保持瘤胃微生物正常生长和繁殖所需的适宜环境。反刍是周期性进行的行为，每次反刍周期为 40～60 分钟，每天的总反刍时间为 6～9 小时，逆呕吞咽的总食团约为 500 个。一般成年羊在采食 0.5～1 小时后即出现第一个反刍周期。山羊反刍的节律和周期性易受外界因素影响，受到外界刺激如噪声、惊吓时和安静卧息时相比羊的反刍实践减少，节律杂乱甚至停止；采食切短的干草的反刍次数多于采食不切短的干草，但采食研磨后的饲料反刍次数和时间均比前两种少。反刍是维持山羊正常生理活动的关键，一旦反刍受到影响，食物滞留在瘤胃内，发酵产生的气体就会很难排出体外，从而引起瘤胃局部臌胀和炎症。在母羊发情、妊娠最后阶段和产后舐羔时，反刍会减弱或暂停。反刍姿势多为侧卧式，少数为站立式。

(3) 嗳气　瘤胃微生物在对瘤胃内饲料营养成分强烈的发酵过程中，会产生大量的挥发性脂肪酸以及各种气体，其中二氧化碳占 50%～70%，甲烷占 20%～45%，以及少量的硫化氢、氨气和一氧化碳等。这些气体在瘤胃内堆积使胃壁的张力增加，刺激了牵张感受器，反射性地引起瘤胃的二次收缩，从而将气体从后向前推进。只有通过不断的嗳气动作将瘤胃产生的气体排出体外，才能预防臌气。瘤胃内气体的产生和组成易受到日粮组成、饲喂时间及加工调制的影响。羔羊瘤胃中的气体以甲烷居多，但是随着年龄增长，日粮中纤维素的含量增加，瘤胃产生的二氧化碳含量也随之增加。健康成年羊瘤胃中二氧化碳含量比甲烷多，但在饥饿或臌气时，甲烷含量则会高于二氧化碳含量。波尔山羊在饲喂后30分钟内是产生嗳气的高峰期。如果嗳气受影响，大量的气体堆积会使波尔山羊瘤胃和网胃急剧膨胀。病羊会表现为呆立拱背、呼吸困难，腹部急性膨大，且左侧大于右侧，停止反刍，重症时会口吐白沫且很快窒息死亡。

（4）肠道的消化吸收　山羊肠道的长度在35米左右，相当于体长的27倍，比其他畜种都要长，是营养物质消化吸收的重要器官。较长的肠道增加了食糜通过消化道的时间，同时也提高了食糜的消化吸收率。山羊摄入饲料的可消化干物质在瘤胃中消化70%，在小肠内消化11%，在盲肠和结肠中消化19%；摄入饲料中的粗纤维在瘤胃中可消化70%，在盲肠可消化17%，在结肠中可消化13%。

2. 羔羊的消化生理特点

羔羊的胃比较小，其重量仅占消化道的22%（成年羊胃的重量占总消化道的比值可高达80%）。同时，羔羊的前三个胃占整个胃重量的比值相对于成年羊而言也较小，瘤胃和网胃仅占31%，瓣胃占8%，而皱胃则可达到61%。因此，羔羊与成年羊在消化生理特点上的主要区别在于羔羊的瘤胃功能尚未发育完全，瘤胃微生物的区系尚未形成。此时的羔羊既不能反刍，也不能利用微生物分解及发酵青粗饲料，而起消化作用的主要是皱胃。因此饲喂这个阶段的羔羊时，应考虑其消化特点，要饲喂蛋白质含量高、纤维素含量少、体积小、能量高的优质饲料。

羔羊消化生理的另一特点是具有食管沟反射的功能。食管沟起于瘤胃的贲门，延伸至网胃及瓣胃的入口。食管沟闭合时可形成一个中空的通道，使得乳汁或饲料能从食道经食管沟到达网胃瓣胃孔，经瓣胃管进入皱胃，由皱胃所分泌的凝乳酶进行消化。食管沟的闭合出现在哺乳期的羔羊吮吸乳汁时，成为食管沟反射。如若用桶喂乳时，则食管沟闭合不完全，会导致部分乳汁进入发育未完全

的瘤胃、网胃内，引起发酵而产生乳酸，造成腹泻。一般情况下，羔羊在断奶后，食管沟反射会随着年龄增长逐渐消失。

随着年龄的增长和采食植物性饲料的增加，羔羊前三个胃的体积和比重逐渐增加，约在30日龄起出现反刍活动。此时皱胃凝乳酶的分泌逐渐减少，其他消化酶分泌逐渐增多，对青粗饲料的消化分解能力开始加强，瘤胃的发育及其机能逐渐完善。

羔羊对淀粉的耐受量很低，小肠液中淀粉酶活性低，因而消化淀粉的能力是有限的。

3. 主要营养物质利用机理

（1）碳水化合物　瘤胃是山羊消化碳水化合物的主要器官，其黏膜上皮细胞可吸收碳水化合物的消化分解产物进入血液循环。淀粉在瘤胃内降解是由于瘤胃微生物分解的淀粉酶和糖化酶的作用；纤维素、半纤维素等在瘤胃内降解是由于瘤胃真菌产生的纤维素分解酶、半纤维素分解酶和木聚糖酶等酶的作用。饲料中的碳水化合物在瘤胃中一般先分解为葡萄糖、木糖和果糖等，然后被利用糖的微生物摄取，将木糖转化成葡萄糖，再连同一起被摄取的葡萄糖和果糖经酵解转化为能被吸收利用的挥发性脂肪酸、三磷酸腺苷以及二氧化碳和甲烷等气体。

（2）蛋白质　饲料蛋白在山羊体内的消化吸收有三个途径：一是进入瘤胃后，60％～80％的蛋白质被瘤胃微生物降解，再转化为菌体蛋白被利用，其降解速度和降解速率受到蛋白质在瘤胃液中的溶解度、蛋白质结构、进食水平等因素的影响；二是未降解的蛋白质与菌体蛋白一起进入到皱胃，在胃酸和胃蛋白酶的作用下降解为多肽和少量氨基酸并随食糜进入小肠中吸收；三是未被小肠吸收的蛋白质及肽、氨基酸随食糜进入大肠，在同时进入大肠的小肠消化酶和大肠内微生物的作用下，仍可吸收一部分。瘤胃微生物还能够直接利用氨基酸合成蛋白质或者先利用氨合成氨基酸后，再转变成微生物蛋白质。瘤胃内的氨除了被微生物利用外，其余一部分被吸收并运送至肝，在肝内经鸟氨酸循环变为尿素。这种内源尿素一部分经血液分泌于唾液内并经唾液重新进入瘤胃，另外一部分通过瘤胃上皮细胞扩散到瘤胃内，被微生物分解，其余的随尿排出。在养羊生产中，尿素可以用来代替日粮中约30%的蛋白质。

（3）脂肪　饲料中脂肪种类主要是谷物籽实中的甘油三酯和饲草中的半乳糖脂，以及少量的磷脂。其主要消化利用机理是这些多烯不饱和脂肪酸在瘤胃微生物分泌的脂肪酶作用下，分解成游离脂肪酸、半乳糖和甘油，不饱和脂肪酸进一步被氢化成饱和脂肪酸，半乳糖和甘油则降解为挥发性脂肪酸，在小肠上段经小肠绒毛膜吸收进入山羊体内。

二、波尔山羊的营养需要与饲养标准

1. 波尔山羊需要的营养物质

（1）水　水对维持羊的生命活动极其重要，是组成体液的主要成分，也是构成羊机体成分比例最大的成分。初生羔羊身体含水80%左右，成年羊含水50%。水是一种理想且重要的溶剂，各种营养物质的吸收和输送，代谢产物的排出都需要溶解在水中以后才能进行。水是化学反应的介质，它参与很多生物化学反应，包括蛋白质、脂肪和碳水化合物的水解，有机物质合成以及细胞呼吸过程。有机体内所有聚合作用和解聚合作用都伴有水的结合或释放。水对体温的调节起着重要作用，它能储存热能、迅速传递热能和蒸发散失热能，有利于恒温山羊体温的调节。水还是一种润滑剂，含大量水分的唾液能使羊顺利地吞咽食物，关节囊液、体腔内和各器官间组织液中的水可以减少关节和器官间的摩擦，起到润滑作用。缺水会使羊的食欲降低、健康受损、生长发育受阻以及生产力降低。动物失去全部脂肪、半数蛋白或者失去40%的体重时仍能存活，但若脱水5%则食欲减退，脱水10%则生理失常、代谢紊乱，脱水20%就会导致死亡。山羊体内需水量受机体代谢水平、环境温度、生理阶段、体重、采食量和饲料组成等多种因素影响。每采食1千克饲料干物质，需摄入1～2千克水。成年羊一般每天需饮水3～4千克。

（2）碳水化合物　碳水化合物包括淀粉、糖类、半纤维素、纤

维素和木质素等，是植物性饲料中最主要的组成部分，约占其干物质重量的75%。碳水化合物一般分为粗纤维和无氮浸出物两大类，粗纤维包括纤维素、半纤维素、多缩戊糖及镶嵌物质，是植物细胞壁的主要成分；无氮浸出物是指从饲料干物质重量中减去水分、粗蛋白质、粗脂肪、粗纤维、粗灰分后剩余部分的含量，包括单糖、双糖、淀粉和糖原。山羊体内的碳水化合物以葡萄糖和糖原为主，但含量极少。碳水化合物易溶于水，有利于动物消化吸收，是组成羊日粮的主体。

碳水化合物是山羊生命活动所需能量的主要来源，其中葡萄糖是大脑神经系统、胎儿生长发育、脂肪组织、肌肉、乳腺等代谢的唯一能源。羊的一切生命活动和生产过程，如呼吸、维持体温、生长、繁殖和泌乳等都需要靠能量来维持。每克碳水化合物在体内平均可产生16.15千焦的热能，通过氧化供能来满足羊的生理需要。碳水化合物是体组织的成分之一，如半乳糖和类脂肪是神经组织的必需物质，戊糖则是细胞核酸的组成成分。一些低级核酸与氨基可结合形成氨基酸，许多糖类与蛋白质化合而成糖蛋白。碳水化合物除供应热能之外，剩余部分可在体内转化成肝糖原、肌糖原和脂肪作为营养物质的储备。胎儿在妊娠后期能储存大量糖原和脂肪作为出生后的能量来源。碳水化合物在山羊瘤胃中发酵产生的挥发性脂肪酸（包括乙酸、丙酸、丁酸），不仅是重要的能量来源，还可以作为合成乳酸或乳糖的主要原料。粗纤维是羊的必需营养物质，除了上述作用以外，其性质稳定，不易被消化，吸水性好，容积大，能填充羊的消化道给羊以饱感。它还能刺激消化道黏膜，促进肠道蠕动和粪便排出，保证消化道的正常机能。

饲料中含有的碳水化合物不足，则会直接导致山羊的能量需求得不到满足。在能量供应不足时，山羊容易出现生长缓慢或停滞，体重下降，繁殖力低，泌乳量下降，羊毛生长缓慢，抗病力低或死亡等症状；但能量供应过多时，同样会引起与肥胖相关的健康问题。另外，葡萄糖供给不足时，会产生妊娠毒血症，严重时会致命。

(3) 蛋白质　蛋白质主要由碳、氢、氧、氮组成，是山羊维持正常生命活动，建造机体组织、器官的重要物质，包括羊皮、羊毛、肌肉、羊角、内脏器官、血液、神经、腺体、精液等。蛋白质还是机体内功能物质的主要成分，如在山羊体内代谢活动中起催化作用的酶类、起调节作用的激素，以及在免疫功能中起到防御作用的抗体等。当日粮提供的能量和营养物质不足以满足山羊的需要时，蛋白质还可以分解供能；当日粮中的蛋白质过量时，它还可以转化为糖和脂肪，或者分解产热。但是山羊所需能量的主要来源还是碳水化合物，而且通过分解转化剩余的蛋白质来提供能量，其能值低、不经济，同时产生过量的非蛋白氮和高水平的可溶性蛋白质容易造成氨中毒，因此，合理的蛋白质水平相当重要。

蛋白质缺乏，会降低羔羊的生长速率，体重减轻，使成年羊出现消瘦、衰弱；种公羊出现精液品质下降；母羊则会出现胎儿发育不良，产死胎、畸形胎，泌乳减少。长期缺乏蛋白质，还会使山羊血红蛋白减少进而出现贫血症，当血液中免疫球蛋白数量不足时，山羊抗病力减弱、发病率增加。严重者会引起死亡。

(4) 矿物质　矿物质是山羊机体组织、细胞骨骼和体液的重要部分，是生命活动的必需物质。它几乎参与了体内各种生命活动，包括调节体内渗透压、酸碱平衡，参与体组织特别是骨骼和牙齿的形成，参与三大有机营养物质代谢，维持细胞膜渗透性以及神经肌肉的兴奋性等。目前已证实山羊必需的矿物质有15种，按其在体内的含量分为常量元素和微量元素。在体内含量大于或等于0.01%的称为常量元素，包括钾、钠、钙、磷、氯、镁、硫7种；含量小于0.01%的称为微量元素，包括碘、铁、锰、钼、铜、锌、钴、硒8种。如果羊体内矿物质缺乏，会引起食物消化、营养运输、血液凝固、神经传导、肌肉收缩和体内酸碱平衡等功能紊乱，从而影响羊只健康、生长发育、繁殖和畜产品产量，严重缺乏时还会导致死亡。

① 钙和磷　钙和磷是山羊体内含量最多的矿物质元素，占体重的1%～2%，占体内矿物质总量的65%～70%，其中约99%的

钙和80%的磷都分布于骨骼和牙齿中，其余的分布于软组织和体液中。作为骨骼和牙齿的重要成分，钙参与支持结构物质的组成，起到支持和保护的作用；它同时还参与血液凝固，维持血液酸碱平衡，促进肌肉和神经功能，调节神经兴奋性，改变细胞膜通透性，激发多种酶活性；促进多种激素分泌，如胰岛素、肾上腺素皮质醇。磷主要以磷酸的形式参与多种物质代谢。钙和磷的缺乏症一般表现为生长缓慢、生产力下降、食欲下降、饲料利用率低、异食癖、骨骼发育异常等。羔羊缺乏症还表现为生长停滞、佝偻病以及骨软化症。在母羊上还表现为难产、胎衣不下和子宫脱出，发情无规律、乏情、卵巢萎缩、卵巢囊肿等。过量的钙会影响其他元素的吸收利用，从而导致其他元素缺乏症，而过量的磷会导致血钙下降。

② 钠和氯　主要分布在体液和软组织中，氯在肾脏中的含量最高。山羊体内的钠和氯的主要生理功能包括维持体内渗透压、调节酸碱平衡和控制水代谢。钠是制造胆汁的重要原料，还对传导神经冲动和营养物质吸收起重要作用。氯促进形成胃液中的盐酸，参与蛋白质消化。食盐还有调味作用，能刺激唾液分泌，促进淀粉酶的活动。钠和氯的缺乏症一般表现为食欲不振、消化不良、异食癖、生长缓慢、发育受阻、精神萎靡、被毛粗糙、繁殖力降低、饲料利用率降低以及生产力下降等。日粮中补充食盐能满足山羊对钠和氯的需要。但是过量食入食盐又没有充足的饮水，会引起山羊腹泻，严重时还会导致中毒或死亡。

③ 镁　山羊体内镁的含量约占体重的0.05%，其中大部分存在于骨骼和牙齿中，小部分分布于软组织中。其生理作用包括维持骨骼正常发育；参与三大营养物质的代谢过程；参与DNA、RNA和蛋白质的合成；作为多种酶的活化因子或者直接参与酶的组成，包括磷酸酶、氧化酶、激酶、精氨酸酶等；调节神经、肌肉兴奋性，保证其正常功能。山羊对镁的需要量高于非反刍动物，常见的缺乏症表现为痉挛，还包括神经过敏、呼吸减弱、心跳加速等。山羊骨骼中含有体内60%～70%的镁，而当食物中摄入的镁不足时，

骨骼中的镁将会释放到软组织中。对羔羊而言，骨骼中30%的镁可以通过代谢分解来弥补镁的缺乏，然而对于成年羊而言，这个比值仅为2%。饲料中过量的镁会导致镁中毒，表现为昏睡、运动失调、下痢、食欲低、生产力低，严重时会导致死亡。

④ 钾　钾约占机体干物质的0.3%，其含量在矿物质中仅次于钙和镁，主要存在于细胞内液，在各组织器官中又以肾、肝中含量最高，皮肤和骨骼最少。钾的生理功能主要包括与钠和氯作为电解质维持渗透压，调节酸碱平衡，控制水代谢；参与糖和蛋白质代谢；钾离子还影响神经肌肉的兴奋性；对一些酶的活化起到促进作用。钾的缺乏症一般表现为采食量下降、精神不振和痉挛，严重时会导致死亡。日粮中钾的摄入过高会影响镁和钠的吸收。

⑤ 硫　硫在山羊体内的含量约为0.15%，是必需的常量元素，也是保证瘤胃微生物最佳生长的重要养分。在瘤胃微生物消化过程中硫可促进含硫氨基酸（蛋氨酸和胱氨酸）以及维生素 B_{12} 的合成。含硫氨基酸进而又会促进体蛋白质、被毛、激素、软骨素基质以及牛磺酸的合成。硫的生理作用还包括参与能量代谢中辅酶A的合成；参与碳水化合物代谢过程中硫胺素的合成；作为黏多糖的成分参与胶原和结缔组织的代谢等。硫的缺乏症状一般包括流涎过多、身体消瘦、虚弱、食欲不振、异食癖以及纤维素利用率下降等。而日粮中过量的硫会使山羊产生厌食、便秘、腹泻、抑郁等中毒反应，严重时会导致死亡。

⑥ 碘　羊体内含碘量很少，分布于组织细胞中，主要存在于甲状腺内。在血液中，碘以甲状腺素的形式存在，参与构成甲状腺球蛋白。碘作为甲状腺素的成分，参与几乎所有的物质代谢过程。碘的缺乏症状主要表现为甲状腺肥大，羔羊发育缓慢，严重时出现无毛症或者死亡。成年羊缺碘会造成新陈代谢减弱、皮肤干燥、消瘦、剪毛量和泌乳量降低。妊娠母羊缺碘会导致胎儿死亡、产死胎，或者新生胎儿无毛、体弱、生长缓慢和存活率低。日粮中含碘量过高会降低饲料适口性、采食量，山羊会表现出碘中毒的症状，

包括皮肤角质化、呕吐、流涎、腹泻、抽搐、昏迷、死亡。对于缺碘的山羊，可采用碘化食盐（含0.1%～0.2%碘化钾）补饲。

⑦ 铁　山羊体内的铁元素主要分布于血红素和肌红蛋白中，也是它们的重要组成成分，有造血元素之称。肝、脾、骨髓是主要的储存铁元素的器官。铁的生理功能包括参与细胞色素氧化酶、过氧化物酶、过氧化氢酶、黄嘌呤氧化酶等的组成；帮助机体组织氧的运输；与细胞内生物氧化密切相关；预防机体感染疾病等。铁的缺乏症状主要表现为小红细胞性贫血，生长缓慢、嗜睡、呼吸加快等。铁过量，其慢性中毒表现为食欲不振、生长缓慢、饲料转化率低，急性中毒症状为厌食、尿少腹泻、体温低、代谢性酸中毒、休克，严重时会导致死亡。

⑧ 铜　山羊体内的铜主要分布于肝、脑、心脏、肾和羊毛中，其中约一半在肌肉组织中。铜的生理功能包括催化红细胞和血红素的形成；促进血红蛋白的合成和红细胞成熟；在酶的作用下，参与有色毛纤维色素形成；参与骨细胞、胶原和弹性蛋白形成；维持骨组织健康。铜的缺乏症状一般表现为羔羊贫血、共济失调，骨骼生化作用受损，骨骼疏松、关节肿大、易骨折，毛纤维强度、弹性、染色亲和性下降。日粮中铜过量引发的中毒症状表现为黄疸、溶血、血红蛋白尿、肝和肾呈现黑色。

⑨ 锌　锌在各组织器官中均有分布，其中骨骼和骨骼肌中的含量最多，达到体内总锌的80%。锌在山羊体内的生理功能包括维持公羊睾丸的正常发育和精子正常形成；维持上皮细胞和羊毛的正常形态和生长；参与骨质形成；是多种酶的组成成分，调节酶活性；参与胱氨酸和黏多糖的正常代谢；参与激素的形成、储存、分泌，维持激素的正常功能等。锌的缺乏症状一般表现为羔羊角质化不全症、掉毛、生长缓慢、采食量下降，公羊睾丸萎缩、畸形精子增多，母羊繁殖力下降。成年羊还会出现鼻黏膜和口腔黏膜发炎、出血，皮肤变厚、被毛粗糙，关节僵硬、肢端肿大。锌过量引起的中毒反应包括食欲不振、贫血、呕吐、腹泻等。

⑩ 锰　锰在山羊体组织中均有分布，其中以骨骼、肝、肾、

胰腺中含量较为丰富。肝脏中锰的含量比较稳定。锰的生理功能包括参与骨骼形成，维持骨骼的健康和正常发育；作为一些酶类的成分参与碳水化合物、脂类、蛋白质和胆固醇代谢；维持神经健康。锰还与山羊的生长繁殖相关。山羊缺锰时，羔羊会出现软骨组织增生、关节肿大，母羊受胎率低、流产、体重减轻。锰过量时会干扰其他元素的吸收，出现其他元素缺乏症。锰中毒的表现一般为生长受阻、贫血和胃肠道损害，有时还会出现神经症状。

⑪ 钼　山羊体内的钼元素主要分布于骨骼、肌肉和肝脏中。钼是黄嘌呤氧化酶和硝酸还原酶的组成成分，在嘌呤代谢中具有重要作用，还参与体内氧化还原反应。对于羔羊而言，钼对刺激瘤胃微生物活动、提高粗纤维消化率起着重要作用。钼与铜、硫元素有着相互促进和制约的关系。钼的缺乏症状一般表现为生长受阻、繁殖力下降、流产等。山羊对于饲粮中的钼含量较为敏感，过量的钼会造成山羊毛纤维直、粪便松软、尿黄、脱毛、贫血、骨骼异常等，严重时会导致死亡。

⑫ 钴　钴多分布于山羊的肝、肾、脾以及胰脏中，其中以肝中的含量最为丰富。钴是山羊瘤胃微生物合成维生素D和维生素B_{12}的原料，参与机体造血过程，与蛋白质、碳水化合物的代谢有关。钴还可激活体内许多酶活性，增强瘤胃微生物分解纤维素的能力。钴的缺乏症表现为食欲不振、生长缓慢、异食癖、被毛粗糙、消瘦、贫血、流泪、精神不振、泌乳量和产毛量下降，母羊表现为发情次数减少、易流产。山羊对钴的耐受性较强，一般不会出现钴中毒，过量食用会造成厌食、体重下降和贫血等症状。

⑬ 硒　山羊体内肾和肝脏中的硒浓度最高，硒一般与蛋白质结合存在于山羊体内。硒是谷胱甘肽过氧化物酶的主要成分，具有抗氧化作用；刺激免疫球蛋白及抗体的生成，提高机体免疫活性。此外，硒还具有抗溶血作用以及维持正常的生殖机能。硒的缺乏症状主要为白肌病，肌肉表面可见明显白色条纹。其他症状还包括骨骼肌、心肌变性，生长缓慢，消瘦，繁殖性能受损，母羊不育或死胎等。过量的硒易引发慢性或急性中毒，慢性中毒表现为肌肉衰

退、行动失调、视力减退、消瘦、贫血、脱蹄、脱毛等；急性中毒表现为腹泻、体温升高、心率加快、组织大量出血和水肿，严重时会由于呼吸困难导致死亡。

（5）维生素 维生素是羊健康、生长发育、繁殖后代和维持生命所必需的营养物质，其功能主要在于启动和调节有机体的物质代谢，主要以辅酶和催化剂的形式广泛参与到体内代谢的多种化学反应中。山羊所需的维生素分为脂溶性维生素和水溶性维生素，前者包括维生素 A、维生素 D、维生素 E、维生素 K，后者包括 B 族维生素和维生素 C。一般而言，山羊瘤胃微生物可以合成 B 族维生素和维生素 K，因此饲料中可以不用再单独添加。维生素 C 可以在羊的体组织中生成。对于一些胡萝卜素含量高的饲料，如高质量的牧草或青草，山羊的肝脏可以利用并储存大量的维生素 A。因此，一般情况下，除羔羊外，只需在饲料中适当添加维生素 D、维生素 E 和维生素 K。维生素缺乏会引起羔羊生长停滞、免疫力减退，成年羊机体代谢紊乱、生产性能下降、繁殖力下降等。

① 维生素 A 维生素 A 是一种环状不饱和一元醇，有视黄醇、视黄醛、视黄酸三种衍生物，在肝脏中含量丰富。由于维生素 A 只存在于动物性饲料中，山羊的维生素来源主要靠植物中的类胡萝卜素作为维生素 A 原。维生素 A 的生理功能包括维持正常视力，骨骼的生长发育，增强机体免疫力、繁殖力。维生素 A 缺乏症包括夜盲症、生长迟缓、骨骼畸形、繁殖器官退化，母羊难产、流产，公羊精子数减少、活力下降等。

② 维生素 D 维生素 D 为类固醇衍生物，包括维生素 D_2 和维生素 D_3。维生素 D 的生理功能主要是促进钙和磷的吸收与代谢，提高血液的钙磷水平。另外，它还参与骨骼的形成并促进骨骼的正常钙化。维生素 D 不足会引发钙和磷的代谢障碍，从而导致羔羊的佝偻病，以及成年羊的骨组织疏松。其他缺乏症状还包括免疫力降低、食欲不振、发育缓慢等。

③ 维生素 E 维生素 E 又名抗不育维生素，是一种化学结构类似酚的化合物，具有生物学活性，可作为生物抗氧化剂。其生理

功能除抗氧化之外还包括促进性腺发育、调节性功能；具有抗应激作用，增强机体免疫功能；维持正常的繁殖机能，一定程度上改善冻精品质；提高羊肉储藏期限，延缓颜色变化。与硒的缺乏症状相似，维生素E的缺乏症状包括贫血、繁殖机能下降、肝坏死，羔羊的白肌病，母羊流产，公羊精子减少、品质降低、无性机能等。严重时还会出现神经和肌肉代谢失调。

④ 维生素K　维生素K分为维生素K_1、维生素K_2、维生素K_3、维生素K_4，其中维生素K_1又叫叶绿醌，在植物中形成；维生素K_2又叫甲基萘醌，由胃肠道微生物合成；维生素K_3和维生素K_4为人工合成。维生素K耐热，不溶于水，但易在碱、酸、光照和辐射等情况下分解。其生理功能主要是催化肝脏中对凝血酶原和凝血质的合成，在凝血酶原和凝血因子的作用使血液凝固。维生素K缺乏时，血液凝固的速度下降，从而可能引发出血。虽然瘤胃微生物可以合成维生素K，但实际生产中，饲料间的拮抗作用仍然可能会导致缺乏症状的出现。

⑤ B族维生素　B族维生素包括硫胺素（维生素B_1）、核黄素（维生素B_2）、烟酸（维生素B_3）、胆碱（维生素B_4）、泛酸（维生素B_5）、吡哆醇（维生素B_6）、生物素（维生素B_7）、叶酸（维生素B_9）和氰钴胺（维生素B_{12}）。它在山羊体内的生理功能主要作为细胞内酶的辅酶，参与糖类、脂肪和蛋白质的代谢。山羊的瘤胃微生物在正常情况下能合成足够的B族维生素以满足需求，但羔羊的饲粮中仍需添加适量B族维生素。

2. 波尔山羊的饲养标准

山羊的饲养标准又叫山羊的营养需要量，是指山羊维持生命活动和从事生产对能量和各种营养物质的需要量。饲养标准反映出山羊不同发育阶段、不同生理状况、不同生产目标和水平对能量、蛋白质、矿物质和维生素等的适宜需要量。由于波尔山羊还没有专门的饲养标准，因此建议参照中华人民共和国农业行业标准NY/T 816《肉羊饲养标准》，见表3-1～表3-8。

表 3-1　生长肥育山羊羔羊营养需要量

体重/千克	日增重/千克	DMI/(千克/天)	DE/(兆焦/天)	ME/(兆焦/天)	粗蛋白/(克/天)	钙/(克/天)	总磷/(克/天)	食用盐/(克/天)
1	0	0.12	0.55	0.46	3	0.1	0	0.6
	0.02	0.12	0.71	0.6	9	0.8	0.5	0.6
	0.04	0.12	0.89	0.75	14	1.5	1	0.6
2	0	0.13	0.9	0.76	5	0.1	0.1	0.7
	0.02	0.13	1.08	0.91	11	0.8	0.6	0.7
	0.04	0.13	1.26	1.06	16	1.6	1	0.7
	0.06	0.13	1.43	1.2	22	2.3	1.5	0.7
4	0	0.18	1.64	1.38	9	0.3	0.2	0.9
	0.02	0.18	1.93	1.62	16	1	0.7	0.9
	0.04	0.18	2.2	1.85	22	1.7	1.1	0.9
	0.06	0.18	2.48	2.08	29	2.4	1.6	0.9
	0.08	0.18	2.76	2.32	35	3.1	2.1	0.9
6	0	0.27	2.29	1.88	11	0.4	0.3	1.3
	0.02	0.27	2.32	1.9	22	1.1	0.7	1.3
	0.04	0.27	3.06	2.51	33	1.8	1.2	1.3
	0.06	0.27	3.79	3.11	44	2.5	1.7	1.3
	0.08	0.27	4.54	3.72	55	3.3	2.2	1.3
	0.1	0.27	5.27	4.32	67	4	2.6	1.3
8	0	0.33	1.96	1.61	13	0.5	0.4	1.7
	0.02	0.33	3.05	2.5	24	1.2	0.8	1.7
	0.04	0.33	4.11	3.37	36	2	1.3	1.7
	0.06	0.33	5.18	4.25	47	2.7	1.8	1.7
	0.08	0.33	6.26	5.13	58	3.4	2.3	1.7
	0.1	0.33	7.33	6.01	69	4.1	2.7	1.7
10	0	0.46	2.33	1.91	16	0.7	0.4	2.3
	0.02	0.48	3.73	3.06	27	1.4	0.9	2.4
	0.04	0.5	5.15	4.22	38	2.1	1.4	2.5
	0.06	0.52	6.55	5.37	49	2.8	1.9	2.6
	0.08	0.54	7.96	6.53	60	3.5	2.3	2.7
	0.1	0.56	9.38	7.69	72	4.2	2.8	2.8

续表

体重/千克	日增重/千克	DMI/(千克/天)	DE/(兆焦/天)	ME/(兆焦/天)	粗蛋白/(克/天)	钙/(克/天)	总磷/(克/天)	食用盐/(克/天)
12	0	0.48	2.67	2.19	18	0.8	0.5	2.4
	0.02	0.5	4.41	3.62	29	1.5	1	2.5
	0.04	0.52	6.166	5.05	40	2.2	1.5	2.6
	0.06	0.54	7.9	6.48	52	2.9	2	2.7
	0.08	0.56	9.65	7.91	63	3.7	2.4	2.8
	0.1	0.58	11.4	9.35	74	4.4	2.9	2.9
14	0	0.5	2.99	2.45	20	0.9	0.6	2.5
	0.02	0.52	5.07	4.16	31	1.6	1.1	2.6
	0.04	0.54	7.16	5.87	43	2.4	1.6	2.7
	0.06	0.56	9.24	7.58	54	3.1	2	2.8
	0.08	0.58	11.33	9.29	65	3.8	2.5	2.9
	0.1	0.6	13.4	10.99	76	4.5	3	3
16	0	0.52	3.3	2.71	22	1.1	0.7	2.6
	0.02	0.54	5.73	4.7	34	1.8	1.2	2.7
	0.04	0.56	8.15	6.68	45	2.5	1.7	2.8
	0.06	0.58	10.56	8.66	56	3.2	2.1	2.9
	0.08	0.6	12.99	10.65	67	3.9	2.6	3
	0.1	0.62	15.43	12.65	78	4.6	3.1	3.1

注：1. 表中0～8千克体重阶段肉用山羊羔羊日粮干物质进食量（DMI）按每千克代谢体重0.07千克估算；体重大于10千克时，按中国农业科学院畜牧研究所2003年提供的如下公式计算。

$$DMI=(26.45\times W^{0.75}+0.99\times ADG)/1000$$

式中，DMI为干物质进食量，千克/天；W为体重，千克；ADG为平均日增重，克/天。

2. 表中代谢能（ME）、粗蛋白（CP）数值参考杨在宾等（1997）对青山羊数据资料。

3. 表中消化能（DE）需要量数值根据ME/0.82估算。

4. 日粮中添加的食用盐应符合GB 5461中的规定。

表 3-2 育肥山羊营养需要量

体重/千克	日增重/千克	DMI/(千克/天)	DE/(兆焦/天)	ME/(兆焦/天)	粗蛋白/(克/天)	钙/(克/天)	总磷/(克/天)	食用盐/(克/天)
15	0	0.51	5.36	4.4	43	1	0.7	2.6
	0.05	0.56	5.83	4.78	54	2.8	1.9	2.8
	0.1	0.61	6.29	5.15	64	4.6	3	3.1
	0.15	0.66	6.75	5.54	74	6.4	4.2	3.3
	0.2	0.71	7.21	5.91	84	8.1	5.4	3.6
20	0	0.56	6.44	5.28	47	1.3	0.9	2.8
	0.05	0.61	6.91	5.66	57	3.1	2.1	3.1
	0.1	0.66	7.37	6.04	67	4.9	3.3	3.3
	0.15	0.71	7.83	6.42	77	6.7	4.5	3.6
	0.2	0.76	8.29	6.8	87	8.5	5.6	3.8
25	0	0.61	7.46	6.12	50	1.7	1.1	3
	0.05	0.66	7.92	6.49	60	3.5	2.3	3.3
	0.1	0.71	8.38	6.87	70	5.2	3.5	3.5
	0.15	0.76	8.84	7.25	81	7	4.7	3.8
	0.2	0.81	9.31	7.63	91	8.8	5.9	4
30	0	0.65	8.42	6.9	53	2	1.3	3.3
	0.05	0.7	8.88	7.28	63	3.8	2.5	3.5
	0.1	0.75	9.35	7.66	74	5.6	3.7	3.8
	0.15	0.8	9.81	8.04	84	7.5	4.9	4
	0.2	0.85	10.27	8.42	94	9.1	6.1	4.2

注：1. 表中干物质进食量（DMI）、消化能（DE）、代谢能（ME）、粗蛋白（CP）数值来源于中国农业科学院畜牧研究所（2003），具体的计算公式如下。

$$\mathrm{DMI}=(26.45\times W^{0.75}+0.99\times \mathrm{ADG})/1000$$

$$\mathrm{DE}=4.184\times(140.61\times LBW^{0.75}+2.21\times \mathrm{ADG}+210.3)/1000$$

$$\mathrm{ME}=4.184\times(0.475\times \mathrm{ADG}+95.19)\times LBW^{0.75}/1000$$

$$\mathrm{CP}=28.86+1.905\times LBW^{0.75}+0.2024+\mathrm{ADG}$$

式中，DMI 为干物质进食量，千克/天；W 为体重，千克；DE 为消化能，兆焦/天；ME 为代谢能，兆焦/天；CP 为粗蛋白，克/天；LBW 为活体重，千克；ADG 为平均日增重，克/天。

2. 日粮中添加的食用盐应符合 GB 5461 中的规定。

表 3-3 后备公山羊营养需要量

体重/千克	日增重/千克	DMI/(千克/天)	DE/(兆焦/天)	ME/(兆焦/天)	粗蛋白/(克/天)	钙/(克/天)	总磷/(克/天)	食用盐/(克/天)
12	0	0.48	3.78	3.1	24	0.8	0.5	2.4
	0.02	0.5	4.1	3.36	32	1.5	1	2.5
	0.04	0.52	4.43	3.63	40	2.2	1.5	2.6
	0.06	0.54	4.74	3.89	49	2.9	2	2.7
	0.08	0.56	5.06	4.15	57	3.7	2.4	2.8
	0.1	0.58	5.38	4.41	66	4.4	2.9	2.9
15	0	0.51	4.48	3.67	28	1	0.7	2.6
	0.02	0.53	5.28	4.33	36	1.7	1.1	2.7
	0.04	0.55	6.1	5	45	2.4	1.6	2.8
	0.06	0.57	5.7	4.67	53	3.1	2.1	2.9
	0.08	0.59	7.72	6.33	61	3.9	2.6	3
	0.1	0.61	8.54	7	70	4.6	3	3.1
18	0	0.54	5.12	4.2	32	1.2	0.8	2.7
	0.02	0.56	6.44	5.28	40	1.9	1.3	2.8
	0.04	0.58	7.74	6.35	49	2.6	1.8	2.9
	0.06	0.6	9.05	7.42	57	3.3	2.2	3
	0.08	0.62	10.35	8.49	66	4.1	2.7	3.1
	0.1	0.64	11.66	9.56	74	4.8	3.2	3.2
21	0	0.57	5.76	4.72	36	1.4	0.9	2.9
	0.02	0.59	7.56	6.2	44	2.1	1.4	3
	0.04	0.61	9.35	7.67	53	2.8	1.9	3.1
	0.06	0.63	11.16	9.15	61	3.5	2.4	3.2
	0.08	0.65	12.96	10.63	70	4.3	2.8	3.3
	0.1	0.67	14.76	12.1	78	5	3.3	3.4
24	0	0.6	6.37	5.22	40	1.6	1.1	3
	0.02	0.62	8.66	7.1	48	2.3	1.5	3.1
	0.04	0.64	10.95	8.98	56	3	2	3.2
	0.06	0.66	13.27	10.88	65	3.7	2.5	3.3
	0.08	0.68	15.54	12.74	73	4.5	3	3.4
	0.1	0.7	17.83	14.62	82	5.2	3.4	3.5

注：日粮中添加的食用盐应符合 GB 5461 中的规定。

表 3-4　妊娠期母山羊营养需要量

妊娠阶段	体重/千克	DMI/(千克/天)	DE/(兆焦/天)	ME/(兆焦/天)	粗蛋白/(克/天)	钙/(克/天)	总磷/(克/天)	食用盐/(克/天)
空怀期	10	0.39	3.37	2.76	34	4.5	3	2
	15	0.53	4.54	3.72	43	4.8	3.2	2.7
	20	0.66	5.62	4.61	52	5.2	3.4	3.3
	25	0.78	6.63	5.44	60	5.5	3.7	3.9
	30	0.9	7.59	6.22	67	5.8	3.9	4.5
1～90天	10	0.39	4.8	3.94	55	4.5	3	2
	15	0.53	6.82	5.59	65	4.8	3.2	2.7
	20	0.66	8.72	7.15	73	5.2	3.4	3.3
	25	0.78	10.56	8.66	81	5.5	3.7	3.9
	30	0.9	12.34	10.12	89	5.8	3.9	4.5
91～120天	15	0.53	7.55	6.19	97	4.8	3.2	2.7
	20	0.66	9.51	7.8	105	5.2	3.4	3.3
	25	0.78	11.39	9.34	113	5.5	3.7	3.9
	30	0.9	13.2	10.82	121	5.8	3.9	4.5
120天以上	15	0.53	8.54	7	124	4.8	3.2	2.7
	20	0.66	10.54	8.64	132	5.2	3.4	3.3
	25	0.78	12.43	10.19	140	5.5	3.7	3.9
	30	0.9	14.27	11.7	148	5.8	3.9	4.5

注：日粮中添加的食用盐应符合 GB 5461 中的规定。

表 3-5　泌乳前期母山羊营养需要量

体重/千克	泌乳重/(千克/天)	DMI/(千克/天)	DE/(兆焦/天)	ME/(兆焦/天)	粗蛋白/(克/天)	钙/(克/天)	总磷/(克/天)	食用盐/(克/天)
10	0	0.39	3.12	2.56	24	0.7	0.4	2
	0.5	0.39	5.73	4.7	73	2.8	1.8	2
	0.75	0.39	7.04	5.77	97	3.8	2.5	2

续表

体重/千克	泌乳重/(千克/天)	DMI/(千克/天)	DE/(兆焦/天)	ME/(兆焦/天)	粗蛋白/(克/天)	钙/(克/天)	总磷/(克/天)	食用盐/(克/天)
10	1	0.39	8.34	6.84	122	4.8	3.2	2
	1.25	0.39	9.65	7.91	146	5.9	3.9	2
	1.5	0.39	10.95	8.98	170	6.9	4.6	2
15	0	0.53	4.24	3.48	33	1	0.7	2.7
	0.5	0.53	6.84	5.61	31	3.1	2.1	2.7
	0.75	0.53	8.15	6.68	106	4.1	2.8	2.7
	1	0.53	9.45	7.75	130	5.2	3.4	2.7
	1.25	0.53	10.76	8.82	154	6.2	4.1	2.7
	1.5	0.53	12.06	9.89	179	7.3	4.8	2.7
20	0	0.66	5.26	4.31	40	1.3	0.9	3.3
	0.5	0.66	7.87	6.45	89	3.4	2.3	3.3
	0.75	0.66	9.17	7.52	114	4.5	3	3.3
	1	0.66	10.48	8.59	138	5.5	3.7	3.3
	1.25	0.66	11.78	9.66	162	6.5	4.4	3.3
	1.5	0.66	13.09	10.73	187	7.6	5.1	3.3
25	0	0.78	6.22	5.1	48	1.7	1.1	3.9
	0.5	0.78	8.83	7.24	97	3.8	2.5	3.9
	0.75	0.78	10.13	8.31	121	4.8	3.2	3.9
	1	0.78	11.44	9.38	145	5.8	3.9	3.9
	1.25	0.78	12.73	10.44	170	6.9	4.6	3.9
	1.5	0.78	14.04	11.51	194	7.9	5.3	3.9
30	0	0.9	6.7	5.49	55	2	1.3	4.5
	0.5	0.9	9.73	7.98	104	4.1	2.7	4.5
	0.75	0.9	11.04	9.05	128	5.1	3.4	4.5
	1	0.9	12.34	10.12	152	6.2	4.1	4.5
	1.25	0.9	13.65	11.19	177	7.2	4.8	4.5
	1.5	0.9	14.95	12.26	201	8.3	5.5	4.5

注：1. 泌乳前期指泌乳第1～30天。

2. 日粮中添加的食用盐应符合GB 5461中的规定。

表 3-6　泌乳后期母山羊营养需要量

体重/千克	泌乳重/(千克/天)	DMI/(千克/天)	DE/(兆焦/天)	ME/(兆焦/天)	粗蛋白/(克/天)	钙/(克/天)	总磷/(克/天)	食用盐/(克/天)
10	0	0.39	3.71	3.04	22	0.7	0.4	2
	0.15	0.39	4.67	3.83	48	1.3	0.9	2
	0.25	0.39	5.3	4.35	65	1.7	1.1	2
	0.5	0.39	6.9	5.66	108	2.8	1.8	2
	0.75	0.39	8.5	6.97	151	3.8	2.5	2
	1	0.39	10.1	8.28	194	4.8	3.2	2
15	0	0.53	5.02	4.12	30	1	0.7	2.7
	0.15	0.53	5.99	4.91	55	1.6	1.1	2.7
	0.25	0.53	6.62	5.43	73	2	1.4	2.7
	0.5	0.53	8.22	6.74	116	3.1	2.1	2.7
	0.75	0.53	9.82	8.05	159	4.1	2.8	2.7
	1	0.53	11.41	9.36	201	5.2	3.4	2.7
20	0	0.66	6.24	5.12	37	1.3	0.9	3.3
	0.15	0.66	7.2	5.9	63	2	1.3	3.3
	0.25	0.66	7.85	6.43	80	2.4	1.6	3.3
	0.5	0.66	9.44	7.74	123	3.4	2.3	3.3
	0.75	0.66	11.04	9.05	166	4.5	3	3.3
	1	0.66	12.63	10.36	209	5.5	3.7	3.3
25	0	0.78	7.38	6.05	44	1.7	1.1	3.9
	0.15	0.78	8.34	6.84	69	2.3	1.5	3.9
	0.25	0.78	8.98	7.36	87	2.7	1.8	3.9
	0.5	0.78	10.57	8.67	129	3.8	2.5	3.9
	0.75	0.78	12.17	9.98	172	4.8	3.2	3.9
	1	0.78	13.77	11.29	215	5.8	3.9	3.9
30	0	0.9	8.46	6.94	50	2	1.3	4.5
	0.15	0.9	9.41	7.72	76	2.6	1.8	4.5
	0.25	0.9	10.06	8.25	93	3	2	4.5
	0.5	0.9	11.66	9.56	136	4.1	2.7	4.5
	0.75	0.9	13.24	10.86	179	5.1	3.4	4.5
	1	0.9	14.85	12.18	222	6.2	4.1	4.5

注：1. 泌乳后期指泌乳第 30～60 天。

2. 日粮中添加的食用盐应符合 GB 5461 中的规定。

表 3-7　山羊对常量矿物质元素每日营养需要量参数

常量元素	维持/(毫克/千克体重)	妊娠(胎儿)/(克/千克)	泌乳/(克/千克)	生长/(克/千克)	吸收率/%
钙	20	11.5	1.25	10.7	30
总磷	30	6.6	1	6	65
镁	3.5	0.3	0.14	0.4	20
钾	50	2.1	2.1	2.4	90
钠	15	1.7	0.4	1.6	80
硫	0.16%～0.32%(以采食日粮干物质为基础)				

注：表中数值参考自 Kessler（1194）和 Htaenlein（1987）资料信息。

表 3-8　山羊对微量矿物质元素需要量

微量元素	推荐量/(毫克/千克)
铁	30～40
铜	10～20
钴	0.11～0.2
碘	0.15～2.0
锰	60～120
锌	50～80
硒	0.05

注：表中推荐数值参考自 AFRC（1998），以进食日粮干物质为基础。

三、波尔山羊常用饲料的营养价值评定

1. 饲料的分类

饲料的分类是指根据不同饲料的特性、成分及其营养价值，给予相同或相似的一类饲料一个标准名称。目前，人们常常将饲料根据其来源、形态、营养特性等进行分类。根据饲料来源可分为植物性、动物性、矿物质、维生素和添加剂饲料；按照饲料的形态可分为液体、固体、粉末状、颗粒状饲料等；根据饲料中的主要营养特性可分为能量、蛋白质、维生素、添加剂和矿物质饲料。

目前，我国统一实行的分类标准是根据营养特性将饲料分为粗

饲料、青绿饲料、青贮饲料、能量饲料、蛋白质饲料、矿物质饲料、维生素饲料和饲料添加剂八大类。

2. 常见饲料种类的营养特性

（1）粗饲料　又叫作粗料，是指天然水分含量在60%以下、干物质中粗纤维含量达到18%的饲料，如干草类、糟渣类和农副产品类等。粗饲料在饲料分类系统中属于第一大类，这类饲料来源广、体积大、种类多，但它同时也有许多缺点，包括难消化、易产生饱感、营养价值偏低、纤维含量高、木质化程度高、质地粗硬、有机物质消化率低以及资源储备量大。由于粗饲料是山羊饲料中的主要组成部分，通常作为基础饲料，为了提高饲料的营养价值、利用效率，通常在饲喂之前对粗饲料进行相应的加工调制处理。

（2）青绿饲料　青绿饲料是指天然水分含量在60%以上可供饲喂山羊的青绿植株、茎、叶片等。其分类主要有青绿牧草，包括禾本科、豆科、菊科和莎草科四大类；饲用作物，如高粱、大麦、大豆苗等；树叶类及非淀粉类的根茎、瓜果，如蔬菜及甜菜茎、叶、胡萝卜、菊芋等；水生饲料，如水浮莲、水葫芦、水芹菜等。青绿饲料的营养特性：青绿幼嫩，柔软多汁，适口性好；粗蛋白含量丰富，蛋白品质高，非蛋白氮大部分是游离氨基酸、酰胺等，利于瘤胃微生物合成菌体蛋白；矿物质中钙、磷含量丰富，比例适中；粗纤维含量少，木质化程度低，无氮浸出物含量丰富；除维生素D外，其余种类的维生素含量丰富；新鲜青绿饲料干物质含量少，有效能值低。以青绿饲料饲喂山羊时需注意，不同种类的青绿饲料应当在各自的最佳营养期收割饲喂，注意加工调制方法以及搭配合理。

（3）青贮饲料　青贮饲料指以天然新鲜青绿植物性饲料、半干青绿植株、新鲜高水分玉米籽实或麦类籽实为原料，经适当处理后切碎、压实、密封于青贮窖、塔等设备中，在厌氧环境下，通过乳酸菌发酵后调制成的饲料。青贮饲料可根据其水分含量分为含水率在65%～75%，以新鲜的青绿饲料为主调制成的青绿饲料；含水率在45%～55%，以半干青绿植株调制成的青绿饲料；含水率在

28%～35%，以新鲜玉米或麦类籽实为主要原料的谷物湿贮。青贮饲料的营养特性：能长期、有效地保存青绿饲料的营养成分和多汁性，尤其能减少蛋白质和维生素的损失；青贮过程中产生大量乳酸，具有芳香味，柔软多汁，适口性好；能扩大饲料资源，通过改善其适口性，将原本山羊不喜欢的植物变为喜食的植物。

（4）能量饲料　能量饲料是指饲料干物质中粗纤维含量小于18%、粗蛋白质含量小于20%的饲料。山羊生产上常见的能量饲料包括禾本科籽实，如玉米、高粱、大麦、燕麦等；谷物加工副产品，如稻糠、玉米糠、高粱糠等；富含淀粉和糖类的根茎类，如胡萝卜、甘薯、木薯、菊芋块茎等；瓜类，如南瓜、番瓜等。能量饲料的营养特性一般为淀粉含量高，消化性好，有效能值高，粗纤维含量较低。

（5）蛋白质饲料　蛋白质饲料是指饲料干物质中粗纤维含量小于18%、粗蛋白质含量大于或等于20%的饲料。此类饲料按照来源可分为植物性饲料，如豆科籽实及其加工副产品、糟渣类、饼粕类等；动物性蛋白质饲料，主要是鱼类、肉骨类及乳品加工副产品，包括鱼粉、肉骨粉等；单细胞蛋白质饲料，主要包括酵母、真菌及藻类；非蛋白氮饲料，一般指通过化学合成的尿素、缩二脲、铵盐等。蛋白质饲料的营养特点包括粗蛋白质含量高，粗纤维含量低，可消化养分含量高，有效能值高等。由于近年来疯牛病和绵羊痒病的发生和蔓延，给世界经济和健康带来巨大威胁，为了防止此类病症的发生，我国禁止在肉羊饲料中使用除蛋、乳制品外的动物源性饲料。另一方面，山羊所需的大部分蛋白质可以通过瘤胃微生物的合成来满足，因此蛋白质饲料一般只作为补充料进行饲喂，且非蛋白氮饲料可以替代山羊饲粮中的部分蛋白质。

（6）矿物质饲料　矿物质饲料是指能为山羊提供矿物质元素需求的天然的单一矿物质，工业合成的，多种混合的矿物质饲料以及配合有载体的微量元素、常量元素的矿物质饲料。天然矿物质包括食盐、石灰石粉、沸石粉、膨润土等；工业合成矿物质指无机盐类和有机配位体与金属离子的螯合物、络合物，如磷酸氢钙、硫酸铜。此类饲料

不含能量、蛋白质等营养成分，只含矿物质，主要用于补充钙、磷、钠、钾、氯、镁、硫等常量元素，且最好与精料混合饲喂。

（7）维生素饲料　维生素饲料指工业合成或提纯的单一维生素或复合维生素，但不包括某一种或几种维生素含量较多的天然饲料。维生素是一类动物代谢所必需的低分子有机化合物，山羊体内一般不能合成或者合成的数量和种类不能满足需求，尤其是在特定的季节和特定的生产阶段，必须通过饲粮提供。按照维生素饲料的溶解性，可将其分为脂溶性和水溶性两大类。脂溶性维生素只含有碳、氢、氧三种元素，水溶性维生素有的还含有氮、硫、钴。

（8）饲料添加剂　饲料添加剂是指在饲料加工、制作、使用过程中添加到饲粮中，起到保护饲料中的营养物质、促进营养物质的消化吸收、调节机体代谢、增进动物健康，从而改善营养物质的利用效率、提高动物生产水品、改进动物产品品质的物质的总称。山羊的添加剂分为两大类：一类是营养性添加剂，以矿物质添加剂、氨基酸添加剂和维生素添加剂为主；另一类是非营养性添加剂，包括生长促进剂、驱虫保健剂、防腐剂和调味剂等。

为了便于饲料行业类的科研、教学、生产、经营和管理，我国出台了中华人民共和国国家标准《饲料工业通用术语》。

四、波尔山羊的日粮配制及加工技术

1. 基本概念

（1）日粮和饲粮　日粮是指每只羊一昼夜采食的饲料总量。饲粮是指按照日粮中各种成分的比例配制而成的大量混合饲料。

（2）配合饲料　配合饲料是指根据动物营养标准、饲料原料的营养特点以及饲料资源的数量及价格，按照科学的饲料配方生产出来的由多种饲料原料组成的混合饲料。

2. 日粮配合的原则

（1）以饲养标准为基本　根据羊的体重、用途、生产性能、性别、年龄等不同条件下需要的干物质、能量、蛋白质及其他营养物质，选择相应的饲养标准和饲料营养成分表来进行日粮配合。

（2）做到因地制宜　饲养标准是在一定的生产条件下制定的，不能够完整、全面地反映各个地方的实际情况，因此需根据实际的饲养效果，对饲养标准进行相应的调整。

（3）合理选择饲料原料　需根据当地的饲料来源、饲料的适口性以及山羊的消化生理特点来选择营养丰富、价格合理、种类多样、互补性强、适口性好的饲料原料。

（4）保持饲料稳定性　饲料的种类应该保持相对的稳定，如果日粮成分发生较大变动，瘤胃微生物不适应，会影响消化功能甚至导致消化道疾病。为防止此类现象，在改变饲料种类时，应在一段时间的过渡期内逐渐地改变。

（5）安全性原则　使用的饲料原料和添加剂均应符合国家标准和规定，不仅要让饲粮对山羊健康无害，而且在某些产品中的残留应在允许范围之内。

3. 日粮配合的方法

日粮配合的方法包括计算机求解法和手工计算法。手工计算法包括试差法、对角线法、联立方程法等，其中试差法是手工计算法里面最常用的方法。

（1）计算机求解法　利用设定好的计算机程序软件，将山羊的体重、日增重以及饲料的种类、营养成分、价格等因素输入计算机，计算机软件将会自动计算出配方。其方法主要包括线性规划法、多目标规划法、参数规划法等。

（2）试差法　此方法是根据专业知识和经验，现初步拟定一个饲料配方，计算其营养价值，然后和相应的饲养标准作比较，如果某种营养成分不足或是过量，再进行适当地调整配合饲料中的原料比例，反复多次，直到所有营养指标满足要求为止。其步骤如下。

① 通过查询饲养标准表，确定特定羊群的营养需要量。

② 查询所用饲料的营养成分及营养价值表。

③ 确定各类粗饲料的饲喂量，配制基础日粮。根据当地粗饲料的来源、品质、价格，选用一两种主要的粗饲料最大限度地利用。

④ 确定补充饲料的种类和数量。一般是用混合精料来满足能量和蛋白质需要量的不足部分，然后用矿物质补充料来平衡日粮中的钙、磷等矿物质元素的需要量。

现以体重 30 千克，泌乳量为 1.25 千克/天的泌乳前期母山羊为例，运用试差法进行日粮配合。可用饲料为玉米秸青贮、野干草、玉米、麸皮、棉籽饼、豆饼、磷酸氢钙、尿素和食盐。具体步骤如下。

步骤 1：查饲养标准与饲料成分表

根据中国肉羊饲养标准（山羊）以及中国饲料成分及营养价值表，列出以下参数，见表 3-9、表 3-10。

表 3-9　泌乳前期母山羊营养需要量

体重/千克	泌乳量/(千克/天)	干物质/(千克/天)	消化能/(兆焦/天)	粗蛋白/(克/天)	钙/(克/天)	磷/(克/天)	食盐/(克/天)
30	1.25	0.9	12.34	152	6.2	4.1	4.5

表 3-10　饲料成分及营养价值

饲料名称	干物质/%	消化能/(兆焦/千克)	粗蛋白/%	钙/%	磷/%
玉米秸青贮	26.0	2.47	2.1	0.18	0.03
野干草	90.6	7.99	8.9	0.54	0.09
玉米	88.4	15.40	8.6	0.04	0.21
麸皮	88.6	11.90	14.4	0.18	0.78
棉籽饼	92.2	13.72	33.8	0.31	0.64
豆饼	90.6	15.94	43.0	0.32	0.50
磷酸氢钙				23	16

步骤 2：确定粗饲料采食量

假定粗饲料的干物质采食量占干物质总量的一半，即为 0.45 千克。其中一半为玉米秸青贮，一半为野干草，其重量均为 0.225 千克。根据粗饲料成分及营养价值表计算出粗饲料提供的养分含量，见表 3-11。

表 3-11 粗饲料提供的养分含量

饲料名称	干物质/%	消化能/兆焦	粗蛋白/%	钙/%	磷/%
玉米秸青贮	0.225	2.14	18.17	1.56	0.26
野干草	0.225	1.98	22.10	1.34	0.22
合计	0.45	4.12	40.28	2.90	0.48
与标准差	−0.45	−8.22	−111.72	−3.30	−3.62

步骤 3：初步拟定各种精料用量并计算出粗精料养分含量（表 3-12）

表 3-12 拟定粗精料养分含量

饲料名称	用量/千克	干物质/千克	消化能/兆焦	粗蛋白/克	钙/克	磷/克
玉米	0.200	0.177	3.080	17.200	0.080	0.420
麸皮	0.100	0.089	1.190	14.400	0.180	0.780
豆饼	0.200	0.181	3.188	86.000	0.640	1.000
磷酸氢钙	0.010	0.010			2.300	1.600
食盐	0.004	0.004				
合计	0.514	0.461	7.458	117.600	3.200	3.800
粗精料合计		0.911	11.580	157.876	6.099	4.283
饲养标准		0.900	12.340	152.000	6.200	4.100

由表 3-12 可见饲粮中的消化能和粗蛋白已基本符合要求，如果消化能偏高或偏低，应相应减少或增加能量饲料，粗蛋白的调整也是如此。当能量和蛋白质满足营养需要后，在看矿物质水平，由表 3-12 中可以看出，两者都基本满足标准，因此不必补充相应饲料。

步骤 4：确定饲料配方

本例中泌乳前期母羊的日粮配方为玉米秸青贮饲料 0.87 千克、

野干草 0.25 千克、玉米 0.2 千克、麸皮 0.1 千克、豆饼 0.2 千克、磷酸氢钙 0.01 千克、食盐 4 克、另加添加剂预混料。

4. 日粮加工技术

此处仅针对青粗饲料的加工调制作一说明。

（1）物理方法　此类方法比较简单，能提高山羊的采食量和适口性，但是对于饲料营养价值和消化率并无作用。常见的物理方法如下。

① 切短　此类方法可增加饲料鱼瘤胃微生物的接触面积，便于降解发酵，还能减少饲料浪费，是调制秸秆等粗饲料最简便、最重要的方法。

② 粉碎　添加一定比例的粉碎秸秆，可提高山羊对粗饲料的采食量。但是粉碎的粗细度需适中，粉碎过细的话，山羊咀嚼不全，唾液不能充分混合，羊容易引起反刍停滞。

③ 制粒与压块　将粉碎后的粗饲料直接制成颗粒饲料，有利于机械化饲养，有利于山羊充分咀嚼，改善适口性。制粒或压块后的粗饲料便于储存和运输，减少浪费。

④ 浸泡　将切碎的秸秆类粗饲料加入清水或盐水浸泡过后，再拌上适量糠麸或精料进行饲喂，能提高山羊采食量和适口性。

（2）化学处理　通过化学制剂使得粗饲料的内部结构发生改变，从而促进瘤胃微生物对饲料的消化分解，提高消化率和营养价值。

① 碱化处理　碱类物质能使饲料纤维物质内部的氢键变弱，使纤维素分子膨胀，从而使木质素、角质与其分离，让消化液和细菌酶类能与木质素起作用，将不易溶解的木质素转化为易于溶解的羟基木质素。其主要目的是提高干物质的消化率。

② 氨化处理　在秸秆等粗纤维中加入一定比例的氨水、液氨、尿素等氮源，促使木质素与纤维素、半纤维素分离，破坏木质素与纤维素之间的联系，从而提高粗饲料的消化率、营养价值和适口性。从某种意义上来讲，它也是一种碱化处理。

③ 酸化处理　酸化处理的原理基本和碱化、氨化处理相同，但使用试剂不同。即用硫酸、盐酸、磷酸和甲酸处理秸秆类粗饲料，以破坏其中的纤维素内部氢键和木质素与半纤维素之间的酯键结构。但是酸处理的成本较高，实际生产上一般很少使用。

(3) 生物处理　生物处理包括青贮、酶解和微生物处理，其中应用最广的是青贮和微生物处理。

① 青贮　青贮是指将青绿饲料放入密闭的青贮容器内经微生物厌氧发酵、采用化学制剂调制或者降低水分后使得青绿饲料得以长期保存其营养特性的一种处理方法。

② 微生物处理　利用微生物所产生的纤维素酶来分解秸秆中的粗纤维，使得秸秆类粗饲料变得质地柔软、适口性好、消化率高。

第二节　不同生理阶段羊只饲养管理技术

一、种公羊的饲养管理

种公羊是发展养羊生产的重要生产资料，对羊群的生产水平、产品品质都有重要的影响，俗话说："公羊好，好一坡，母羊好，好一窝"。在现代养羊业中，人工授精技术得到广泛的应用，需要的种公羊不多，因而对种公羊品质的要求越来越高。养好种公羊是使其优良遗传特性得以充分表现的关键。种公羊的饲养应常年保持结实健壮的体质，达到中等以上的种用体况，并具有旺盛的性欲和良好的配种能力，精液品质好。

波尔山羊自从1995年引进我国后，已经繁育了二十多年，尽管其群体数量已有较大的增加，但还远远满足不了我国对山羊肉用化杂交改良的需要，因此我国应继续重视种公羊的饲养管理。种公羊的基本要求是体质结实、四肢健壮、体脂率适中、精力充沛、性欲旺盛、精液品质好。种公羊精液的数量和品质取决于日粮的全价性和饲养管理的科学性和合理性。在饲养上，实践证明种公羊最好

的饲养方式是放牧加补饲。放牧应选择优质的天然草场或人工草场，补饲日粮应富含蛋白质、维生素和矿物质，还应具备品质优良、易消化、体积小和适口性好等特点。实践证明，种公羊理想的饲草包括优质青干草、苜蓿干草、青燕麦干草、三叶草等；补饲日粮包括玉米、豆饼、麸皮、大麦、燕麦、胡萝卜、甜菜、青贮玉米等。种公羊的饲养管理一般分为配种期和非配种期。

1. 非配种期的饲养

种公羊在非配种期的饲养以恢复和保持其良好的种用体况为目的。配种结束后，种公羊的体况都有不同程度的下降，为使体况很快恢复，在配种刚结束的1～2个月内，种公羊的日粮应与配种期基本一致，但对日粮的组成可作适当调整，增加优质青干草或青绿多汁饲料的比例，并根据体况的恢复情况，逐渐转为饲喂非配种期的日粮。在冬季，种公羊的饲养要保持较高的营养水平，每日一般补给精料0.5千克、干草3千克、胡萝卜0.5千克、食盐5～10克、骨粉5克。既有利于体况恢复，又能保证其安全越冬。做到精粗料合理搭配，补喂适量青绿多汁饲料（或青贮料），在精料中应补充一定的矿物质微量元素。混合精料的用量不低于0.5千克，优质干草2～3千克。在临近配种期的1个月左右，即配种预备期，应增加饲料量，按配种喂量60%～70%给予，逐渐增加到配种期的精料给量。同时为完成配种任务，要加强饲养，加强运动，有条件时要进行放牧，为配种期奠定基础。

在我国南方大部分低山地区，气候比较温和，雨量充沛，牧草的生长期长，枯草期短，加之农副产品丰富，羊的繁殖季节可表现为春、秋两季，部分母羊可全年发情配种。因此，对种公羊全年均衡饲养尤为重要。除搞好放牧、运动外，每天应补饲0.5～1.0千克混合精料和一定的优质干草。

2. 配种期的饲养

种公羊在配种期内要消耗大量的养分和体力，因配种任务或采精次数不同，个体之间对营养的需要量相差很大。配种时间越长、配种强度越大，种公羊的体能消耗也就越多，体况下降也比较明显，需要补充较多的营养，否则会影响种公羊的精液品质和配种能力。对于这些配种任务繁重的优秀种公羊，每天应补饲 1.5～3.0 千克的混合精料，并在日粮中增加部分动物性蛋白质饲料（如鸡蛋等），以保持其良好的精液品质。配种期种公羊的饲养管理要做到认真、细致，要经常观察羊的采食、饮水、运动及粪、尿排泄等情况。保持饲料、饮水的清洁卫生，如有剩料应及时清除，减少饲料的污染和浪费。青草或干草要放入草架饲喂。在南方省、区，夏季高温、潮湿，对种公羊不利，会造成精液品质下降。种公羊的放牧应选择高燥、凉爽的草场，尽可能充分利用早、晚进行放牧，中午将公羊赶回圈内休息。种公羊舍要通风良好。如有可能，种公羊舍应修成带漏缝地板的双层式楼圈或在羊舍中铺设羊床。在配种前 1.5～2 个月，逐渐调整种公羊的日粮，增加混合精料的比例，同时进行采精训练和精液品质检查。开始时每周采精检查 1 次，以后增至每周 2 次，并根据种公羊的体况和精液品质来调节日粮或增加运动。对精液稀薄的种公羊，应增加日粮中蛋白质饲料的比例；当精子活力差时，应加强种公羊的放牧和运动。种公羊的采精次数要根据羊的年龄、体况和种用价值来确定。

种公羊采精次数要根据羊的年龄、体况和种用价值来确定。青年羊（1.5 岁左右）以每天采精 1～2 次为宜，采 1 天休息 1 天，不要连续采精；成年公羊每天可采精 3～4 次，个别情况下可采精 5～6 次，每次采精应有 1～2 小时的间隔时间。特殊情况下（种公羊少而发情母羊多），成年公羊可间隔 30 分钟左右连续采精 2～3 次。采精较频繁时，要保证成年种公羊每周有 1～2 天的休息时间，以免因过度消耗体力而造成种公羊的体况明显下降。

二、母羊的饲养管理

1. 配种期种母羊的饲养管理

母羊是羊群发展的基础。种母羊是否能够正常发情、配种、妊娠，实现多产羔且成活率高、体质健壮，在一定程度上都取决于母

羊饲养管理的好坏。所以说，种母羊的饲养管理是很重要的，是关系到羊群发展速度和质量的问题。对繁殖母羊，要求保持普通的营养水平，实现多胎、多产、多成活的目的。

繁殖母羊空怀期的饲养应引起足够重视，这一阶段的营养状况对母羊的发情、配种、受胎以及以后的胎儿发育都有很大关系。在南方地区，羊的配种集中秋、春两季。为保持母羊良好的配种体况，应尽可能做到全年均衡饲养，尤其应搞好母羊的冬春补饲，即在配种前1～1.5个月要给予优质青草，或到茂盛牧草的牧草地放牧，根据羊群及个体的营养情况，给以适量补饲，即每天单独补喂0.3～0.5千克混合精料，进行抓膘，使其在配种期内正常发情、受胎。

2. 妊娠羊的饲养管理

母羊妊娠期一般分为妊娠前期（前3个月）和妊娠后期（后2个月）。

妊娠前期因胎儿发育较慢，需要的营养物质少，一般放牧或给予足够的青草，适量补饲即可满足需要。妊娠后期是胎儿迅速生长之际，初生重的90%是在母羊妊娠后期增加的。这一阶段若营养不足，羔羊初生重小，抵抗力弱，极易死亡。且因膘情不好，到哺乳阶段没做好泌乳的准备而缺奶。因此，此时应加强补饲，除放牧外，每只羊每天需补饲精料450克，干草1～1.5千克，青贮料1.5千克，食盐10克。而在产前1周，要适当减少精料用量，以免胎儿体重过大而造成难产。给怀孕母羊的必须是优质草料和清洁饮水，发霉、腐败、变质和来源不明的饲料都不能饲喂，避免羔羊流产，造成经济损失。管理上要特别精心，出牧、归牧、饮水、补饲都要有序慢稳，防止拥挤、滑跌，严防跳崖、跳沟，以防造成不应有的损失，因此应尽可能选平坦的牧草地放牧。应特别注意，不要无故捕捉、惊扰羊群。适当降低圈舍养殖密度，不能将母羊胡乱组群，避免母羊间发生角斗，以防造成流产。同期母羊群要远离公羊，避免趴跨和打斗，造成流产。

母羊妊娠后期，尤其分娩前管理要特别精心，不能远牧；产前

1周左右，夜间应将母羊放于待产圈中饲养和护理。对于肷窝下陷，腹部下垂，乳房和阴门肿大，流出黏液，常独卧墙角，排尿频繁，举动不安，时起时卧，不停地回头望腹，发出鸣叫等的母羊，要做好分娩前的准备工作。

3. 母羊哺乳期饲养

母羊哺乳期分为哺乳前期（1.5～2个月）和哺乳后期（1.5～2个月），管理重点应放在哺乳前期。

母乳是羔羊生长发育所需营养的主要来源，特别是产后头20～30天，母羊奶多，羔羊发育好，抗病力强，成活率高。如果母羊养得不好，不仅母羊消瘦，产奶量少，而且影响羔羊的生长发育。母羊产羔后泌乳量逐渐上升，在4～6周内达到泌乳高峰，10周后逐渐下降（乳用品种可维持更长的时间）。随着泌乳量的增加，母羊需要的养分也应增加，当草料所提供的养分不能满足其需要时，母羊会大量动用体内储备的养分来弥补。泌乳性能好的母羊往往比较瘦弱，这是一个重要原因。在哺乳前期，为满足羔羊生长发育对养分的需要，保持母羊的高泌乳量是关键。在加强母羊放牧的前提下，应根据带羔的多少和泌乳量的高低，搞好母羊补饲。带单羔的母羊，每天补喂混合精料0.3～0.5千克；带双羔或多羔的母羊，每天应补饲0.5～1.5千克。对体况较好的母羊，产后1～3天内可不补喂精料，以免造成消化不良或发生乳腺炎。刚产后的母羊腹内空虚、体质衰弱、体力和水分消耗很大、消化机能较差，这几天要给易消化的优质干草，饮盐水、麸皮汤，可调节母羊的消化机能，促进恶露排出。3天后逐渐增加精饲料的用量，同时给母羊饲喂一些优质青干草和青绿多汁饲料，可促进母羊的泌乳机能。

哺乳后期，母羊泌乳能力逐渐下降，且羔羊能自己采食饲草和精料，不依赖母乳生存，补饲标准可降低些，但对体况下降明显的瘦弱母羊，需补喂一定的干草和青贮饲料，使母羊在下一个配种期到来时能保持良好的体况。一般精料可减至0.3～0.45千克、干草1～2千克、胡萝卜1千克。母羊和羔羊放牧时，时间要由短到长，

距离由近到远，要特别注意天气变化，及时赶回羊圈。断奶前要减少供给母羊多汁饲料、青贮料和精料的喂量，防止乳腺炎发生。母羊圈舍，要勤换垫草，经常打扫，污物要及时清除，保持清洁干燥。

三、初生羔羊的护理

羔羊出生后，由母体内转为母体外，生活环境骤然发生改变，为使其逐渐适应外界环境，必须做好羔羊的护理。羔羊的日常护理做到三防、四勤。

1. 三防

（1）防冻　在养羊生产中，新生羔体温过低是体弱、死亡的主要原因。羔羊的正常体温是 39～40℃，一旦低于 36℃或 37℃时，采取措施不及时会很快死亡。出现羔羊体温过低的主要原因：一是出生后 5 小时之内全身未擦干，散热过多造成的；二是出生 6 小时以后（多半在 12～72 小时）因吃不足奶，导致饥饿而耗尽体内有限的能量储备，而自身又难以产生需要的热能。初生羔羊由母山羊舔干净身上的黏液，用干净布块或干草迅速将羔羊抹干，以免羔羊受凉。羊舍应注意保暖、防潮、避风、防雨淋。保持舍内干燥、清洁，常换垫草。冬季及早春如果天气寒冷，应注意保温。同时初生羔羊应使其尽快吃到初奶，增强对寒冷的抵抗力。

（2）防饿　母羊产后 5 天以内的乳叫初乳，它是羔羊生后唯一的全价天然食品。初乳中含有丰富的蛋白质（17％～23％）、脂肪（9％～16％）等营养物质和抗体，具有营养、抗病和轻泻作用。羔羊出生后及时吃到初乳，对增强体质、抵抗疾病和排出胎粪具有很重要的作用。因此，应让初生羔羊尽量早吃、多吃初乳，吃得越早，吃得越多，增重越快，体质越强，发病少，成活率高。新生羔羊出生站立后，就有吮奶的本能要求。因此，母山羊分娩完毕后，应将母山羊的乳房用温水洗净，挤出最初几滴初奶，帮助出生羔羊找到母羊乳头。由于新生羔 1 次吮乳量有限，每隔 2～3 小时应哺乳 1 次。生双羔的母羊，应同时让两羔羊近前吮乳，然后可将母羊关进单间室内，放一桶温水和干草，让母羊安静1.5小时左右，再将羔羊放进去，待母子自行相认哺乳。如果发现母羊产羔后无奶，应及时给羔羊找产期相近的母羊作保姆羊。一般选奶水充足但其羔羊因某种原因已死亡的母羊作保姆羊。母羊靠嗅觉来识别自己的羔子，为了混淆母羊的嗅觉，可把保姆羊的乳汁或其产羔时的羊水涂在要寄养的羔子身上；或将刚生下要寄养羔子身上的羊水或尿抹在保姆羊的鼻端，使母羊不易识别。开始时需人工强迫母羊哺乳，以后逐渐锻炼保姆羊自己给羔羊哺乳。如果母羊产羔后不认羔，这时就需要人为地强迫母羊给羔子哺乳，加强对羔子的护理，待母羊认羔后再转到小母子栏饲养。母羊和羔子在产羔栏中饲喂，褥草要经常更换。在常乳期（6～60天），奶是羔羊的主要食物，但同时开始训练吃料，在饲槽里放上用开水烫后的半湿料，引导小羊去啃，反复数次小羊就会吃了。注意烫料的温度不可过高，应与奶温相同，以免烫伤羊嘴。在奶、草过渡期（2月龄至断奶），这时羔羊能采食饲料，要求饲料多样化，注意个体发育情况，随时进行调整，以促使羔羊正常发育。日粮中可消化蛋白质以16%～30%为佳，可消化总养分以74%为宜。此时的羔羊还应给予适当运动。随着日龄的增加，把羔羊赶到牧草地上放牧。母子分开放牧有利于增重、抓膘和预防寄生虫病，断奶的羔羊在转群或出售前要全部驱虫。

（3）防病　初生羔羊生长快、对营养物质的需求量大、饲养管理技术要求高、疾病抵抗力差，若饲养不当、预防措施不力，则羔羊成活率低，死亡率高，往往造成重大损失，所以应注重疾病的防治。做好适配母羊的驱虫和预防注射工作，在配种前1个月用盐酸左旋咪唑按每千克体重6～8毫克内服，或用丙硫咪唑按每千克体重5～15毫克内服进行驱虫，还可以采用克虫星（伊维菌素）针剂按标签说明肌内注射驱虫，驱虫后即可注射羊四联苗，能有效预防羔羊痢疾的发生。同时抓好怀孕母羊的饲养管理，做到“母肥子壮”。饮水以干净的温水为宜，水温不能低于20℃，圈舍要勤打扫，保持干燥，保温、避风。在产羔前应对圈舍、用具进行全面彻

底的清理和消毒，对产羔围栏更新垫草，铺撒草木灰。在产羔期内定期消毒，更换垫草，保持良好卫生环境。对病羔设隔离圈单独饲养，并做到一畜一消毒、更换垫草。羔羊出生后要按时让其吃足母乳。对羔羊脐部严格消毒、防止感染，出生当日注射破伤风抗毒素1支。抓好羔羊断奶关，羔羊60天断奶为宜，断奶时应逐步进行，使羔羊有一个适应过程，不能一刀切。对羔羊要每天进行仔细观察，发现病羊立即隔离治疗，并对病羔接触后的用具和场所进行彻底消毒，病羔用过的垫草烧毁，对病死羔消毒后深埋。

2. 四勤

（1）勤检查　主要检查羔羊的精神状态和母羊的泌乳情况，以便及时处理，减少经济损失。发现羔羊营养不良，应注意辅助哺乳；对病羊，应及时隔离治疗；对死羊，应马上处理。

（2）勤配奶　对失去或找不到母羊的羔羊，可改用牛奶进行人工哺乳。应选择乳脂率高的牛奶，30日龄前不宜用乳脂少的鲜奶，最好选用其他羊的乳汁。奶温以30℃左右为宜。开始5天内1天喂5次，以后减为3次，20天后1天2次。喂量为1～7天200克牛奶、7～15天300克、15～20天400～700克、20～30天700～900克（应注意羔羊的消化或腹胀、拉稀等症状）。

（3）勤治疗　对病羔羊做到早发现，及时采用抗生素或磺胺类药物治疗。对四肢瘫软、口鼻俱凉、呼吸微弱的濒死羔羊，应采用相应的方法治疗。

（4）勤消毒　注意圈舍卫生消毒和母羊乳房清洁卫生可有效预防各种疾病的发生。

四、波尔山羊的日常管理技术

1. 羊只编号

为了准确地对羊群进行鉴定比较、选择、选配和淘汰；按育种要求，需要对育种群每一个体获得确切无误的系谱和生产性能等记录资料，所以羊只编号就成为起步阶段的重要工作，也是育种进程中的经常性工作。

羊只编号的方法较多，经常采用的有耳标法、墨刺法和剪耳法三种。现在更常用的是前两种方法，简要介绍如下。

（1）耳标法　耳标是固定在羊耳上的标牌，制作耳标的材料有铝片和塑料（图 3-1）。

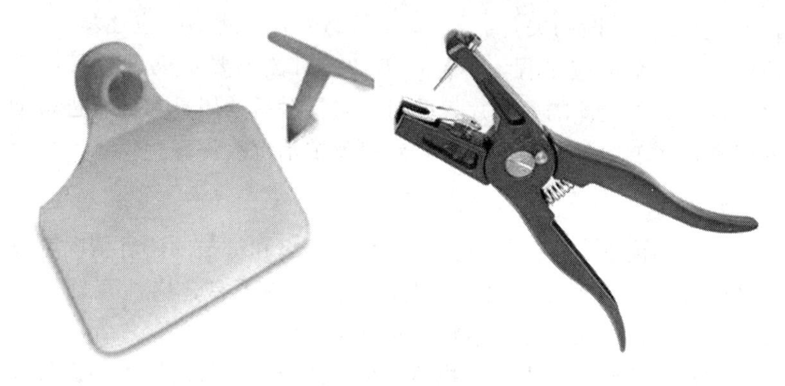

图 3-1　山羊耳标和耳号钳

标的正面编号上应反映羊只的三种信息，即出生年、性别和序号，因此，耳标的号码由 2～5 位数字组成。1～2 位数字表示出生年，其后为序号，最后一位数字表示性别（单号为公羊，双号为母羊）。如果是纯种繁育场，饲养品种单一，耳标的编号相对比较容易。如果一个育种场饲养有不同的品种，或不同的杂交代数的个体，可在耳标背面编品种名，用品种名的英文首字母或汉语拼音声母的首字母代表；杂种羊可用 F1、B1、B2 等表示。一般耳标的编号不宜太长，为便于资料的计算机管理和查阅，尽可能要求长度一致。

佩带耳标时，耳标钳打孔过程中应尽量避开血管。若出现出血现象，应注意消毒以防感染。耳标脱落的个体应及时补戴，且注意不要有个体号相同的编号。

（2）墨刺法　墨刺法是用特制的墨刺钳和十字钉将所编号码刺在羊耳内面的编号方法。具体做法是在墨刺钳上面排好（安装）应编的针刺号；选耳内毛较少的部位，用碘酒消毒，并将墨汁或油墨涂于该部位；然后用手将刺字钳均匀地刺破皮肤，随着染料渗入皮

内，点线状的号码便在羊耳内形成。对号码不清的个体，应重新刺号（图 3-2）。

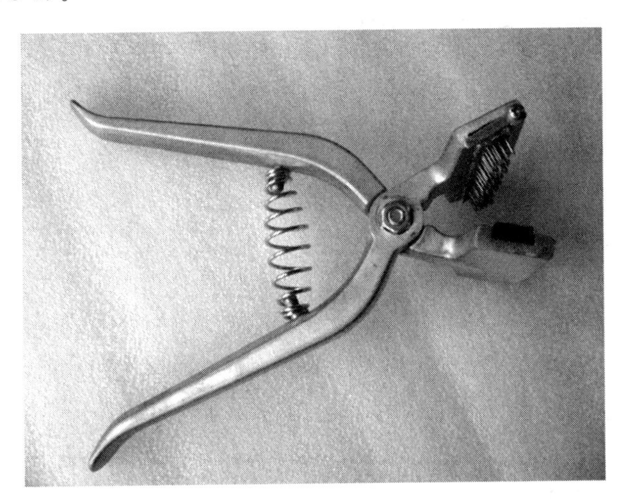

图 3-2 墨刺钳

2. 抓羊、保定羊、导羊

在进行个体品质鉴定、称重、配种、防疫、检疫和买卖羊等时，都需要进行抓羊、保定羊和导羊前进等操作。

（1）抓羊 在抓羊时要尽量缩小其活动范围。抓羊的动作，一是要快，二是要准，出其不备，迅速抓住山羊的后胁或飞节上部。因为胁部皮肤松弛、柔软，容易抓住，又不会使羊受伤。除此两部位，其他部位不能随意乱抓，以免伤害羊体。

（2）保定羊 一般是用两腿把羊颈夹在中间，抵住羊的肩部，使其不能前进，也不能后退，以便对羊只进行各种处理。另外，保定人也可站在羊的一侧，一手扶颈或下颌，一手扶住羊的后臀即可。

（3）导羊前进 抓住羊后，当需要移动羊时就须导羊前进。方法是一手扶在羊的颈下部，以掌握前进方向，另一手在尾根处搔痒，羊即短距离前进。喂过料的羊，可用料盆逗引前进。切忌扳羊角或抱头硬拉。

3. 去角

山羊去角的目的是防止由好斗带来的伤亡和流产，同时也可减少占地面积和易于管理。如波尔山羊，在出生后4～10天内进行去角手术。方法是将羊羔侧卧保定，用手摸到角基部，剪去角基部羊毛，在角基部周围抹上凡士林，以保护周围皮肤。然后将苛性钠（或钾）棒，一端用纸包好，作为手柄，另一端在角蕾部分旋转摩擦，直到见有微量出血为止。摩擦时要注意时间不能太长，位置要准确，摩擦面与角基范围大小相同，术后敷上消炎止血粉。羔羊去角后半天内不应让其接近母羊，以免苛性钠烧伤母羊乳房。也可以采取电烙器法，选择7～14日龄且体况很好又健康无病的羔羊，经鉴定后确定无角再进行。当电烙器达到烧红（或极热）时，在每只角芽上保持约10秒即可。注意时间过长会导致热原性脑膜炎；灼烧部位包括角芽周围约1厘米的组织（但不要烧伤角基外的皮肤），以防止角根再生。

4. 修蹄

山羊蹄壳不断生长，在粗糙地面上的羊只其羊蹄的磨损常造成畸形，故每年要定期修蹄2～3次，长期不为羊修蹄，不仅会影响羊行走和放牧，还会引起腐蹄病、肢势变形等，种公羊甚至能降低或丧失种用价值。正确的修蹄方法是先掏出趾间的脏物；用小刀或修蹄剪剪掉所有松动而多余的蹄甲，但要平行于蹄毛线修剪；再剪掉长在趾间的赘生物和削掉软的蹄踵组织，使蹄表面平坦。修蹄时间多在雨后进行。

5. 去势

公山羊羔去势（又称阉割）的目的是减少初情期后性活动带来的不利影响，提高育肥效果。但随着羔羊屠宰利用时间的提前，特别是一些晚熟品种或杂交种，若经济利用时间在初情期之前，去势是不必要的。山羊去势的方法主要有橡皮筋法和摘除睾丸法两种。

（1）橡皮筋法　主要适用于羔羊。用强力橡皮筋置于阴囊上，缠绕扎紧，以阻断睾丸和阴囊的血液供给；术后14天，阴囊和睾

丸将一起脱落。

（2）摘除睾丸法　适用于成羊公羊和14日龄的羔羊。操作方法是先固定好羊只，通常把羔羊按在桌上或坐在助手膝上；用手术刀在消毒的阴囊底部作一切口，或用灭菌直剪剪掉阴囊下1/4的皮肤；手术者用手指挤拉出2个睾丸，刮断精索，尽量将精索留短一些（防止突出阴囊外而造成感染）；术后伤口做消毒处理，并任其敞开，但饲养羊只的圈舍要清洁卫生和无蚊蝇叮咬。

6. 药浴

为驱赶羊体外寄生虫，预防疥癣等皮肤病的发生，每年要在春季放牧前和秋季舍饲前进行药浴。药浴的方法主要有池浴、大锅或大缸浴、喷淋式药浴等方法。具体选择哪种方法，要根据羊只数量和场内设施条件而定，一般在较大规模的羊场内采用药浴池较为普遍。

（1）药液配制　可选用0.2%的杀虫脒、0.5%～1.0%的精制敌百虫或0.05%的辛硫磷溶液，也可用石硫合剂溶液（其配方为生石灰7.5千克、硫黄粉12.5千克和水）。现以辛硫磷溶液配制方法为例说明具体操作步骤。使用50%的辛硫磷乳油50克加水100千克，其有效浓度为0.05%，水温25～30℃，药浴1～2分钟，一般50克乳油配制成的药液可洗羊14只。

（2）山羊药浴时应注意的事项

① 药浴最好隔1周再进行1次，残液要泼洒到羊舍内。

② 药浴前8小时停止放牧或饲喂，入浴前2～3小时给羊饮足水，以免羊吞饮药液中毒。

③ 让健康的羊先药浴，有疥癣等皮肤病的羊最后药浴。

④ 凡妊娠2个月以上的母羊暂不进行药浴，以免流产。

⑤ 要注意羊头部的药浴，无论采用何种方法药浴，必须要把羊头浸入药液1～2次。

⑥ 药浴后的羊应收在凉棚或宽敞棚舍内，过6～8小时后再放牧或入圈。

舍饲羊的饲料应按饲养标准，结合本地区的饲草和饲料原料资

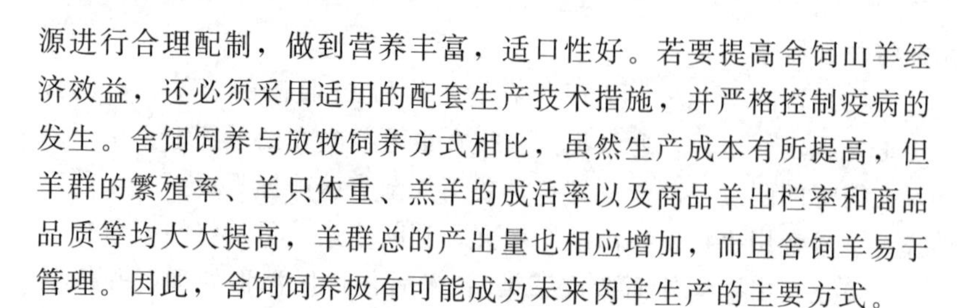

源进行合理配制，做到营养丰富，适口性好。若要提高舍饲山羊经济效益，还必须采用适用的配套生产技术措施，并严格控制疫病的发生。舍饲饲养与放牧饲养方式相比，虽然生产成本有所提高，但羊群的繁殖率、羊只体重、羔羊的成活率以及商品羊出栏率和商品品质等均大大提高，羊群总的产出量也相应增加，而且舍饲羊易于管理。因此，舍饲饲养极有可能成为未来肉羊生产的主要方式。

五、波尔山羊的放牧饲养技术

1. 进行牧场规划

肉羊育肥的基本条件是有良好的草场。天然草场由于不同季节和气候，牧草产量与质量均呈明显的季节性变化。因此，必须根据草场的地形、地势、水源、交通、牧草生长状况和羊群情况分别规划牧场。基本原则是生产性能越高的羊，要求牧场的质量越好。通常对种公羊和高产母羊要留有较好的牧草地，育成羊也要留出专用牧草地，离畜舍近的牧草地要留给冬季哺乳母羊和羔羊，去势羊和空怀羊可以在品质较差和路程远的草地放牧。育肥山羊宜选择灌木丛较多的山地草场，充分利用夏、秋季天然草场牧草和灌木枝叶生长茂盛、营养丰富的时期搞好放牧育肥。

2. 规模适度，合理组织羊群

合理组织羊群有利于羊的放牧和管理，是保证羊吃饱草、快长膘和提高草场利用率的一个重要技术环节。我国南方，以丘陵和低山区为主，草场面积小而分散，农业生产较发达，羊的放牧条件较差，在放牧时必须加强对羊群的引导和管理，才能避免对农作物的啃食，因此羊群规模比起北方来说，一般较小。羊群的组织应根据羊的类型、品种、性别、年龄（如羔羊、育成羊、成年羊）、健康状况等综合考虑，也可根据生产的特殊需要组织羊群。在生产中，羊群一般可分为公羊群、母羊群、育成公羊群、育成母羊群、羔羊群（按性别分别组群）、阉羊群等。阉羊数量很少时，可随成年母羊组群放牧。在羊的育种工作中，还可按选育性状组建核心育种群，即把育种过程中产生的理想型个体单独组群和放牧。

放牧规模与经济效益有密切的关系，放牧数量多，产品量大，出栏数多，劳动效率高，收益较大；但同时受草山及饲料来源、品种、市场、技术、管理水平等因素的制约，放牧数量的多少要根据劳动力、资金、草场、羊舍等条件以及市场销售等情况来确定。

采用自然交配时，配种前1个月左右将公羊按1∶(25～30)的比例放入母羊群中饲养，配种结束后公羊再单独组群放牧。在南方省、区，养羊一般采用放牧与补饲相结合的方式，除组织羊群的一般要求外还必须考虑羊舍面积、补饲和饮水条件、牧工的劳动强度等因素，羊群的大小要有利于放牧和日常管理。

3. 选择适宜的放牧方式和方法

要使羊生长快，不掉膘，放牧技术是关键。羊的放牧，要立足于抓膘和保膘，使羊常年保持良好的体况，充分发挥羊的生产性能。要达到这样的目的，必须了解和掌握科学的放牧方法和技术。

实践证明，全年放牧的技术关键是要立足一个“膘”字，着眼一个“草”字，防范一个“病”字，狠抓一个“放”字。在放牧中，除应了解和熟悉草场的地形、牧草生长情况和气候特点外，还要做到两季慢（春、秋两季放牧要慢）、三坚持（坚持跟群放牧、坚持早出晚归、坚持每日饮水）、三稳（放牧要稳、饮水要稳、出入羊圈要稳）、四防（防雨、防蚊蝇、防扎窝子、防兽害）。同时，要根据不同季节的气候特点，合理地调整放牧的时间和距离，以保证羊能吃饱、吃好。在南方地区，夏季气候炎热，应延长羊的早、晚放牧时间，午间将羊赶回羊舍或其他遮阴处休息。

放牧方式可分为自由放牧、固定放牧、围栏放牧、季节放牧、小区轮牧、农区散牧等方式。自由放牧是一种传统的放牧制度，通常任由羊群自由运动，能大面积地利用草场。具体操作上若能按“春洼、夏岗、秋平、冬暖”的原则选择好四季牧场，也可取得良好的效果。固定放牧是羊群一年四季在一个特定区域内自由采食。围栏放牧是根据地形把放牧场围起来，在一个围栏内，根据牧草供应状况，安排一定数量的羊放牧。季节放牧是根据四季牧场的划分，按季节轮流放牧。小区轮牧是在划定季节牧场基础上，将牧草划分为若干个小区，根据牧草消长情况，每个小区放牧2～3天后再移到另一个小区放牧，使羊群能经常吃到鲜绿的牧草和枝叶，同时也使牧草和灌木有再生的机会，有利于提高产草量和利用率。农区散牧是农区放牧的一种方式，主要特点是利用沟渠路边、地头林下或滩涂山坡的零星草场，采取牵、拴、赶等方法放牧羊只。

此外，在我国南方广大的农区和半农半牧区，群众创造的一些简便、实用的山羊放牧方法，适合小规模分散养羊的特点。

（1）赶着放　即放牧员跟在羊群后面进行放牧，适合于春、秋两季在平原或浅丘地区放牧，放牧时要注意控制羊群游走的方向和速度。

（2）陪着放　在平坦牧草地放牧时，放牧员站在羊群一侧；在坡地放牧时，放牧员站在羊群的中间；在田边放牧时，放牧员站在地边。这种方法便于控制羊群，四季均可采用。

（3）等着放　在丘陵山区，当牧草地相对固定，且羊群对牧道熟悉时，可采用此法。出牧时，放牧员将羊群赶上牧道后，自己抄近路走到牧草地等候羊群。采用这种方法放牧，要求牧道附近无农田、无幼树、无兽害，一般在植被稀疏的低山草场或在枯草期采用。

（4）牵牧　利用工余时间或老、弱人员用绳子牵引羊只，选择牧草生长较好的地块，让羊自由采食，在农区使用较多。

（5）拴牧　即用一条长绳，一端系在羊的颈部，另一端拴一小木桩，选择好牧草地后将木桩打入地下固定，让羊在绳子长度控制的范围内自由采食。一天中可换几个地方放牧，既能使羊吃饱吃好，又节省人力，多在农区采用。

4. 掌握四季放牧要点

在南方广大地区，有丰富的草地资源，尤其是丘陵山区的疏林草地和灌丛草地比较多，牧草一年四季基本上能保持青绿，枯草期比较短，在妥善解决了林木矛盾和生态治理的前提下，应提倡适时放牧和适度放牧，实行放牧与舍饲相结合的饲养方式。放牧方法和措施恰当与否，对羊群生产性能的发挥、体质锻炼和经济效益的提

高等有直接的影响，因此，要高度重视山羊放牧工作。

（1）春季放牧 放牧饲养主要依靠天然草场（包括草山草坡及灌丛）、改良草场或红草场为羊只提供营养物质的来源。其意义在于：适应羊放牧性强即合群性强、自由采食能力强和游走能力强的生物学特性；充分利用自然资源；增加饲养定额，降低生产成本，提高养羊业整体效益；合理的放牧还有助于保持草场相对稳定的生产力。

春季羊只瘦弱，同时又是母羊产羔和哺乳的时期，需要较多的养分。而此时气候变化频繁，牧草青黄不接，储备的草料也所剩无几，是养羊生产最困难的时期，稍有不慎，就会造成羊群大量死亡。所以，春季放牧和管理至关重要。

春季气候较冷，多阴雨，野草开始萌芽。春季放牧主要任务是保膘保羔，恢复羊群体质。在放牧时选择避风多草的地方，先放阴坡，后放阳坡，或先放黄枯草，后放青草，做到“出门慢，上坡紧，中间等，归牧赶”。因羊经过了漫长的冬春枯草季节，羊只膘差，嘴馋，易贪青而造成下痢，或误食毒草中毒，或是青草胀（瘤胃臌气）。因此，春季放牧一要防止羊“跑青”；二要防止羊“臌胀”，常有“放羊拦住头，放得满肚油；放羊不拦头，跑成瘦马猴”的说法。当羊放牧食青草以后，要每隔5～6天喂1次盐，喂时把盐炒至微黄时为好，加一些磨碎的清热、开胃的饲料和必需的添加剂。这样可帮助消化，增加食欲，补充营养。同时，每天至少要让羊群饮水1次。

（2）夏季放牧 夏季草地完全恢复，牧草茂密幼嫩，营养丰富，尤其是羊群经过晚春的放牧，体质较好，是放牧抓膘的大好时机。但同时白天长，气候炎热、多雨，地面潮湿，蚊蝇多，所以应选择高燥、凉爽、饮水方便、蚊蝇少的草场放牧，早出晚归，延长放牧时间，做到一日三饱，自由饮水。在中午烈日下，避免羊只“扎窝子”，安排羊只休息和反刍。由于夏季比较炎热，在没有露水的情况下，应早出晚归，根据路程远近和羊群采食情况决定一天的作息安排。

要因地制宜地利用放牧方法和放牧队形。多用领着放的放牧方法。在草少的地方，用“一条鞭”队形，出牧、归牧多用“一柱香”队形，在开阔的地方用“满天星”队形。雨后要放山梁和高岗地，早晚凉爽时放山沟。出牧和收羊时要慢速行进，以减少体力消耗。同时，夏季是羊群易于发病的时候，要格外注意羊群的防疫保健和卫生消毒工作。

（3）秋季放牧　秋季天高气爽，雨水少，地面干燥，牧草结籽，营养丰富，羊吃了含脂肪多、能量高、易消化的草籽后，能在体内储脂长膘，所以秋季是抓膘的良好季节。放牧应晚出晚归，初秋要多放阳坡少放阴坡，多放牧少休息。在野草结籽的牧坡，可尽量用“一条鞭”的队形和领着放的放牧方法，以防践踏使草籽脱落。中秋季节，要早出晚归，中午适当休息让羊反刍，使羊在下午多吃草，晚上羊群归来时，必须让羊群在舍外散发体热后再进入舍内。秋末有的地方早晚已有霜冻，这时放牧重点是抢好刚刚收割的庄稼茬地，让羊群只只膘肥体壮，安全越冬。在茬地放牧时，要防止羊啃食禾苗和低矮幼树；防止羊吃高粱苗、荞麦苗和蓖麻叶等中毒。

这时又是配种的季节。采用自然交配时，将公羊按1∶(25～30）的比例放入母羊群中饲养，配种结束后公羊再单独组群放牧，否则会影响山羊抓膘。

（4）冬季放牧　冬季气候寒冷，昼短夜长，牧草枯萎，母羊妊娠。饲养山羊任务繁重，饲养技术难度大，稍不注意，往往造成山羊大批死亡。其中保膘、保畜、保胎又是饲养中的中心任务。一般冬季养羊要注意抓好以下四个技术要点。

① 合理放牧饲养　冬季放牧前，要先打开窗户30分钟，让羊舍内外气温大体平衡，以免羊群出舍吸潮受寒感冒。严防空腹饮水以免流产，待羊只吃半饱后再饮水为好。冬季放牧一般应选择避风向阳、地势高燥、水源较好的阳坡低凹处。初冬，一部分牧草还未枯死。这时要抓紧放牧，迟放早归，注意抓住晴天中午暖和的时间放牧，让山羊尽量多采食一些青草，但不要让山羊吃到霜冻的草和

喝冰水，这段时间若山羊不能吃饱，回栏后要进行补饲，到了深冬季节，应将山羊收回进行舍饲。放牧时可以用等着放的放牧方法和“满天星”的队形。结冰季节，要减少食盐喂量，以免因多饮冰水和冷水，引起羊拉稀掉膘。有积雪时，上午气温低不要出牧，下午可出牧，放牧步履要稍快些，羊群不宜过大；在山区应把山凹、避风的牧草地留起来，以备大风雪天气放牧。冬季放牧羊群对外界环境非常敏感，一旦有响动就容易惊群。所以，发现羊打响鼻（羊受惊的表示）时要立刻喊住羊，以防羊群惊恐奔跑。冬季收牧后，一定要把补草、补料和羊舍保温措施跟上去，让羊群在舍内能饮用温热水。

② 精心舍饲　冬季气候寒冷，山羊体热消耗大，加上绝大部分母羊处于妊娠阶段，所以要特别注意加强饲养管理，除保证山羊青干草和秸秆类饲料外，还要补给山羊黄豆、玉米、麦麸等精饲料，并注意栏内干燥保暖。为了增加羊的运动，应让羊在栏内设置的土堆或木制高台上吃草，晴天还应让羊出去运动，以增强体质，提高度冬活力。

③ 抓好保胎和冬配　冬季绝大多数母羊处于妊娠期，所以必须注意抓好保胎工作，公、母羊要分开饲养，放牧时不要让妊娠母羊吃到霜冻和有冰雪的草，防止因打架、冲撞、挤压、跌倒而引起流产。多给母羊喂精饲料和加盐后的温水，并注意抓好空怀母羊的配种工作，以增加经济效益。

④ 抓好栏舍卫生和抓好疫病防治　山羊厌潮湿，怕贼风。所以，冬季栏舍要避风、干燥，要随时保证山羊体表清洁卫生，同时要抓好山羊防病灭病工作，经常对粪便进行生物熟处理，搞好山羊疾病的防治和驱虫工作，特别要抓好羊痢疾、大肠杆菌病、羊链球菌病以及感冒等病的防治，并经常用驱虫药对山羊进行预防性驱虫，确保羊体健壮，抵抗寒冬侵袭。

无论在何季节，都要保证羊群一日三饱。牧民的经验是“一天能吃三个饱，一年能下两茬羔；羊吃两个饱，一年一个羔；羊吃一个饱，性命也难保。”要在放牧当中，达到三饱要求，就需要放牧员多辛苦，使羊多吃少跑，并延长放牧时间，或进行夜牧。

第三节　羔羊早期断奶及羔羊育肥技术

一、羔羊早期断奶与成活率

1. 断奶方法

羔羊早期断奶是在羔羊出生 45～50 日龄时断奶，断奶后除饲喂优质青饲料或放牧，适当补喂混合精料的技术可以控制母羊哺育期，缩短母羊产羔间隔和控制繁殖周期，是达到 1 年 2 胎或 2 年 3 胎的一项重要技术措施。断奶方法分为一次性断奶和逐渐断奶两种方法。

（1）一次性断奶　羔羊达到断奶年龄后，直接将羔羊转入育成舍或育肥舍，饲喂育成期饲料或早期育肥饲料。断奶后的羔羊不再进入哺乳舍。此法操作简便，节约成本；但易造成羔羊应激，如饲养管理不到位，羔羊的死亡率会增加。

（2）逐渐断奶　在哺乳舍设置羔羊限喂栏，羔羊达到断奶年龄后，将其转入限喂栏，确保羔羊不吸乳，同时也要做到饲料的逐渐过渡，当羔羊对母羊依赖性降低，又能够独立吃饱饲料时再转离哺乳舍。此法断奶耗时较长，管理不方便；但可提高羔羊的成活率。

2. 提高羔羊成活率方法

（1）及早吃上初乳　初乳浓度大，养分含量高，尤其是含有大量的抗体球蛋白和丰富的矿物质元素，可增强羔羊的抗病力，促进胎粪排泄。如出现缺奶羔羊和孤羔，要为其找保姆羊代乳或进行人工哺乳。

（2）及早诱食，加强补饲　将青干草和优质青草放入草架或做成吊把，让羔羊自由采食，达到诱食目的。在母羊活动集中的地方设置羔羊补饲栏（母羊无法采食补饲栏内饲料），将精饲料放入其中，让羔羊自由采食。

（3）做好环境控制　羔羊对环境变化缺乏抵抗能力，应做好环

境控制。要做好羔羊的保温工作，确保合理的通风换气。

（4）做好羔羊的卫生保健工作　预防羔羊疾病（如羔羊痢疾、羔羊肠痉挛等），需做好羔羊的卫生保健工作。

二、羔羊育肥技术

1. 选羊

选择早熟和个体较大的品种或个体。一般个体较大的品种断奶重较大，育肥结束体重也就大。早熟的品种幼龄时生长强度较大，只需要较短的时间就可以达到胴体要求。在同一品种内部，出生重大、母羊泌乳能力强、体格较大、早熟性好的公羔能最先达到出栏标准。

2. 设立育肥过渡期

育肥过渡期，也叫预饲期，是指断奶羔羊进入育肥圈后的一个适应育肥环境的过渡期，也是正式育肥前的准备时间。一般10～15天，若羔羊整齐、膘情中等，预饲期可缩短7天。

（1）羔羊分组　将断奶羔羊转入育肥舍，供足饮水，并喂给易消化的青干草，全面驱虫和预防注射。按羔羊体格大小分组，再按组配合日粮。体格大的羔羊优先供给精料日粮，通过短期强度育肥，提前出栏上市；而对体格小的羔羊先喂给粗料比例较大的日粮，粗饲料比例可占日粮的60%～70%，待复原后再进入育肥期。

（2）饲喂技术　经过2～3天的初步环境适应，羔羊可开始使用预饲日粮每天喂料2次，每次投料量以30～45分钟内吃净为佳，不够再添，量多则要清扫。料槽位置适当，满足采食需要。饮水不间断。加大喂料量或变换饲料配方都应至少有3天的适应期。

3. 正式育肥

羔羊育肥可分全精料型育肥、粗饲料型育肥和精粗结合型育肥等方法。根据地理特点、饲草资源状况、饲养品种情况等具体条件，建议采用精粗结合型育肥方法。

舍饲条件下，粗饲料可以采用青干草、鲜草、青贮饲料、酒糟等，羊自由采食，每天喂2～3次，每次添加量以羊只吃饱后略有剩余为佳。放牧条件下，以羊只吃饱为准。精料采用配合饲料，推荐两种精料配方。

配方一：玉米 47.5%、麸皮 10%、米糠 10%、豆粕 12.7%、菜籽粕 16.5%、石粉 1%、磷酸氢钙 1%、食盐 1%、尿素 0.3%。

配方二：玉米 60.3%、麸皮 10%、豆粕 25%、磷酸氢钙 3%、食盐 1.7%。

舍饲条件下，精料 2 天喂 2～3 次，选择在羊只处于饥饿状态下添加，每次添加量以羊只刚好够吃或略有剩余为准，保证每只羊每天的精料喂量在 300～400 克/只。

经过 4～5 周育肥，在羔羊 4 月龄左右时止，挑出羔羊群中达到 20～30 千克及以上的羊出栏上市。不作育肥用的羔羊，可优先转入繁殖群饲养。

第四节　成年羊育肥技术

成年羊是指 2 岁以上的公羊、母羊和羯羊（被阉割后的公羊）。这些羊体重较大，体质相对较差，肉质相对较老。为了改善成年羊肉的品质，提高其羊肉产量和经济效益，在出栏前应对这部分羊群进行短期育肥为成年羊育肥。

一、育肥前的准备

1. 选羊与分群

首先要使育肥羊处于非生产状态。母羊应停止配种、妊娠或哺乳；公羊应停止配种、试情，并进行去势。同时根据膘情、身体状况、牙齿的好坏、体重大小进行分群，一般把相近情况的羊放在同一群育肥，避免因强弱争食造成较大的个体差异。

2. 防疫、药浴和驱虫

对将要育肥的羊只注射肠毒血症三联苗；羊进行药浴或局部涂擦药物灭癣；在育肥开始前应对羊群用阿维菌素等药物驱虫；有条件的服健胃药。在圈内设置足够的水槽和料槽，并进行环境（羊舍

及运动场）清洁与消毒。

二、成年羊营养需要与饲料配方

1. 育肥的营养需要

育肥的目的就是要增加羊肉和脂肪等可食部分，改善羊肉品质。羔羊的肥育以增加肌肉为主，而对成年羊主要是增加脂肪。因此，成年羊的肥育，对日粮蛋白质水平要求不高，只要能提供充足的能量饲料，就能取得较好的肥育效果。成年育肥羊的饲养标准见表3-13。

表3-13　成年育肥羊的饲养标准

体重/千克	风干饲料/千克	消化能/兆焦	可消化粗蛋白/克	钙/克	磷/克	食盐/克	胡萝卜素/毫克
40	1.5	15.9～19.2	90～100	3～4	2.0～2.5	5～10	5～10
50	1.8	16.7～23.0	100～120	4～5	2.5～3.0	5～10	5～10
60	2.0	20.9～27.2	110～130	5～6	2.8～3.5	5～10	5～10
70	2.2	23.0～29.3	120～140	6～7	3.0～4.0	5～10	5～10
80	2.4	27.2～33.5	130～160	7～8	3.5～4.5	5～10	5～10

2. 选择最优配方配制日粮

选好日粮配方后严格按比例称量配制日粮。为提高育肥效益，应充分利用天然牧草、秸秆、树叶、农副产品及各种下脚料，扩大饲料来源。合理利用尿素及各种添加剂（如育肥素、喹乙醇、玉米赤霉醇等）。据资料，成年羊日粮中，尿素可占到10%，矿物质和维生素可占到3%。

3. 安排合理的饲喂制度

成年羊只日粮的日喂量依配方不同而有差异，一般为2.0～2.7千克。每天投料2次，日喂量的分配与调整以饲槽内基本不剩为标准。喂颗粒饲料时，最好采用自动饲槽投料，雨天不宜再敞圈饲喂，午后应适当喂些青干草（每只0.25千克），以利于反刍。对于农村规模养羊户和中小型养羊场来讲，抓好肉羊的饲养管理，是降低生产成本、提高经济效益的重要手段。

三、成年羊育肥方式和特点

成年羊育肥时应按品种、体重和预期增重等主要指标确定育肥方式和日粮标准。育肥方式可根据羊只来源和牧草生长季节来选择，目前主要的育肥方式有放牧与补饲混合型和颗粒饲料型两种。但无论采用何种育肥方式，放牧是降低成本和利用天然饲草饲料资源的有效方法，也适用于成年羊快速育肥。

1. 放牧-补饲混合型

夏季，成年羊以放牧育肥为主，其日采食青绿饲料可达5～6千克，精料0.4～0.5千克，合计折成干物质1.6～1.9千克，可消化蛋白质150～170克，育肥日增重在140克左右。秋季，主要选择淘汰老母羊和瘦弱羊为育肥羊，育肥期一般在60～80天，此时可采用三种方式缩短育肥期：一是使淘汰母羊配上种，怀孕育肥50～60天宰杀；二是将羊先转入秋场或农田茬子地放牧，待膘情好转后，再转入舍饲育肥；三是选择体躯较大、健康无病、牙齿良好的羊育肥。此种育肥方式的典型日配方如下。

（1）配方一　禾本科干草0.5千克，青贮玉米4.0千克，碎谷粒0.5千克。此配方日粮中含干物质40.60%，粗蛋白质4.12%，钙0.24%，磷0.11%，代谢能17.974兆焦。

（2）配方二　禾本科干草1.0千克，青贮玉米5.0千克，碎谷粒0.7千克。此配方日粮中含干物质84.55%，粗蛋白质7.59%，钙0.60%，磷0.26%，代谢能14.379兆焦。

（3）配方三　青贮玉米4.0千克，碎谷粒0.5千克，尿素10克，秸秆0.5千克。此配方日粮中含干物质40.72%，粗蛋白质3.49%，钙0.19%，磷0.09%，代谢能17.263兆焦。

（4）配方四　禾本科干草0.5千克，青贮玉米3.0千克，碎谷粒0.4千克，多汁饲料0.8千克。此配方日粮中含干物质40.64%，粗蛋白质3.83%，钙0.22%，磷0.10%，代谢能15.884兆焦。

2. 颗粒饲料型

此法适用于有饲料加工条件的地区和饲养的肉用成年羊或羯

羊。颗粒饲料中，秸秆和干草粉可占55%～60%，精料35%～40%。现推荐两个典型日粮配方，供参考。

(1) 配方一 草粉35.0%，秸秆44.5%，精料20.0%，磷酸氢钙0.5%。此配方每千克饲料中含干物质86%，粗蛋白质7.2%，钙0.48%，磷0.24%，代谢能6.897兆焦。

(2) 配方二 禾本科草粉30.0%，秸秆44.5%，精料25.0%，磷酸氢钙0.5%。此配方每千克饲料中含干物质86%，粗蛋白7.4%，钙0.49%，磷0.25%，代谢能7.106兆焦。

四、育肥的技术要领

1. 育肥周期

育肥周期一般以60～80天为宜。底膘好的成年羊育肥期可以为40天，即育肥前期10天、中期20天、后期10天；底膘中等的成年羊育肥期可以为60天，即育肥前、中、后期各为20天；底膘差的成年羊育肥期可以为80天，即育肥前期20天，中、后期各为30天。育肥饲料配制及要求与羔羊育肥基本相同，其饲喂精粗饲料量：育肥前期精料为0.4～0.7千克、粗料为1.2千克、食盐5克；育肥中期精料为0.6～1千克、粗料为1.0千克、食盐10克；育肥后期精料为1.5～1.8千克、粗料为0.8千克、盐10克。经过一个育肥期的饲养，育肥羊平均日增重可达165克，屠宰率可达45%以上。羔羊可增重10～15千克。育肥出栏羊的肉质鲜嫩多汁，肥瘦适中，深受广大消费者的欢迎。

2. 粗饲料应该多样化

粗饲料应该多样化，以利于降低成本，并且要适口性好。混合精料应始终占舍饲日粮的35%以上，保证每只羊日喂精料在0.4千克以上，并合理使用非蛋白氮（尿素）资源。

3. 羊舍要求冬暖夏凉

地面干燥，羊只卧息舒服，南方地区应尽量建造高床漏缝生态羊舍。

第四章 波尔山羊选育及杂交利用

第一节 选种方法

选种，也叫选择，就是把那些符合人们期望要求的个体，按不同标准从现有羊群中选出来，让它们组成新的繁殖群再繁殖下一代，或者从别的羊群中选择那些符合要求的个体加入到现有的繁殖群中来。经过这种反复地多个世代的选择工作，不断地选优去劣，最终的目标有两个：一是使羊群的整体生产水平好上加好；二是把羊群变成一个全新的群体或品种。所以，选种是一项具有创造性的工作，是南方山羊业中最基本的改良育种技术。国内外山羊的育种工作实践表明，只要抓住机遇，有时往往只选中少数乃至一只特别优秀的种公羊，用科学的方法加以充分利用，就会使整个新品种的育成速度大大加快。

山羊选种的主要对象是种公羊。农谚说：“公羊好，好一坡，母羊好，好一窝”，正是这个道理。选择的主要性状多为有重要经济价值的数量性状和质量性状，例如肉用山羊的体重、产肉量、屠宰率、生长速度和繁殖力等。

山羊选种采用的方法，用农牧民的经验就是看本身、看祖先、看兄妹、看后代，用科学的说法就是进行个体性能选择（个体选

择）、系谱选择、同胞选择和后裔选择。

一、个体性能选择（个体选择）

主要通过看外貌和主要生产性能来确定优劣，如肉用山羊的日增重、乳用山羊的产奶量、皮用山羊的毛皮品质。同时也要考虑其他指标，如生长发育快慢、品种特征是否明显、体质是否健康和健壮、外形长得好不好等。如果被选种羊为肉用，要求体格大、体质结实、骨骼分布匀称、肌肉和皮下结缔组织发育良好、头轻小而短、颈粗短、肩宽广、与躯体结合良好、没有明显凹陷、胸宽且深、背腰平直、宽广而多肉、后躯宽广丰满、肌肉一直延伸到飞节处、四肢粗短，距离较远，身躯成为长方形和圆桶形；如果被选种羊为乳用羊，要求其全身清瘦、棱角突出、体大肉不多、后躯较前躯发达、中躯较长、体形一般呈三角形。

从一定数量的群体选出若干只优秀个体，组成育种群来提高群体的生产性能，从而提高下一代的生产性能。个体表型选择不考虑个体与其他个体之间的亲缘关系。在养羊业生产中，个体选择常用于对断奶后羔羊的鉴定留种和种羊场一般年度鉴定两种情况。断奶羔羊的鉴定是根据羔羊生长发育状况进行。一般是根据品种特征、体形外貌、断奶时体尺和体重等进行。而种羊场一般年度鉴定是参照各山羊品种的鉴定标准对种公羊的体质、睾丸发育、四肢、蹄质、体形外貌和生产力等，另有对母羊的乳房发育状况进行的测量和记录。

二、系谱选择

系谱是一头山羊祖先情况的记载，借助系谱可以了解被选个体的育种价值，过去的亲缘关系和祖代对后代在遗传上影响的程度。系谱鉴定就是分析各代祖先的生长发育、健康状况以及生产性能来确定山羊的种用价值。因此，选择种山羊时，首先要查看被选山羊的祖代资料。特别是挑选幼龄种山羊时，应以系谱作为选种依据。一般要查看三代资料。

系谱选种必须有系统的记录档案，包括种羊卡片、母羊配种记录、产羔记录、生长发育记录。在生产实践中，如果结合本身成绩进行选择，会使选择效果更准确。同时在进行系谱比较时，既要考虑系谱中所表现的生产水平和遗传稳定性，又要考虑祖代的饲养条件。

三、同胞选择

是指根据被选个体的半同胞或同胞表型特征进行选种，即通过利用同父母半同胞或同胞特征值资料来估算被选个体育种值的方法进行选种。这一方法在养羊业上更有其特殊意义。第一，人工授精繁殖技术在养羊业中应用广泛，同期所生的同父异母半同胞羊数量大，资料容易获得，由于是同期所生，环境影响相同，所以结果也较准确可靠；第二，可以进行早期选择，在被选个体无后代时即可进行。

四、后裔选择

后代的好坏也是选留种公羊的依据。个体特征、产羔率和生产性能都好的公羊，其育种价值的高低，还得根据其后代的品质才能作出最后结论。选种的目的在于获得优良后代。如果被选种公羊的后代好，说明该公羊的种用价值高，选种正确。具有较高生产性能的后代，其亲代一般也具有很高的生产性能。如果后代不理想就不能留作种羊。

作后裔测验的公羊要求选配优秀的母羊，一般每只公羊配30～50只母羊，配种时间集中，配种母羊和后裔的饲养管理条件尽可能相同。在羔羊断奶或在1岁半时进行等级评比，通过母女对比或同龄后代对比做出对种公羊的评价。

这种方法花费大，需要时间长，但现代养羊业中仍在广泛采用这种方法，选择最优秀的种公羊，作为人工授精时使用。虽然花费时间，可是一旦得到1只或几只特别优秀的公羊个体，就会大大加快育种进程。

第二节　波尔山羊引种技术

引种是指从外地或国外引入优良种羊。这些种羊经风土驯化后，直接用于纯繁推广或作为经济杂交的亲本，也可作为育种的原始素材。引种的主要方式有活体引种和遗传材料引种。活体引种即引进山羊个体，这是目前最常用的种羊引进方式，成功率高。遗传材料引种即引进精液、胚胎和卵母细胞等，随着生物技术的发展，这种方式逐渐增多。此方式减少了传播疾病的机会，降低了运输和检疫的费用等。但这种方式应具备相应的组织措施和技术。

我国的种羊引进工作有悠久的历史，20 世纪以来，种羊引进甚为频繁。大批优良种羊的引入，对加速当地山羊改良起到重要作用，不但提高了当地山羊品种的经济价值，还为培育新品种打下了基础，有力地促进了山羊业的发展。

一、引种的原则

鉴于自然条件和市场对山羊引种有很大的影响，在引种时掌握以下原则，才能确保引种成功和推广顺利。

1. 适宜引种的原则

引种的目的在于利用。适宜引种有四个方面的含义。第一是所引进的品种适应性及品种原产地与引入地之间的生态环境相似程度高，即引进地适宜引进该品种。我们知道任何品种都有适应的区域范围，即适宜区。品种原产地与引入地之间的生态环境相似程度越高，则品种引进后适应性越好，引种成功率越高。第二是有引种的必要性，即在育种时，利用当地品种无法克服一些性能上的缺陷，育种进展十分缓慢；或者是社会上对某品种需求增加，有巨大的市场潜力；并且引进品种具有良好的经济价值和育种价值，并且有良好的适应性，前者是引种的必要性，后者是引种的可能性。第三是季节适宜引种，调运时间合理科学，使引入品种在生活环境上变化不至于太突然，增加引种的成功率。第四是品种适宜引进，即在掌握了被引进品种的育种史、分布、体尺外貌特征、遗传稳定性、生产性能、繁殖特点、引种和杂交情况、易患的主要疾病及存在的不足、营养状况等后，品种性能优良，适合引进。

2. 少量引进的原则

引进波尔山羊种羊时应坚持少量引进的原则，即引进一个品种可以解决问题的话，决不引进两个品种；引进 1 头种羊满足需要的话，决不引进 2 头。一方面是鉴于引进波尔山羊种羊价格昂贵，只有发挥一些先进的繁殖技术来扩群和增加推广面，减少不必要的引种投入；另一方面是少量引进，按照选择引种品种，进行初选试验、区域性试验，再进行生产性试验、然后按推广的程序进行，降低引种风险。

3. 从有资质的羊场引种的原则

部分经营者为牟取暴利，以次充优、以假乱真、出售不符合品种标准的波尔山羊种羊，出现纠纷的现象经常发生，使引种者经济遭受损失；但有资质的波尔山羊种羊场可以出示《种畜禽生产经营许可证》，管理相对比较规范。所以应向有资质的羊场引种，并使引进的种羊达到相应的国家标准、行业标准或者地方标准，并附有种羊场出具的《种羊合格证》、种羊系谱。

二、引种的方法

1. 确定适宜的引种季节

确定适宜的引种季节是保证引种成功的主要因素。山羊引种的季节，最好选择目的地（引进地）与原产地（引出地）气候相近的时期，或者安排在适合山羊生活的气候范围内，这样的引种季节才会有利于引入的种山羊，很快适应而不会发生引种损失。主要有以下几种情况。

① 在我国南方一些地区，引羊季节为春、秋两季，最适宜的是秋季。这是因为秋季气候转凉，有利运输种山羊，同时雨量少，地面干燥，能较好地适应那些怕热、怕冷、怕湿的山羊品种的生活习性和生理特点。种山羊经过一个冬季的适应和饲养，对引进地气

候和饲养方式，逐渐有所适应，到了翌年春夏季节，也能比较适应高温多湿的气候条件。

② 在华南、四川、重庆等地，秋冬季引羊比较适宜，在冬季引羊要注意保温设备。

③ 如果引羊距离较近，往返不超过1天的时间，可不考虑引羊的季节。

④ 引羊最忌在夏季，6～9月天气炎热、多雨，大都不利于远距离运羊。

⑤ 对于引地方良种羊，这些羊大都集中在农民手中，所以要尽量避开“夏收”和“三秋”农忙时节，这时大部分农户顾不上卖羊，选择面窄，难以把羊引好。

2. 做好引种前的准备

(1) 建好羊舍和配备必要的设施　羊舍是用来给羊只冬季防寒、护理羊只的重要设施。对羊舍的要求是干燥通风，保温。羊舍应建立在地势较高、背风向阳、附近有水源的地方。南方地区因气温较高且潮，应建高床漏缝地板羊舍，缝隙宽1.5～2厘米。引进的种公羊每头需2～3米^2，母羊1.5～2米^2。羊舍前应设面积大于羊舍面积2倍的运动场，以备羊只自由运动和补饲等用。

羊舍和运动场准备饲喂设施，包括饲槽及草架草圈等。饲槽通常有固定式、移动式和悬挂式饲槽。

(2) 备好饲草料和药品　俗话说“兵马未动，粮草先行”，购羊前要备足饲草料。有两个方面的含义，一是备足草料，在运输途中饲喂引进的种羊。一般青干草或农作物秸秆可按每只羊每天2.5～3.0千克、混合精料200克，再结合运输的天数准备为宜。二是为种羊引进后备足草料。如果引羊单位是现有的羊场，种羊引进后，按部就班饲养，问题不会太大；如果是个新建羊场，尤其需要备足饲草料。可以利用当地的农作物秸秆资源，通过粉碎、青贮、发酵等加工处理，进行储存；可以利用撂荒地、冬闲田种植优质高产牧草，解决饲料来源；同时要储备适量精料作为山羊补饲用。需要常备抗菌药、消毒药、驱虫药和其他药物。

(3) 备好饲养人员和技术人员　种羊价格昂贵，引种复杂，所以一定要选好养羊人，最好是一位有经验、负责、有一定养羊知识的人。同时要配备相应的畜牧技术人员和兽医技术人员。饲养人员和技术人员要了解引入山羊品种的特点及其适应性和所在地区的气候、饲料、饲养管理条件，确定引种后的风土驯化措施。

3. 选择种羊

一个好的山羊品种是由许多个体组成的，在同一品种、同一种群内部存在着个体差异，所以要进行个体选择，选择好种羊，挑选出品质优秀的个体。选择种羊主要从以下几方面考虑。

(1) 对所引进品种的总体情况有所了解　重点是育种史、分布、体尺外貌特征、遗传稳定性、生产性能、繁殖特点、引种和杂交情况、易患的主要疾病及存在的不足等，在选择时做到胸有成竹。优良个体应具备该品种的特征，如体形外貌特征、遗传稳定性、生产性能、适应性等。特别是体形外貌方面，不应有其他缺陷。体形外貌主要包括头形、角形、耳形及其大小、背腰是否平直、四肢是否端正、蹄色是否正常和整体结构等。选择的个体应是种群中生产性能较高者，各项生产指标应高于群体平均值。选择的个体无任何传染病、体质健壮，生长发育正常，四肢运动正常，母羊乳房正常，发育好；公羊睾丸大小正常，无附睾、单睾、间性现象。

个体符合品种的利用方向。肉用山羊主要生产方向是生产山羊肉，其外形特征：体躯低垂，皮薄骨细，全身肌肉丰满，疏松而匀称；前胸饱满，突出于两前肢之间，垂肉细软而不甚发达，肋骨比较直立而弯曲不大，肋骨间隙较窄，两肩与胸部结合良好，无凹陷痕迹，显得十分丰满多肉；腰线平直，宽广而丰满，整个体躯呈现粗短圆筒形状。尻部要宽、平、长，富有肌肉，忌尖尻和斜尻。两腿宽而深厚，显得十分丰满。腰角丰圆不突出。坐骨端距离宽，厚实多肉；连接腰角、坐骨端与飞节 3 点，要构成丰满多肉的肉三角。

(2) 应对种羊营养状况进行很好评价　不同饲养条件下羊只体

况不一样；不同季节羊只体况也有很大差异；早、晚羊只体况会给人不同的视觉影响等。在挑选个体时应给予客观评价，保证选择的准确性。

（3）选择青年种羊　因为青年羊有机体正处在生长发育时期，比较容易适应新环境；同时，青年羊的利用期限较长。公羊要选择1～2岁的羊，母羊多选择周岁左右的羊。年龄可以从种羊卡片上获得，也可以通过羊的牙齿，来判断羊的年龄。羔羊出生3～4周内，8个门齿就已出齐，这种羔羊称“原口”或“乳口”。这时的牙齿为乳白色，比较整齐，形状高而窄，接近长柱形，这种牙齿叫乳齿。在1年后，羔羊中间的乳齿被2颗永久齿，也叫恒齿替代，这时叫“二齿羊”；然后每过1年，都有2颗乳齿被恒齿替代，直到8颗乳齿被全部替换，这时的羊叫“新满口”，表明羊已经有4岁多。劳动人民在长期的生产实践中，总结了通过换牙来判断山羊年龄的经验，并编成简单易记的歌谣，以便掌握应用。这条歌谣是：“一岁不扎牙（不换牙），两岁一对牙（切齿长出），三岁两对牙（内中间齿长出），四岁三对牙（外中间齿长出），五齐（隅齿长出来），六平（六岁时牙齿吃草磨损后，牙齿上部由尖变平），七斜（齿龈凹陷，有的牙齿开始活动），八歪（牙齿与牙齿之间有了空隙），九掉（牙齿脱落）。”

（4）注意审查系谱　重点是亲代和同胞的成绩、亲缘关系。同时注意引进的种羊最好是来自不同的品系或不同的牧场（种群）。

（5）注意地点的选择　一般要到该品种的主产地去。国外引进的波尔山羊大都集中饲养在国家、省级科研部门及育种场内，在缺乏对品种的辨别时，最好不要到主产地以外的地方去引种，以免上当受骗。引种时要主动与当地畜牧部门取得联系。了解该羊场是否有畜牧部门签发的《种畜禽生产许可证》《种羊合格证》及《系谱耳号登记》，三者是否齐全；同时可以委托畜牧部门把好质量关。

4. 种羊检疫

种羊检疫是指为防止疾病传入，由国家法定的检疫机构和人员，根据有关法律规范，对种羊及其装载容器、包装物、运输工具等实施检疫。对引进的种羊要严格执行防疫制度，严格实行隔离观察，防止疾病传入。

(1) 加强种羊检疫　动物检疫是引种中必须进行的一个项目，检疫的目的一是保证引进健康的种羊；二是防止传染病的带入和传播。进行动物检疫的部门是县级以上的动物检疫站。国内的检疫项目一般有临床检查和传染病检查，包括布病、蓝舌病、羊痘、口蹄疫等。种羊检疫合格后，发给《动物检疫证书》。

(2) 加强运输工具及其他有关货物的消毒　对运输工具及其他有关货物消毒，在运输种羊前 24 小时内，应使用高效的消毒剂对车辆和用具进行 2 次以上的严格消毒，最好能空置 1 天后装羊，在装羊前再用刺激性较小的消毒剂彻底消毒 1 次，并开具《运输工具消毒证书》或《熏蒸/消毒证书》。

(3) 实施隔离检疫　从国外引进种羊应进行隔离检疫，在国家质检总局设立的动物隔离检疫场所隔离检疫 45 天。隔离场使用前和使用后，须用国家有关部门批准的消毒药消毒 3 次，每次间隔 3 天，并做好消毒效果的检测；动物隔离检疫场至少应空闲 30 天以上，经彻底消毒后方能隔离检疫下一批动物；隔离场内如发生重大疫情，必须立即彻底消毒，空场 3 个月后方可使用。隔离检疫期间，未经隔离检疫场负责人同意，不得接待来访和参观人员。为避免相互感染，同一隔离检疫场不得同时检疫两批来源不同的动物。引种单位或者其代理人，应在动物进入隔离场的 7 天之前，派管理人员和饲养人员到达隔离检疫场，在口岸出入境检验检疫机关指定的医院进行健康检查。患有结核病、布病、肝炎、化脓性疾病及其他人畜共患病的人员不能参与隔离动物的饲养管理工作。工作人员、饲养人员进出隔离区必须淋浴、更衣、换鞋，经消毒池、消毒道出入。种羊及运输工具须经消毒后方可进入隔离场。进入隔离场的饲草、饲料须来自非疫区并经消毒处理。种羊入场后，需进行分栏、编号，每日按规定进行临床观察和进行必要的检测。观察和检测结果应做好文字记录。当动物有异常现象时，尽可能制备相应的音像记录，并及时报告驻场兽医进行诊断。隔离检疫期满，检验检

疫机关对检疫合格的，出具《检验检疫结果证明》。

5. 种羊运输

① 要选好得力的押运员。押运种山羊的人员，一定要有责任心、不怕苦、不怕累、懂技术、有实干精神的人来承担，才会把事情办好，增加引进种山羊的比例。

② 最好不使用运输商品羊的外来车辆装运种羊。长途运输的运羊车应尽量行驶高速公路，以避免塞车，每辆车应配备两名驾驶员交替开车，行驶过程应尽量避免急刹车；途中应注意选择没有其他运载动物车辆的地点就餐，绝不能与其他装运羊只的车辆一起停放；随车应准备一些必要的工具和药品，如绳子、铁线、钳子、抗生素、阵痛退热以及镇静剂等。大量运输时最好准备一辆备用车，以免运羊车出现故障而导致停留时间太长而造成不必要的损失。运羊车辆应备有汽车帆布，若遇有烈日或暴风雨时，应将帆布遮于车顶上面，防止烈日直射和暴风雨袭击种羊，车厢两边的篷布应挂起，以便通风散热；冬季帆布应挂在车厢前上方以便挡风保暖。

③ 在运输过程中应想方设法减少种羊应激和肢蹄损伤，避免在运输途中死亡和感染疫病。要求供种羊提前2～3小时对准备运输的种羊停止投喂饲料。上车不能太急，注意保护种羊的肢蹄，装羊结束后应固定好车门。长途运输的车辆，车厢最好能铺上垫料，冬天可铺上稻草、稻壳、木屑，秋天铺上细沙，以降低种羊肢蹄损伤的可能性。要根据运输工具的情况，将种羊按性别、大小、强弱进行分群。因为山羊的合群性很强，刚放入陌生的羊群中，或母子隔开，就会乱叫，影响食欲和健康。所以装载羊只的数量不要过多，装得太密会引起挤压而导致种羊死亡；达到性成熟的公羊应单独隔开，一是避免公羊间的打斗，二是为了避免公羊爬跨母羊。

④ 长途运输的种羊，应对每头种羊饲喂或注射一定量的维生素C，减少应激。对临床表现特别兴奋的种羊，可注射适量的镇静针剂。长途运输可先配制一些电解质溶液（如盐水），在路上供种羊饮用。运输途中要适时停歇，检查有无病羊，如出现呼吸急促、体温升高等异常情况应及时采取有效措施。

⑤ 冬季要注意保暖，夏季要注意防暑。尽量避免在酷暑期装运种羊，夏天运种羊应避免在炎热的中午装运，可在早晨和傍晚装运；途中应注意经常供给饮水。

⑥ 如路程较近，途中不超过半天的，途中可以不喂饲草料，但要注意检查，发现问题，及时处理；运输路程远的，应备足清洁水和容易消化、体积较小的饲料。到达目的地后，应让山羊休息一会，再饮水和吃草。

6. 引进种羊的饲养管理

① 新引进的种羊，应先饲养在隔离舍，而不能直接转进羊场生产区，因为这样做可能带来新的疫病，或者由不同菌株引发相同疾病。

② 种羊到达目的地后，立即对卸羊台、车辆、羊体及卸车周围地面进行消毒，然后将种羊卸下，按大小、公母进行分群饲养，有损伤、疾病等情况的种羊应立即隔离单栏饲养，并及时治疗处理。

③ 先给种羊提供饮水，休息 6～12 小时后方可供给少量饲料，第 2 天开始可逐渐增加饲喂量，5 天后才恢复正常饲喂量。种羊到羊场后的第 2 周，由于疲劳加上环境的变化，机体对疫病的抵抗力会降低，饲养管理上应注意尽量减少应激，保证饲料均衡和饲喂时间的固定，使种羊尽快恢复正常状态。

④ 引入的良种山羊必须良养，才易成功。要注意加强引进品种的饲养管理和适应性锻炼。引种第一年是关键性的一年，应加强饲养管理，要做好引入种山羊的接运工作，并根据原来的饲养习惯，创造良好的饲养管理条件，选用适宜的日粮类型和饲养方法。根据引进种山羊对环境的要求，采取必要的降温或防寒措施。

第三节　波尔山羊的杂交改良

在山羊改良与中和生产中，应用最广泛的是杂交。杂交就是两

个或者两个以上的品种或品系间公、母羊的交配。利用杂交可改良生产性能低的原始品种，创建一个新品种。杂交是引进外来优良遗传基因的唯一方法，是克服近交衰退的主要技术手段，杂交产生的杂种优势是生产更多更好羊产品的重要手段之一。通过杂交，可以丰富地扩大羊的遗传基础，增强了后代的可塑性，有利于选种育种。许多山羊品种是在杂交的基础上培育成功的。常用的杂交方法有以下几种。

一、级进杂交

级进杂交，也称吸收杂交或改造杂交。选择纯种波尔山羊公羊（改良品种）与本地山羊（被改良品种）交配，以后再将杂种母山羊和纯种波尔山羊公羊交配，一代一代配下去，使其后代的生产性能近似于纯种波尔山羊，这种杂交方法称为级进杂交。尽管级进杂交后代能够获得杂种优势的个体数达不到100%，但随着级进杂交代数的增加，杂种后代的生产性能表现逐渐接近改良品种。这种杂交模式的最大优点是杂交效果优于一般的二元杂交和三元杂交，最大缺点是不易大面积推广。例如，用波尔山羊公羊与波本或波南杂种一代母羊交配产生杂二代，其杂二代母羊再与波尔山羊公羊交配产生杂三代，依次类推（图4-1）。

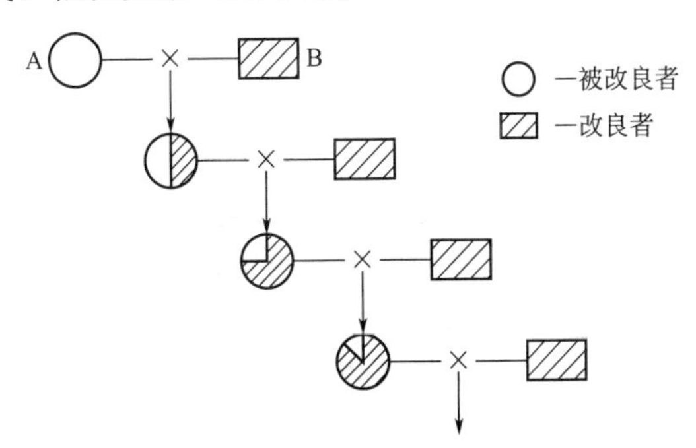

图4-1　山羊级进杂交模式图

进行级进杂交必须注意以下几点。

（1）正确选择波尔山羊种源　选择的纯种波尔山羊要符合其品

种特征，要到正规的原种场或育种场进行引种。

（2）级进代数要适宜　品种级进杂交到什么程度为宜，应根据级进杂交的目的和两个品种在品质上的差异而定；不要一味追求代数，在杂交过程中出现理想型的个体，就应进行自繁，建立品系，进行固定。实践证明，采用这种杂交，往往杂种1～2代表现较好，杂种优势明显。

（3）做好选种选配工作　除注意级进杂交后代的生产性能提高外，还应注意其适应性、抗病力、耐粗饲等有益性状的选择。同时要避免近亲交配。

（4）要创造适合于高代杂种山羊的饲养管理条件　良种良养，充分发挥生产潜力。

二、育成杂交

通过杂交来培育新品种的方法称为育成杂交，又叫创造性杂交。它是通过波尔山羊与其他山羊品种进行杂交，使后代同时结合几个品种的优良特性，以扩大变异的范围，显示出品种的杂交优势，并且还能创造出来亲本所不具备的新的有益性状，提高后代的生活力，增加体尺、体重，改进外形缺点，提高生产性能，有时还可以改善引入品种不能适应当地特殊的自然条件的生理特点。育成杂交通常要经历以下三个阶段。

1. 杂交创新阶段

就是通过波尔山羊与其他山羊品种杂交，亲本的特性通过基因重组集中在杂种后代中，创造出新的山羊类型。在这一阶段中，必须根据预期的目的，决定杂交亲本和选用杂交方式。亲本中最好有一个地方品种，以便杂交后有较好的适应性。要认真做好选种选配工作，避免近亲交配。杂交代数要灵活掌握，适当控制，一旦出现预期的理想型个体，就停止杂交。

2. 自繁定型阶段

当出现理想型后就进行横交固定，稳定后代的遗传基础。在这一阶段中，可进行近交，结合严格的选择，加强优良性状的固定。

对后代理想型个体，选出优良的公母羊进行同质选配，以获取优良的后代。对不完全符合理想的个体，可与理想型个体进行异质选配，以便后代有较大的改进。对离理想太远的个体，则坚决淘汰。对于具有某些突出优点的个体，应考虑建立品系。

3. 扩群提高阶段

通过大量繁殖，迅速增加固定的理想型数量，扩大分布地区。通过品系间的杂交，不断完善品种的整体结构，继续做好选种选配工作。

三、导入杂交

导入杂交，又称引入杂交或改良性杂交，当某一个品种具有多方面的优良性状，但还存在个别的较为显著的缺陷或在主要经济性状方面需要在短期内得到提高，而这种缺陷又不易通过本品种选育加以纠正时，可利用波尔山羊的优点，采用导入杂交的方式纠正其缺点，而使羊群趋于理想。导入杂交的特点是在保持原有品种主要特征特性的基础上，通过杂交克服其不足之处，进一步提高原有品种的质量而不是彻底改造。导入杂交的模式见图 4-2。

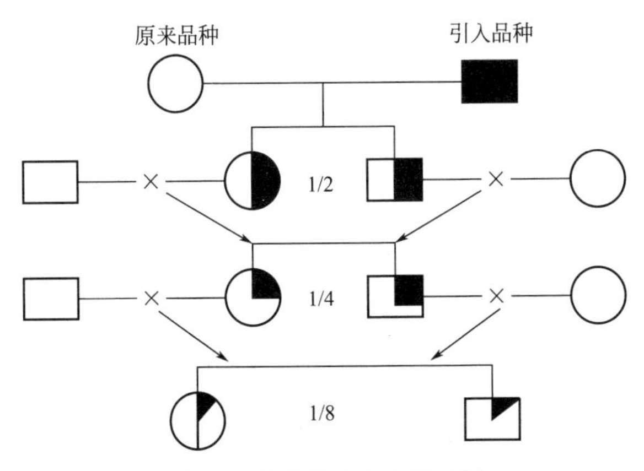

图 4-2 山羊导入杂交模式图

四、经济杂交

经济杂交也叫生产性杂交。是采用波尔山羊与其他品种进行杂交，产生的杂种后代供商品用，而不作种羊。在山羊的生产中，经济杂交主要用于肉用山羊的生产，以提高产肉性能。可利用波尔山羊肉用体形好的优良特性和耐粗饲、泌乳量大、繁殖力高、适应性好的母山羊杂交，所产羔羊发育快、产肉率高、生产成本低。常用的方法有两个品种的简单经济杂交、三元杂交。

1. 简单经济杂交

简单经济杂交就是两品种杂交，也叫二元杂交，是山羊杂交改良最简单和最常用的方式（图 4-3）。生产上有两种组合：一是将波尔山羊与本地山羊母羊进行交配；二是用波尔山羊公羊与南江黄羊母羊进行交配。二元杂交的后代全部用作商品羊进行育肥，决不能将杂种公羊与杂种母羊交配（横交）或将杂种公羊与本地母羊交配（回交），也不能用本地公羊与波尔山羊的母羊交配。二元杂交取得理想效果的关键是要选择体形较大、产羔数多、奶水足的母羊，要获得稳定杂交效果的关键是用于杂交的母本品种个体间的整齐度要高。因此，本地山羊的提纯复壮刻不容缓。二元杂交在人工授精技术支持下容易在大面积上推广应用。

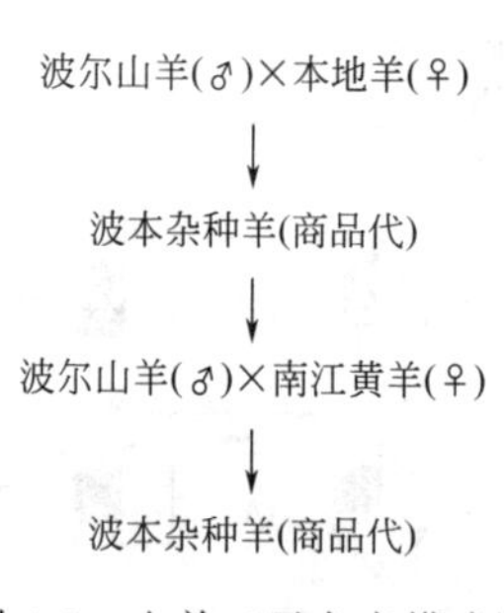

图 4-3　山羊二元杂交模式图

这种杂交方式显然比较简单，但在实际应用当中却比较麻烦，因为除了杂交以外尚需考虑两个亲本群的更新补充问题。通常人们对种公羊采取购买的办法解决，而对母羊群的更新补充则是通过组织和纯繁解决。此外，这种杂交方式的最大特点，是不能充分利用母本种群繁殖性能方面的杂种优势，因为在该方式之下，用以繁殖

的母羊都是纯种，杂种母羊不再繁殖。

2. 三元杂交

南江黄羊的大面积推广已在各地产生了大量的南本杂种羊，它们比本地山羊体形大、生长发育快、屠宰率高。为了充分利用业已形成的优良南本杂种母本群体，可将波尔山羊公羊与南本杂种母羊交配进行三元杂交（图 4-4），其杂交后代全部进行肥育，决不能将杂种公羊作种用与杂种母羊或本地母羊交配，更不能用本地公羊与杂种母羊交配。三元杂交的效果将优于波本和南本二元杂交，与波南二元杂交相似。三元杂交后代理论上 100% 的个体能够获得杂种优势，而且决定杂二代性能的关键是第二父本的生长发育性能和胴体品质。由于波尔山羊的生长性能和胴体品质优于南江黄羊，波尔山羊作为终端父本理所应当。这种杂交模式很好地利用了南本杂种母羊这个庞大的群体，充分发挥了三个品种的杂种优势。

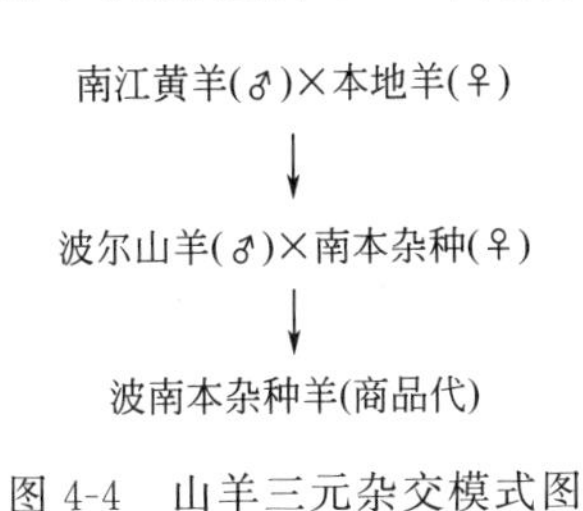

图 4-4　山羊三元杂交模式图

这种杂交方式在对杂种优势利用上可能要大于二元杂交。首先，在整个杂交体系下，二元杂种母羊在繁殖性能方面的杂种优势可以得到利用，二元杂种母羊对三元杂种的母体效应也不同于纯种。其次，三元杂种集合了三个种群的差异和三个种群的互补效应，因而在单个数量性状上的杂种优势可能更大。三元杂交在组织工作上，要比二元杂交更为复杂，因为它需要有三个种群的山羊。

进行山羊的经济杂交时，无论采用哪一种方法，都必须搞好组织工作，要有组织、有领导、有计划地进行。要搞好纯种山羊群的保持和提高；杂交山羊群的生产和补充；各品种在整个羊群中要有正确的比例以及完整的繁殖体系，以免羊群混乱、退化，充分发挥杂种优势。

第四节 波尔山羊杂种优势利用技术

由于杂交可以充分利用种群间的互补效应，尤其是可充分利用杂种优势，目前成为山羊生产中的一种主要方式。

一、杂种优势

不同山羊种群之间杂交产生的杂种在生活力、适应性、抗逆性以及生产性能等方面表现出一定程度上优于其亲本纯繁群体的现象就是杂种优势。表现在质量性状上，畸形、缺损和致死、半致死现象减少；表现在数量性状上，饲养杂种可缩短育肥期，节省饲料，提高日增重，降低成本。

对杂种优势有多种度量方法，如均值差、优势率、均值比、优势比等，常用的是均值差、优势率，现分别介绍如下。

（1）均值差　均值差表示为杂种某性状均值超过双亲平均数的部分，均值越大表示杂种优势越大。假设某场波尔山羊公羊初生重平均为5.0千克、南江黄羊为3.0千克，波尔山羊与南江黄羊杂交后代公羊平均初生重为4.4千克，则均值差为4.4－(5.0＋3.0)÷2＝0.4千克。

（2）优势率　优势率是指均值差占双亲均值的百分率，这样便于不同的各性状间的比较。如上面的例子，其优势率为0.4÷4.0×100％＝10％。

二、杂交亲本选择

正确合理选择杂交用的亲本品种或品系，充分发挥各品种或品系的优势，可以提高后代的生产性能，改良繁殖状况，获得显著经济效益。

1. 亲本群的类别

（1）品种　杂交的亲本是两个不同的品种，即进行品种间的杂

交。由于我国幅员辽阔、自然生态条件复杂多变，山羊品种数目众多、特点各异。有些品种适应性强，耐粗、耐寒、耐热、产羔数多；波尔山羊生长速度快，胴体品质好。因此，两者之间如果杂交，当可充分利用互补效应，则杂种优势明显。

（2）品系　杂交的亲本是两个不同的品系，即品系间的杂交。

2. 对父本群的要求

① 父本群的生长速度要快，饲料利用率要高，胴体品质要好。

② 父本群的类型应与对杂种的要求相一致。如要求肉用山羊时，即应选择肉用山羊作父本。

由于以上要求，现在父本多是从外地或国外引进的高度选育品种，如波尔山羊。

3. 对母本群的要求

① 母本种群应数量多、适应性强。这是因为母羊的需要量大，而适应性强的山羊便于饲养管理、易于推广。

② 母本种群的繁殖力要高，泌乳能力要强，母性要好。这是因为母本种群既决定了一个杂交体系的繁殖成本，又作为母体效应影响着杂种后代的生长发育。

③ 母本种群在不影响杂种生长速度的前提下，体格可略小一点。

由于以上要求，现在母本多是本地山羊。

三、最佳杂交模式的确定

1. 最佳杂交模式应具备的条件

根据我国实际，确定最佳杂交模式必须具备以下几点。

（1）生产性能优异　所生产的杂种，其生产性能、胴体品质等主要生产经济性状应达到较高水平。

（2）杂种优势明显　繁殖和生长性状的杂种优势得到充分表现，在特定条件下取得了最大的杂种优势率，并明显利用了性状互补原理。

（3）适应市场需要　所生产的杂种体形外貌尽可能一致，商品价值高，竞争力强，适应一段时间的市场需要。

（4）合理利用品种资源　能充分利用国内地方品种、培育品种及外来引进的良种资源。

（5）在生产组织上具有可操作性　所采用的方法简单可行，具有推广前景，社会效益高。

2. 确定最佳杂交模式的方法

主要是进行配合力的测定、杂交组合试验、遗传距离测定和经济效益的评估，结合当地的自然生态和经济状况，确定最佳杂交模式。当然，所谓最佳杂交模式，应该是相对的，在不同时间、区域、市场、营养水平都有可能有其相应的最佳杂交模式。

四、杂种的饲养管理

这是杂种优势利用的一个重要环节。因为杂种优势的有无和大小，与杂种所处的生活条件有着密切的关系，应该给予杂种以相应的饲养管理条件，以保证杂种优势能充分表现。虽然杂种的饲料利用能力有所提高，在同样条件下，能比纯种表现更好，但是高的生产性能是需要一定物质基础的，在基本条件不能满足的情况下，杂种优势不可能表现，有时甚至反而不如低产的纯种。所以品种或品系间杂交产生杂种优势是相对的，与杂种的饲养管理关系密切。

第五章 波尔山羊疫病防控技术

第一节　波尔山羊的疾病诊断技术

一、山羊疾病的临床诊断方法

1. 羊群的临床检查与诊断

观察羊群的运动、休息和采食饮水状况：利用观察、听诊、触诊及视诊、体温测定等临床检查技术，确定羊群的健康状况。

观察羊的精神状态及运动状态：正常羊精神活泼，步态平稳，不离群不掉队。病羊精神沉郁或兴奋不安，步态踉跄，跛行，甚至倒地抽搐等。健康羊鼻镜湿润，外观整洁干净；患病羊鼻镜干燥，鼻孔流出分泌物，眼角有脓性分泌物等。

观察羊站立和躺卧姿态：健康羊饱食后多成群卧地休息，反刍正常，对外界刺激反应灵敏。病羊则呆立或离群，反刍减少或停止，懒动，且被毛逆乱，皮肤有伤口，可听到咳嗽声、喘息声等。放牧时，健康羊行走灵敏，主动采食；多迅速奔向饮水处喝水。病羊则多掉队，食欲下降或者废绝，离群呆立，饮水减少或增多等。

2. 羊只个体检查与诊断

（1）问诊　通过询问饲养员，了解羊只发病时间，发病头数，发病前后的临床表现、病史、治疗用药情况及疫苗免疫情况，饲养管理状况等。

（2）望诊　观察病羊的肥瘦、姿势、运动、被毛、皮肤、黏膜、粪尿等状况。急性病羊身体一般较健壮；慢性病羊常较瘦弱；观察病羊运动姿势，了解发病部位；健康羊步伐活泼而稳定；病羊则行动不稳，懒动或跛行。

健康羊被毛平整光滑。病羊被毛杂乱蓬松，常有被毛脱落，皮肤有蹭痕和擦伤等。健康羊可视黏膜为粉红色。若可视黏膜潮红，多为体温升高；苍白色，多为贫血；黄色，多为黄疸；发绀则多为呼吸系统疾病或心血管疾病。若羊的采食、饮水减少或停止，须检查羊口腔有无异物、溃疡等；若羊反刍减少或停止，常为前胃疾病。

若粪便干结，多为缺水和肠弛缓；粪便稀薄，多为肠机能亢进；混有黏液过多或纤维素性膜，则为肠炎；含有完整饲料且呈酸臭味，则为消化不良；若有寄生虫或节片，则为寄生虫感染；排尿困难、失禁则为泌尿系统发生炎症、结石等。呼吸次数增多，常为急性、热性病、呼吸系统疾病及贫血等；呼吸次数减少，则多为中毒及代谢障碍性疾病。

（3）嗅诊　通过嗅觉了解羊群的分泌物、排泄物、气体及口腔气味。如发生肺炎时，鼻液带有腐败性恶臭；胃肠炎时，粪便腥臭或恶臭；羊只消化不良时，呼气酸臭，粪便亦为酸臭味。

（4）触诊　用手感触羊只被检查的部位，以确定各组织器官是否正常。可采用体温计测量羊只体温，羊的正常体温为38～39.5℃，羔羊高出约0.5℃；可用手指触摸羊的脉搏每分钟跳动次数和强弱等，山羊的脉搏一般是70～80次/分钟。当羊发生结核病、伪结核病、羊链球菌病菌时，体表淋巴结往往肿大，其形状、硬度、温度、敏感性及活动性等都会发生变化。

（5）听诊

① 心脏　心音增强，见于热性病的初期；心音减弱，见于心脏机能障碍的后期或患有渗出性胸膜炎、心包炎；第二心音增强时，见于肺气肿、肺水肿、肾炎等病理过程中。若有其他杂音，多为瓣膜疾病、创伤性心包炎、胸膜炎等。

② 肺脏　主要通过听诊器听取山羊肺部声音变化，确定山羊发病情况。肺泡呼吸音过强，多为支气管炎，过弱则多为肺泡肿胀、肺泡气肿、渗出性胸膜炎等。支气管呼吸音多为肺炎的肝变期，如羊传染性胸膜肺炎等。

③ 罗音　干罗音多见于慢性支气管炎、慢性肺气肿、肺结核等；湿罗音者多为肺水肿、肺充血、肺出血、慢性肺炎等；捻发音多见于慢性肺炎、肺水肿等；摩擦音多见于纤维素性胸膜炎、胸膜结核等。

④ 腹部听诊　主要听取腹部胃肠运动的声音。山羊瘤胃蠕动次数为1～1.5次/分钟，瘤胃蠕动音减弱或消失，多为前胃弛缓或发热性疾病。肠音亢进多见于肠炎初期；肠音消失多为便秘。

（6）叩诊　叩诊胸廓为清音，则为健康羊；若为水平浊音界，则为胸腔积液；半浊音，则为支气管肺炎；叩诊瘤胃呈鼓音，则见于瘤胃臌气。

二、病理剖检诊断

病理剖检需要按照顺序进行，一般尸体剖检程序为外部检查—剥皮检查—腹腔切开及检查—胸腔切开及检查—颅骨切开及检查—骨骼及关节检查。

1. 外部检查

检查羊的一般情况，需要注意羊的品种、年龄、毛色、营养状况、皮肤性状，死亡后变化及口、鼻、耳、肛门及外生殖器，可视黏膜的检查等。

2. 剥皮检查

将羊尸体仰卧固定，由下颌间隙经颈、胸、腹至肛门作一纵向切口，四肢系部经内侧至纵向切口作横切口，然后剥离全部皮肤。同时，观察皮下脂肪、血管、血液、肌肉、外生殖器、乳房、唾液腺、舌头、咽、食道、喉咙、气管、甲状腺、淋巴结等变化。

3. 腹腔切开及检查

将羊尸体呈左侧位放置，从右侧沿肋骨至剑状软骨切开腹壁，并从髋结节至耻骨联合切开腹壁肌肉和腹膜，暴露腹腔。检查肠道是否变味、腹膜、腹水情况；切断横膈后的食道，向后牵拉，切断胃、肝脏及脾脏背部的韧带，取出腹腔脏器。

分别检查胃、肠道、肝脏、胰脏、肾脏等脏器的形态、颜色、质地及表面有无异常变化，对于胃肠道还需要检查内容物及黏膜层的变化。

4. 胸腔切开及检查

可切断两侧肋骨与肋软骨的连接，去除胸骨；或者侧卧后，分别切断肋骨与胸软骨、脊椎的连接处，去掉肋骨，暴露胸腔及器官。分别切断前后腔静脉、主动脉、纵膈和气管等，取出心脏和肺脏，注意检查心包膜、心包液的颜色及性状，检查心脏的大小、性状、质地、新内外膜的变化；检查肺有无水肿、弹性、质地、有无出血等，观察气管内是否有黏液等。

5. 颅骨切开及检查

沿着眼眶后缘用骨锯横行锯断，沿着两眼角外缘与前锯线锯开，于两眼角中间纵行锯开，分别握住左右角，将颅顶骨分开，暴露脑。检查脑膜、脑脊液、脑沟和脑回的变化。

6. 骨骼及关节检查

弯曲尸体肢体关节，于弯曲背面横切关节囊，检查关节囊壁的变化，关节液的量、性质及关节面的形态变化。

三、实验室诊断

实验室诊断包括血液检查、尿液检查、粪便检查、细菌学检查、病毒学检查、免疫学检查及寄生虫学检查等方式。

1. 血液检查

通过采集血液后，经血细胞检查仪测定血红蛋白、红细胞压积容量、红细胞计数、白细胞计数、白细胞分类计数等指标，以确定羊个体的血液指标的变化，多用于日常诊断。

2. 尿液检查

包括黏液的物理学检验及化学检查，并用显微镜检查尿沉渣。主要检查尿量、尿色、气味、透明度、pH 值、尿蛋白、尿血液和血红蛋白检验、尿液中酮体检验、尿沉渣检查等内容。

3. 粪便检查

主要包括物理学检查，如粪便的数量、形状、硬度、颜色、气味、混杂物等。此外，还有粪便潜血的检查，以确定是否有胃肠出血、出血性肠炎及球虫病等。

4. 细菌学检查

通过将病原菌涂片、染色、镜检，可作出初步诊断，同时对病原菌进行分离培养和生化特性及致病力鉴定。

5. 病毒学检查

通过细胞培养或鸡胚培养，分离获得病毒，进行镜检、血清学试验和动物试验进行鉴定。

6. 免疫学检查

利用各种免疫反应对病原进行诊断和确诊的方法。

7. 寄生虫学检查

通过对羊粪便、虫体检查等进行镜检检验，确定感染寄生虫类型。

第二节　临床治疗技术

一、常见给药方法

1. 群体给药方式

拌料饲喂和饮水给药。前者将药物均匀混入饲料中，适合长期投药，且给药方便；后者是将药物溶解于饮水中，方便羊群饮用，适合不能采食但能饮水的羊群。

2. 口服给药法

可将片剂、粉剂或膏剂等药物装入投药器中，从口腔伸入到羊舌根处，将药物放入；或者将药物用水溶解后，用长颈瓶、塑料瓶将药物从羊嘴角部灌入。

3. 灌肠法

将药物配成液体，直接灌入羊只的直肠内。

4. 灌胃法

先将胃管插入鼻孔内，沿下鼻道慢慢送入咽部，也可经过口腔插入胃管，经食道插入胃内，将用水溶解的药物经胃管灌入胃内。

5. 皮肤涂药法

将药物直接涂抹于羊只皮肤病变部位表面。用于羊只患有疥癣、皮肤外伤、口疮等疾病的治疗。

6. 注射法

羊只的临床疾病常需注射药物治疗，包括皮下注射、肌内注射、静脉注射和气管注射等。

(1) 皮下注射　把药液注射到羊的颈部或者大腿内侧的皮肤和肌肉之间。

(2) 肌内注射　将灭菌的药液注入羊颈部肌肉比较多的部位。刺激性小、吸收缓慢的药液，可采用肌内注射。

(3) 静脉注射　将灭菌的药液直接注射到羊颈静脉内，使药液随血流很快分布到全身，迅速发生药效。

(4) 气管注射　将药液直接注入气管内。一般用于治疗气管、支气管和肺部疾病的药物治疗。

(5) 腹腔注射　将药物或者营养液通过羊右肷部刺入长针头，再连接上注射器或输液器，将药物输入即可。

(6) 瘤胃穿刺给药　在羊右肷部最高处，将套管针垂直刺入羊瘤胃内，放出瘤胃气体，然后将药物注射入瘤胃内。

二、药物与合理用药

1. 合理选择药物

羊群发病时，首选需确诊是什么病，针对致病原因给药。在给药前需根据药物成分、给药剂量、给药途径、给药周期等确定疗程，足量给予病羊群合理疗程的药物治疗。严禁不经诊断就给予药物治疗。

2. 确定用药剂量和疗程

根据羊群发病情况、病羊体重、药物剂量规定共同确定用药剂量和疗程，切忌过早停药或超期给药导致不良后果。一般每天给药2～3次，刺激性大的药物适宜在饲喂后给药。

3. 确定合理的给药途径

给药途径不同可影响药物吸收、药物作用速度和强弱。需要根据实际情况的不同、药物性质和特点确定给药途径。

4. 注意药物的不良反应

在给羊群用药时，需要注意药物的不良反应。由于一些药物的作用范围广，其中一个作用是用药目的，其他作用可称为副作用，需要引起注意的是，尤其是需要长期给药或大剂量用药时。

5. 合理使用抗菌类药物

由于在羊群发病时，抗生素常被用于羊病的预防和治疗，且使用频率也较高。应经过确切病原诊断后再给予相应的抗生素进行治疗，如果有条件者，可做药敏试验后使用最敏感抗生素，有利于减少盲目用药及细菌耐药性的产生。

6. 疫苗接种期内慎重用药

一般在羊群接种弱毒活疫（菌）苗前后5天内，禁止使用对相关疫苗敏感的抗生素、抗病毒药物、激素类药物的使用，同时避免饮用含消毒剂的水，以免造成活菌或疫苗病毒被灭活，导致免疫失败或效果低下。

可在疫苗接种期内给予抗应激类药物，如维生素、微量元素及含免疫增强类中药等，提高羊群的抗应激能力及疫苗的免疫应答能力。

第三节　山羊疾病的综合防疫技术

一、山羊传染病和寄生虫病的防疫原理

山羊疾病包括传染病、寄生虫病、中毒病、代谢病以及内科、外科、产科病等，均会对山羊生产带来巨大经济损失，其中以传染病和寄生虫病危害最大。因此，需要做好山羊传染病和寄生虫病的防疫工作，需从传染源、传播途径和易感羊群三个环节着手。

1. 传染源（或称传染来源）

传染源指某种病原体在其中寄生、生长、繁殖并能排出体外的动物机体。包括受感染的病羊和其他动物，也包括无症状的隐性感染的带菌动物。

① 病羊和病死羊的尸体是最重要的传染源，特别是在急性期过程中，病羊可向外界环境中排出大量病原体，危害最大。需要对病羊早发现、早隔离、早治疗，必要时要扑杀做无害化处理。

② 病原隐性携带者是指体表无症状但能携带病原体和排出病原体的动物。可分为潜伏期的病原携带者、恢复期的病原携带者和健康动物的病原携带者。

a. 潜伏期的病原携带者，如携带口蹄疫病毒，在潜伏期后期能够排出病原体，具有传染性，给疫病控制带来巨大的风险。

b. 恢复期的病原携带者是指临床症状消失后仍能够向外界排毒的病羊，对某些疾病临床症状消失后不要急于恢复到混群饲养。

c. 健康动物的病原携带者是指过去没有发现某种传染病，但能够携带并排出病原体的动物。因此，须坚持自繁自养，避免引进新病；引入种羊时，要隔离一段时间，确认无病时方可混群饲养。

2. 传播途径

传播途径指病原体从传染源排出后传播给易感动物的途径，可

分为直接接触传播和间接接触传播。

（1）直接接触传播　指具有传染性的动物与易感动物直接接触传播的方式，直接接触传播方式受到一定限制，一般不易造成大流行。

（2）间接接触传播　指病原体经过中间传播媒介使易感动物发生传染的传播方式，一般通过以下几种途径。

① 空气传播　病羊打喷嚏和呼吸时可向空气中散布大量含有病原的飞沫，当健康羊吸入飞沫即可感染发病。

② 饲料和饮水传播　病原体以不同方式排出体外后污染饲料和饮水，易感羊采食了被污染的饲料和饮水即可感染，以消化道为传入门户的传染病均能以此方式传播。

③ 污染土壤传播　有些病原体随排泄物或尸体落入土壤中且能生存很久，如炭疽、破伤风等细菌能够形成芽孢对外界抵抗力很强，一些病菌对干燥、腐败有很强抵抗力，都能够在土壤中长期保持感染力。一旦易感羊通过口鼻接触土壤即可感染。

④ 活的媒介传播　是指除羊以外的其他动物和人作为媒介来传播的方式，有如下几种方式。

a. 节肢昆虫，包括蚊、蝇、跳蚤、蜱等。蚊虫叮咬感染动物后，再叮咬易感动物即可通过血液传播病毒；家蝇活动于病羊排泄物和易感羊之间，机械性携带病原传播。

b. 人、野生动物和其他畜禽。一些人畜共患病，如伪狂犬、沙门菌、口蹄疫等，可通过人、野生动物和畜禽传播给羊。羊场应加强灭鼠，此外严禁狗、猫及各种飞禽、家禽进入羊场。

⑤ 用具传播　传染源排出的病原体，可污染饲养设备、诊疗器械等，如消毒不严可引起疾病传播。

3. 易感羊群

易感羊群是指对某种病原体羊群缺乏抵抗力，易造成病原体在羊群之间传播发病。羊群对疾病的易感程度与病原体强弱有关，与羊内外在因素、羊群特异性免疫状态相关。

（1）羊群内在因素　包括羊群的品种、年龄以及非特异性免疫力高低等，不同品种对不同疾病的耐受力是不一样的，羊群营养状况越好对疾病抵抗力越强。

（2）羊群外在因素　如环境卫生，羊舍建设是否合理，以及气候变化等多方面因素。

（3）羊群特异性免疫状态　指羊群对某种病原体的特异性免疫力。一是疫病流行后，感染发病耐过的羊和无症状隐性感染羊，在一定时间内对该病再次流行有一定抵抗力；二是人工免疫，对羊群进行疫苗接种使羊群获得一定的抵抗力。

二、防疫工作的主要内容

主要是围绕消灭传染源、切断传播途径、保护易感羊群来开展。

1. 羊场选址、布局建设要合理

考虑不受周围环境的污染，地势要高，水源充足，排水方便，且远离交通要道。

2. 坚持自繁自养

防止引进外来传染病最可靠的手段，是杜绝传染病进场的第一步。必须引进种羊时，只能从非疫区引进种羊，须对所引进羊场详细了解，并经当地兽医部门检疫，方可引进。引进隔离观察 1 个月后，确认无疫病者方可混群。

3. 采用全进全出的饲养管理方式

控制传染病流行的最关键环节，有利于疾病控制和饲养管理。繁殖母羊要调整配种日期，实行同期发情，做到集中配种，集中产仔，集中转育培、育成、育肥羊舍，以方便产房和各阶段羊舍彻底消毒。

4. 搞好环境卫生

保持栏舍内外的清洁卫生，做好冬季羊羔保温和夏季母羊、仔羊的降温工作，使羊舍内温度适宜，温度适中，光线充足，通风良好。

5. 严格执行各项消毒制度

切断传染病传播途径最有效的手段之一，是羊场重要的防疫措施，也是兽医工作的一项主要工作。

① 做好进出场人员的消毒，严禁场外无关人员进入羊场，外来人员和本场人员必须进入时，必须先更衣换鞋，经过紫外线或臭氧消毒15～20分钟，并对双手清洗消毒后经消毒池过道进入。

② 做好进出车辆消毒，车辆必须经过大门消毒池进入，车辆其他部分必须经过喷雾消毒。

③ 羊舍消毒。全进全出羊舍转群后，彻底清扫栏圈内的粪便、污物等，能够移动的用具清洗后于阳光下暴晒。不能够移动的用具和地面、墙面、走道等用自来水冲洗干净后，闲置1天待干燥后再消毒。

④ 羊舍以外的生产区消毒，羊舍以外的生产区和道路、运动场、储藏间等要每隔5～10天进行1次消毒。

⑤ 母羊进入产房间要进行体表清洗和消毒，临产前再用0.1%高锰酸钾洗液对外阴和乳头消毒，羔羊断脐时要用碘酊消毒。

⑥ 临时消毒。当出现可疑病羊时，要及时隔离病羊，对病羊所生活区域及用具采取应急消毒。

6. 临诊检查

兽医应每天观察羊群状况，了解疫情，发现问题及时处理，注意观察羊群的异常情况，并及时处理。

7. 免疫接种

要根据本地区羊场的情况，因地制宜制定合理的免疫程序，不要照搬其他羊场经验，需注意以下几点。

① 确保疫苗质量，必须从正规渠道进货，产品有批准文号、有效日期和生产厂家，运输和储存时要低温保存。

② 专人负责免疫接种，使用前要检查包装是否破损，封口是否严密。

③ 接种用的注射器针头、镊子要严格消毒。种羊接种要一个

羊换一个针头，紧急免疫时也要一针一头。

④ 预防接种前要全面了解和检查羊群状态，如果出现羊精神不好、食欲差等异常时，不要接种。

⑤ 同一时间接种两种以上疫苗时，要考虑免疫反应是否互相干扰，确保无障碍后才可接种。

⑥ 接种时要及时登记，不要漏免。

8. 定期杀虫、灭鼠

蚊蝇和老鼠会对养殖场造成较大危害，在夏季和秋季，要做好灭蚊蝇、除鼠害工作。

9. 药物防治

（1）药物预防　可将常用药物加入饲料或饮水中以预防疾病的发生。

（2）药物治疗　一旦羊场爆发疫病，可根据情况选用药物治疗，应做到以下几点：早发现早治疗，用药要准要狠；避免长期使用同一类抗生素，否则易产生耐药性，有条件最好做药敏试验；注意药物配伍禁忌；坚决不能使用国家法规禁止使用的药物。

第四节　波尔山羊常见病的防治

一、常见传染病的防治

1. 口蹄疫

由口蹄疫病毒引起的人畜共患的急性、热性、高度接触性传染病。主要侵害偶蹄动物，表现为口腔黏膜、四肢下端及乳房皮肤等出现水泡和溃疡。

（1）诊断

【临床症状】病羊体温升高，精神不振，食欲减退，反刍减少或停止；唇内面、齿龈、舌面及颊部黏膜出现水泡，内含透明液逐渐变浑浊，水泡破裂后形成鲜红色烂斑，流出大量泡沫状口涎，蹄部损害常在趾间及蹄冠皮肤表现红、肿、热、痛，继而发生水泡、

烂斑，病羊跛行，常降低重心小步急进，甚至跪地或卧地不起。孕羊流产，羔羊偶尔出现出血性胃肠炎，常因心肌炎而死亡。水泡破溃后，体温降低至常温，全身症状好转。

【病理剖检】患病动物的口腔、蹄部、乳房、咽喉、气管、支气管和胃黏膜可见到溃疡，上面覆盖有黑棕色的痂块；真胃和大小肠黏膜可见出血性炎症；心膜有弥漫性及点状出血，心肌呈灰白色或淡黄色的斑点或条纹的“虎斑心”。

（2）防治措施

【预防措施】畜舍应保持清洁、通风、干燥。可用10～20克/升的氢氧化钠溶液、10毫升/升福尔马林溶液、50～500克/升的碳酸盐溶液浸泡或喷洒污染物，在低温时可加入100克/升的氯化钠；应选用与当地流行毒株同型的疫苗，目前可用口蹄疫O型-亚洲Ⅰ型二价灭活疫苗，按照1毫升/只剂量肌内注射，15～21天后加强免疫1次，每年2～3次。

【治疗措施】发生口蹄疫后，一般不允许治疗，患病动物及同群动物全部扑杀销毁。哺乳母羊或羔羊患病时立即断奶，羔羊人工哺乳或饲喂代乳料。

2. 小反刍兽疫

小反刍兽疫，又名肺肠炎、口炎肺肠炎复合症，是由小反刍兽疫病毒引起的一种急性接触性传染病，主要感染小反刍动物（特别是山羊和绵羊易感染），以发病急剧、发热、眼鼻分泌物增加、口炎、腹泻和肺炎为特征。

（1）诊断

【临床症状】潜伏期为4～5天，最长21天。自然发病见于山羊和绵羊，以山羊发病严重。急性型体温可上升至41℃，并持续3～5天。病羊烦躁不安，背毛无光，口鼻干燥，食欲减退。流黏液脓性鼻漏，呼出恶臭气体。在发热的前4天，口腔黏膜充血，颊黏膜进行性广泛性损害、导致多涎，随后出现粉红色坏死性病灶，感染部位包括下唇、下齿龈等处。严重病例可见坏死病灶波及齿垫、腭、颊部及其乳头、舌头等处；后期出现带血水样腹泻，严重脱水，消瘦，体温下降，咳嗽、呼吸异常。发病率高达100%，死亡率达50%～100%。

【病理剖检】口腔和鼻腔黏膜糜烂坏死；支气管肺炎，继发细菌感染时表现肺尖肺炎，可见坏死性或出血性肠炎，盲肠、结肠近端和直肠可出现特征性条状充血、出血，呈斑马状条纹；肠系膜淋巴结水肿，脾脏肿大且有坏死性病变。

（2）防治措施　限制疫区的绵羊和山羊的运输。对来自疫区的动物要进行严格检疫，限制从疫区进口动物及其产品。对有传染病动物及时扑杀，尸体要焚烧、深埋。发生疫情的畜舍应彻底清洗和消毒（可使用苯酚、氢氧化钠、酒精、乙醚等）。可使用小反刍兽疫弱毒疫苗，怀孕母羊、1月龄以上羔羊均可接种，免疫期为3年，每年春、秋季对未免疫的新生羊进行补免，同时对免疫满3年的羊追加免疫1次。

3. 羊痘

由羊痘病毒引起的一种人畜共患的急性、热性、接触性传染病，有绵羊痘和山羊痘2种；病羊以发热、皮肤和黏膜上出现丘疹和疱疹为特征。该病死亡率较高，在我国被列为一类动物疫病。

（1）诊断

【临床症状】山羊痘和绵羊痘的临床症状相似，主要在皮肤和黏膜上形成痘疹，体温升高，全身反应较重。潜伏期平均为6～8天，病羊体温升高达41～42℃，食欲减退，精神不振，结膜潮红，有浆液或脓性分泌物从鼻孔流出，呼吸和脉搏增速，1～4天后发痘；痘疹多发生于皮肤无毛或少毛部分，如眼周围、鼻、唇、颊、四肢和尾内侧、乳房、阴唇、会阴、阴囊和包皮上。头部、背部、腹部有毛丛的地方较少发生。

开始为红斑，1～2天后形成丘疹，突出皮肤表面，随后丘疹逐渐增大，变成灰白色或淡红色，半球状的隆起结节。结节在几天之内变成水泡，后变成脓性液体，若无继发感染，则在几天内干燥变成棕色痂块，痂块脱落遗留一个红斑，后颜色逐渐变淡。顿挫型病例呈良性经过，病羊通常不发烧，不出现或出现少量痘疹，或痘

疹出现硬结状，不形成水泡和脓疱，最后干燥脱落而痊愈。

非典型病例的病羊全身症状较轻，有的脓疱融合形成大的融合痘；脓疱伴发出血时形成血痘，伴发坏死则形成坏疽痘；重症病羊常继发肺炎和肠炎，导致败血症而死亡。

【病理剖检】在咽、支气管、肺和胃等部位出现痘疹。在消化道的嘴唇、食道、胃肠等黏膜上出现大小不等的圆形或半圆形白色坚实的结节，其中有些表面破溃形成糜烂和溃疡，特别是唇黏膜与胃黏膜表面更明显；气管黏膜及其他实质器官，如心脏、肾脏等黏膜或包膜下则形成灰白色扁平或半球形的结节，特别是肺的病变与腺瘤很相似，多发生在肺的表面，切面质地均匀，但很坚硬，数量不定，性状则一致。

（2）防治措施

【预防措施】加强饲养管理。羊圈要求通风良好，阳光充足，干燥，勤打扫，场地周围环境和通道可用10%～20%石灰、2%福尔马林、30%草木灰水消毒，隔7天消毒1次。

异地引种时，不从疫区购羊，并取得原产地动物防疫监督机构的检疫合格证明。新引入的羊只要进行21天的隔离，经观察和检疫后保证其健康方可混养。采用羊痘弱毒冻干苗，大小羊一律于尾部或股内侧进行皮内注射0.5毫升，10天即可产生免疫力，免疫期可持续1年，羔羊应于7月龄时再注射1次。对病死羊的尸体进行严格消毒并深埋，若需剥皮利用，应做好消毒防疫工作，防止病毒扩散。

【治疗药物】一旦爆发羊痘，应立即对发病羊群进行隔离治疗，并加强护理，注意卫生，防止继发感染。必要时进行封锁，封锁期为2个月。对发病羊群所污染的羊圈、饲料槽及运动草场等要进行彻底消毒，如0.1%的氢氧化钠溶液，2次/天，连续3天，以后1次/天，连续消毒1周。给患病羊注射免疫血清，局部可用碘酊或0.1%高锰酸钾溶液洗涤，干后涂抹甲紫、碘甘油或碘酊等；静脉注射5%葡萄糖溶液250毫升、青霉素200万～400万国际单位、链霉素100万～200万国际单位、安乃近注射液10～20毫升、地塞米松4毫升的混合液体，2次/天。

4. 传染性脓疱

羊传染性脓疱也叫羊传染性脓疱皮炎、羊传染性脓疱口炎，俗称羊口疮，是由口疮病毒所致的人兽共患传染病，主要危害羔羊。

（1）诊断

【临床症状】传染性脓疱病潜伏期为3～6天。病羊体温升高到41℃，食欲和精神不佳。临床常表现为发病动物的口唇、齿龈、舌、鼻等处皮肤形成丘疹、水泡、脓疱及结痂，病羊精神沉郁、被毛粗乱、食欲下降甚至消失，口腔内不时流出黏性唾液。本病致死率低，但当侵害羔羊时，会导致羔羊吮乳痛苦，吞咽困难，采食受阻，营养不良，严重影响生长发育，经常造成羔羊饥饿衰竭或继发感染死亡。多数一只蹄部患病，常在蹄叉、蹄冠或系部皮肤上形成水泡、脓疱、溃疡。病羊行走困难。个别患病羊的阴唇和附近皮肤有溃疡，乳房皮肤形成水泡、溃疡和结痂。公羊阴鞘肿胀，阴茎上发生病变。

【病理剖检】开始时表皮细胞肿胀、变性和充血；随后增长并发生水泡变性，造成表皮层增厚且向表面隆突，真皮充血，渗出加重；表皮细胞溶解坏死，形成多个小水泡，有些可融合成大水泡。真皮内血管周围有大量单核细胞和中性粒细胞浸润；中性粒细胞移向水泡内，水泡逐渐转变为脓疮，痂皮下产生了桑葚状肉芽组织。

（2）防治措施

【预防措施】对引入羊进行严格检疫。引入羊必须隔离观察2～3周，期间多次清洗蹄部，确证是健康羊后才可混群饲养；剔除饲料和垫草中的芒刺、玻璃碴、铁钉等锐利物；饲料中加入少许食盐，减少羊只啃土啃墙现象。

羊脓疱弱毒疫苗接种健康羊，接种地方在尾部皮肤暴露处，大约10天后产生免疫力，保护期1年。

【治疗措施】口唇型病羊用水杨酸软膏将创面痂垢软化，剥离后再用0.2%高锰酸钾溶液冲洗创面，涂2%甲紫、土霉素软膏或碘甘油溶液，每天1～2次，直至痊愈。蹄型病羊则将其蹄部清洗

干净后，置于5%～10%的福尔马林溶液中浸泡1分钟，连续浸泡3次；75%酒精100毫升、碘化钾5克、碘片5克溶解后，加入10毫升甘油涂于疮面，或用5%四环素涂于疮面，每天2次。体温升高者，可给予退热药和抗生素治疗。

5. 羔羊大肠杆菌病

大肠杆菌病是由致病性大肠杆菌引起的多种动物和人的一组肠道性共患传染病，主要侵害幼畜（禽），亦称新生羔羊腹泻或羔羊白痢，其特征主要为病羊呈现剧烈的腹泻和败血症。

（1）诊断

【临床症状】潜伏期数小时至1～2天。在临床上可分为败血型和肠型。多发生于2～6周龄羔羊。病羔体温升高达41.5～42℃，精神委顿，结膜充血潮红，呼吸浅表，脉搏快而弱，四肢僵硬，运步失调，头常弯向一侧，视力障碍，继之卧地，磨牙。随着病情的发展，病羊头向后仰，四肢做划水动作。口流清涎，四肢冰凉，最后昏迷。有些病羔羊关节肿胀，腹痛。继发肺炎后呼吸困难。很少或无腹泻，常于发病4～12小时死亡，发病急，死亡率高。肠型主要发生于7日龄内的羔羊，病初体温升高达41.5～42℃，出现下痢，其后体温下降或略升高。临床上以排黄色、灰白色、带有气泡或混有血液稀便为主要特征。病羔腹痛、拱背、咩叫、努责，虚弱卧地，后期病羔极度消瘦、衰竭，如不及时治疗，经24～36小时死亡，死亡率达15%～75%。有时可见化脓性纤维素性关节炎。

【病理剖检】败血型主要是在胸腔、腹腔和心包腔内见大量积液，内有纤维素。关节肿大，尤其是肘和腕关节肿大，滑液浑浊，内含纤维素性脓性絮片。脑充血，有许多小出血点，大脑沟常含有大量脓性渗出物。肠型剖检可见尸体严重脱水，皱胃、小肠和大肠内容物呈黄灰色半液状。主要为急性胃肠炎变化，胃内乳凝块发酵，肠黏膜充血、出血和水肿，肠内混有血液和气泡，肠系膜淋巴结肿胀，切面多汁或充血。有的肺呈小叶性肺炎变化。

（2）防治措施

【预防措施】对妊娠母羊加强饲养管理，对孕羊进行配合日粮的饲喂。注意幼羊防寒保暖，保证羔羊尽早吃到初乳，以增强羔羊的体质和抗病力。改善羊舍的环境卫生，保持圈舍干燥通风、阳光充足，消灭蝇虫，做到定期消毒。对病羔要隔离治疗，对所污染的环境、物品可用3%～5%来苏儿溶液消毒。预防羔羊大肠杆菌病，可用氢氧化铝苗预防注射。也可用当地菌株制成多价活苗或灭活苗，或注射高免血清，均可防制本病。

【治疗措施】大肠杆菌对土霉素、新霉素、庆大霉素、卡那霉素、阿米卡星、磺胺类药物均具有敏感性，可用氟苯尼考（氟甲砜霉素）或土霉素0.2～0.5克、胃蛋白酶2克、稀盐酸3毫升，加水20毫升，1次灌服，每天1次，连用3～5天。

6. 巴氏杆菌病

羊巴氏杆菌病是由多杀性巴氏杆菌引起一种传染病。急性病例主要以败血症和炎性出血为特征，故过去又称为出血性败血症，简称“出败”。慢性型常表现为皮下结缔组织、关节及各脏器的化脓性病灶，并多与其他疾病混合感染或继发。本病分布广泛，世界各地均有发生，是一种急性、热性传染病。

（1）诊断

【临床症状】羊巴氏杆菌病多发于羔羊，潜伏期一般为2～5天，根据病程长短，可分为最急性型、急性型和慢性型三种。

① 最急性型　多发于哺乳羔羊。突然发病，表现为虚弱、寒战、呼吸困难，往往呈一过性发作，在数分钟或数小时内死亡。

② 急性型　病初体温升高至41～42℃，病羊精神沉郁，食欲废绝；呼吸急促，咳嗽，鼻孔常有出血或混有血液的黏性分泌物；眼结膜潮红，有黏性分泌物；初期便秘，后期腹泻，严重时粪便全部变为血水；颈部和胸下部有时发生水肿；病羊常在严重腹泻后虚脱而死，病期2～5天。该型羔羊多见。

③ 慢性型　主要见于成年山羊。病羊食欲减退，渐进性消瘦，不思饮食；呼吸困难，咳嗽，鼻腔流出脓性分泌物。有时颈部和胸下部发生水肿。部分病羊出现角膜炎，舌头有大小不等、颜色深浅不一的青紫块。病羊腹泻，粪便恶臭。濒死前机体极度衰弱，四肢

厥冷，体温下降。病程可达21天。

【病理剖检】

① 最急性型　病羔的黏膜和浆膜及内脏出血，淋巴结急性肿大。

② 急性型　颈部和胸部皮下胶样水肿，出血。咽喉和淋巴结水肿，出血，周围组织水肿。上呼吸道黏膜充血、出血，并含有淡红色泡沫状液体。肺脏瘀血、水肿，可见出血。肝脏有散在的灰黄色病灶，其周围有红晕。胃肠道黏膜出血、浆膜斑点状出血。

③ 慢性型　病羊消瘦，贫血，皮下胶冻样浸润，可见到多发性关节炎、心外膜炎、脑膜炎等。胸腔内有黄色渗出物，常见纤维素性胸膜肺炎和心包炎，肺胸膜变厚、粘连，肺常肝变，呈灰红色，偶见有黄豆至胡桃大的坏死灶或坏死化脓灶。肝有坏死灶。

（2）防治措施

【预防措施】羊巴氏杆菌病预防应平时注意饲养管理，搞好环境卫生，增强机体抵抗力，避免羊只受寒、拥挤等。长途运输时，防止过度劳累。定期消毒，每年定期进行预防接种，用羊巴氏杆菌组织灭活疫苗对羊群进行紧急免疫接种，可收到良好的免疫效果。

发生羊巴氏杆菌病时，应将病羊隔离，严密消毒，发病羊群还应实行封锁。同群的假定健康羊，可用高免血清进行紧急预防注射，隔离观察1周后，如无新病例出现，再注射疫苗。如无高免血清，也可用疫苗进行紧急预防接种，但应做好潜伏期病羊发病的紧急抢救准备。发病后用5%漂白粉液或10%石灰乳等彻底消毒圈舍、用具。

【治疗措施】氟甲砜霉素、庆大霉素、四环素以及磺胺类药物对本病都有良好的治疗效果。氟甲砜霉素按每千克体重10～30毫克，或庆大霉素按每千克体重1000～1500单位，或20%磺胺嘧啶钠5～10毫升，均肌内注射，每天2次。每千克体重用复方新诺明片10毫克，内服，每天2次，直到体温下降，食欲恢复为止。可每只羊注射青霉素320万单位、链霉素200万单位、地塞米松磷酸钠15毫克，对体温高的加30%安乃近注射液10毫升进行治疗。

7. 沙门菌病

羊沙门菌病又名副伤寒，俗称血痢、黑痢，是由羊流产沙门菌、鼠沙门菌和都柏林沙门菌引起的一种传染病。其临床特征羔羊发生败血症和肠炎，妊娠母羊发生流产。本病遍发于世界各地，对山羊的繁殖和羔羊的健康带来严重的威胁。沙门菌的许多血清型可使人感染，发生食物中毒和败血症等，是重要的人畜共患病病原体。

（1）诊断

【临床症状】根据临床表现可分为下痢型和流产型。

① 下痢型　多见于15～20日龄的羔羊，体温升高达40～41℃，食欲减退，腹泻，排黏性带血稀粪，有恶臭。精神沉郁、虚弱、低头拱背，继而卧地、昏迷，最终因衰竭而死亡。病程1～5天，有的经2周后可恢复。发病率一般为30%，死亡率25%。

② 流产型　怀孕母羊于怀孕的最后1/3期间发生流产或死产。病羊体温升至40～41℃，厌食，精神抑郁，部分羊有腹泻症状，阴道常排出有黏性带有血丝或血块的分泌物。病羊产下的活羔，表现衰弱，委顿，卧地，稀粪混有未消化饲料，粪便恶臭，多数羊羔拒食，常于1～7天死亡。发病母羊也可在流产后或无流产的情况下死亡。羊群暴发1次，一般可持续10～15天，流产率与病死率可达60%，其他羔羊的病死率可达10%。

【病理剖检】下痢型羊尸体后躯常被稀粪污染，大多数组织脱水，心内、外膜有小出血点。病羊真胃和小肠空虚，内容物稀薄，常含有血块。肠黏膜充血，肠道和胆囊黏膜水肿。肠系膜淋巴结肿大、充血。流产或死产的胎儿以及产后一周内死亡的羔羊，常表现败血病变。组织水肿、充血。肝脏、脾脏肿大，有灰色病灶。胎盘水肿、出血。死亡母羊呈急性子宫炎症状，其子宫肿胀，常内含坏死组织、浆液性渗出物和滞留的胎盘。

（2）防治措施

【预防措施】加强饲养管理。保持圈舍清洁卫生，防止饲料和饮水被病原污染。羔羊在出生后应及早哺喂初乳，并注意保暖。发

现病羊应及时隔离、治疗。被污染的圈栏要彻底消毒，发病羊群进行药物预防。对流产母羊及时隔离治疗，流产的胎儿、胎衣及污染物进行销毁，流产场地全面彻底进行消毒处理。对可能受传染威胁的羊群，注射相应疫苗进行预防。

【治疗措施】羊沙门菌病病羊病初应用抗血清有效，也可选用抗生素或呋喃类药物治疗。首选药物为氟甲砜霉素（氟苯尼考），其次是新霉素、土霉素等进行治疗。

8. 羊猝疽

羊猝疽是由C型产气荚膜梭菌的毒素引起绵羊发病的一种急性传染病，以溃疡性肠炎和腹膜炎为特征。羊猝疽和羊快疫可混合感染，此病能造成急性死亡，对养羊业危害很大。

（1）诊断方法

【临床症状】羊猝疽的病程短促，常未见到临诊症状即死亡，如晚间归圈时正常，次日早上发现死于圈内。白天放牧时，有时发现病羊掉队、卧地，表现不安、衰弱、痉挛，眼球突出等症状后在数小时内死亡。羊快疫及羊猝疽常混合感染。根据在我国观察所见，有最急性型和急性型两种临床表现。

① 最急性型　一般见于流行初期。病羊突然停止采食，精神不振。四肢分开，弓腰，头向上。行走时后躯摇摆。喜伏卧，头颈向后弯曲。磨牙，不安，有腹痛表现。眼畏光流泪，结膜潮红，呼吸迫促。从口鼻流出泡沫，有时带有血色。随后呼吸愈加困难，痉挛倒地，四肢作游泳状，迅速死亡。从出现症状到死亡通常为几分钟至6小时。

② 急性型　一般见于流行后期。病羊食欲减退，步态不稳，排粪困难，有里急后重表现。喜卧地，牙关紧闭，易惊厥。粪团变大，色黑而软，混有炎症产物或脱落黏膜；或排油黑色或深绿色的稀粪，有时带有血丝；一般体温不升高。从出现症状到死亡通常为1天左右，也有少数病例延长到数天的。发病率6%～25%，个别羊群高达97%。山羊发病率一般比绵羊低。发病羊几乎100%归于死亡。

【病理剖检】主要见于循环系统和消化道。胸腔、腹腔和心包大量积液，心包积液暴露于空气后，可形成纤维素絮块。浆膜上有小点状出血。病羊刚死时骨骼肌表现正常，但在死后 8 小时内，肌肉出血，有气性裂孔，十二指肠和空肠黏膜严重充血、糜烂，有的肠段可见大小不等的溃疡。肠系膜淋巴结有出血性炎症。

混合感染羊快疫和羊猝疽死亡的羊，营养多在中等以上。尸体迅速腐败，腹围迅速胀大，可视黏膜充血，血液凝固不良，口鼻等处常见有白色或血色泡沫。全身淋巴结水肿，颌下、肩前淋巴结充血、出血及浆液浸润。肌肉出血，肩前、股前、尾底部等处皮下有红黄色胶样浸润，在淋巴结及其附近尤其明显。部分病例胸腔有淡红色浑浊液体，心包内充满透明或血染液体，心脏扩大，心外膜有出血斑点。

肺呈深红色或紫红色，气管内常有血色泡沫。大多数病例出现血色腹水，肝脏多呈水煮色，混浊、肿大、质脆，被膜下常见有大小不一的出血斑，切开后流出含气泡的血液，多呈土黄色，胆囊胀大，胆汁浓稠呈深绿色。脾多正常，少数瘀血。

肾脏在病程短促或死后不久的病例，多无肉眼可见变化，病程稍长或死后时间较久的，可见有软化现象，肾盂常储积白色尿液。膀胱积尿，量多少不等，呈乳白色。

（2）防治措施

由于本病的病程短促，往往来不及治疗，因此，必须加强平时的防疫措施。当本病发生严重时，转移牧草地，可收到减少和停止发病的效果。将所有未发病羊只，转移到高燥地区放牧，加强饲养管理，防止受寒感冒，避免羊只采食冰冻饲料，早晨出牧不要太早。

用菌苗进行紧急接种。在本病常发地区，每年可定期注射 1～2 次羊快疫、羊猝疽二联菌苗或快疫、猝疽、肠毒血症三联干粉菌苗。由于吃奶羔羊产生主动免疫力较差，故在羔羊经常发病的羊场，应对怀孕母羊在产前进行两次免疫，第 1 次在产前 1～1.5 个月，第 2 次在产前 15～30 天，但在发病季节，羔羊也应接种菌苗。

9. 羊黑疫

羊黑疫又名传染性坏死性肝炎，是由B型诺维梭菌引起的绵羊和山羊的一种急性高度致死性毒血症。其特征是突然发病，病程短促，皮肤发黑，肝实质发生坏死病灶。

（1）诊断

【临床症状】羊黑疫在临床上与羊快疫、肠毒血症等极其类似。病程十分急促，绝大多数情况是未见有病而突然发生死亡。少数病例病程稍长，可拖延1～2天，但没有超过3天的。病羊掉群，不食，呼吸困难，体温41.5℃左右，呈昏睡俯卧，突然死去。

【病理剖检】羊黑疫病羊尸体皮下静脉显著充血，其皮肤呈暗黑色外观（黑疫之名即由此而来）。胸部皮下组织经常水肿。浆膜腔有液体渗出，暴露于空气易于凝固，液体常呈黄色，但腹腔液略带血色。左心室心内膜下常出血。真胃幽门部和小肠充血和出血。肝脏充血肿胀，从表面可看到或摸到有一个到多个凝固性坏死灶，坏死灶的界限清晰，灰黄色，不整圆形，周围常为一鲜红色的充血带围绕，坏死灶直径可达2～3厘米，切面成半圆形。羊黑疫肝脏的这种坏死变化是很有特征的，具有很大的诊断意义。

（2）防治措施

【预防措施】必须控制肝片吸虫的感染。特异性免疫可用羊黑疫菌苗或羊黑疫、羊快疫二联苗或羊厌气五联菌苗或羊厌气菌七联干粉苗进行预防接种，每次5毫升，一次皮下注射或肌内注射。

【治疗措施】发生本病时，应将羊群移牧于高燥地区。对病羊可用抗诺维氏梭菌血清（7500国际单位/毫升）治疗，每次50～80毫升，一次静脉注射，连用1～2次。还可以用40万～80万国际单位的青霉素，溶解到5毫升注射用水中，一次肌内注射，每天2次，连用5天。

10. 肠毒血症

羊肠毒血症是山羊急性毒血症、急性非接触性传染病，各种品种、年龄的羊均可被感染，以1岁左右和肥胖的羊发病较多。由于细菌毒素中毒，可引起迅速死亡。死后肾组织易于软化，又称软肾病；与羊快疫相似，又称类快疫。

（1）诊断

【临床症状】突然发病，很少能见到症状，往往症状出现后迅速死亡，可分为两种类型：一类以搐搦为其特征，另一类以昏迷和静静地死去为其特征。前者在倒毙前四肢出现强烈的划动，肌肉搐搦，眼球转动，磨牙，口水过多，随后头颈显著抽搐，往往于2～3小时内死亡。后者的早期症状为步态不稳，向后倒卧，并有感觉过敏，流涎，上下颌“咯咯”作响。继而昏迷，角膜反射消失。有的病羊发生腹泻，排黑色或深绿色稀粪，常在3～4小时内静静地死去。临床有最急性型和急性型。

① 最急性型　为最常遇到的病型。病羊死亡很快。在个别情况下，出现疝痛症状，步态不稳，呼吸困难，有时磨牙，流涎，短时间后即倒在地上，痉挛而死。

② 急性型　病羊食欲消失，表现下痢，粪便有恶臭味，混有血液及黏液。意识不清，常呈昏迷状态，经过1～3天死亡。成年羊的病程可能延长，其表现为有时兴奋，有时沉郁，黏膜有黄疸或贫血。

【病理剖检】幼年羊的病变比较显著，成年羊则不一致。尸体迅速腐败，小肠黏膜充血或出血。幼羊心包腔内的液体较成年羊多。心内膜或心外膜出血，尤以心内膜更为多见。羔羊以心包液增多与心内膜下部溢血为特征性病变。肾脏充血，并呈进行性变软，甚至呈血色乳糜状，故有髓样肾病之称，成年羊的肾脏有时变软（称为软肾病），以病羊死亡6小时后最为明显。肝脏显著变性。脾脏常无眼观病变，部分羔羊发生严重肺水肿和大量的胸膜渗出液。

（2）防治措施

【预防措施】采取促进肠蠕动增强措施。保证充足运动场地和时间，控制精料饲喂量，不可过多采食青嫩牧草。发病时，增加粗饲料饲喂量，减少或停止精料饲喂，加强运动。在舍饲管理的后期用三联（快疫、猝疽、肠毒血症）菌苗或五联苗进行预防接种，每次5毫升，肌内注射，共接种2次，间隔为16～20天，免疫期为

6 个月。羔羊从 5 周龄开始接种疫苗。按照 22 毫克/千克剂量在饲料中添加金霉素以预防肠毒血症。

【治疗措施】急性发病者，药物治疗通常无效。病程慢者，可用抗生素或磺胺药，结合强心剂、镇静剂对症治疗。如 12%复方磺胺嘧啶注射液 8 毫升，一次肌内注射，每天 2 次，连用 5 天，首量加倍。

11. 羊快疫

羊快疫是腐败梭菌引起的羊急性传染病，以真胃出血性炎症为特征。羊快疫和羊猝疽可混合感染，其特征是发病突然，病程极短，几乎看不到临诊症状即死亡，胃肠道呈出血性、溃疡性炎症变化，肠内容物混有气泡，肝肿大质脆且色多变淡，常伴有腹膜炎。羊快疫单发者居多。

（1）诊断

【临床症状】突然发病，病羊往往来不及出现临床症状，就突然死亡。有的病羊离群独处，卧地，不愿走动，强迫行走时表现虚弱和运动失调。腹部膨胀，有疝痛临床症状。体温表现不一，有的正常，有的升高至 41.5℃左右。病羊最后极度衰竭、昏迷，通常在数小时至 1 天内死亡，极少数病例可达 2～3 天，罕有痊愈者。羊快疫及羊猝疽常混合感染，临床有最急性型和急性型。

① 最急性型　一般见于流行初期。病羊突然停止采食，精神不振。四肢分开，弓腰，头向上。行走时后躯摇摆。喜伏卧，头颈向后弯曲。磨牙，不安，有腹痛表现。眼畏光流泪，结膜潮红，呼吸迫促。从口鼻流出泡沫，有时带有血色。随后呼吸愈加困难，痉挛倒地，四肢作游泳状，迅速死亡。从出现症状到死亡通常为 2～6 小时。

② 急性型　一般见于流行后期。病羊食欲减退，步态不稳，排粪困难，有里急后重表现。喜卧地，牙关紧闭，易惊厥。粪团变大，色黑而软，其中混有黏稠的炎症产物或脱落的黏膜，或排油黑色或深绿色的稀粪，有时带有血丝。一般体温不升高。从出现症状到死亡通常为 1 天左右，也有少数病例延长到数天的。发病率

6%～25%，个别羊群高达97%。发病羊几乎100%归于死亡。

【病理剖检】主要呈现真胃出血性炎症变化。黏膜（尤以胃底部及幽门附近的黏膜）有大小不等的出血斑块，表面发生坏死，出血坏死区低于周围的正常黏膜，黏膜下组织常水肿。胸腔、腹腔、心包有大量积液，暴露于空气中易于凝固。心内膜下（特别是左心室）和心外膜下有多数点状出血。肠道和肺脏的浆膜下也可见到出血；胆囊多肿胀。

混合感染羊快疫和羊猝疽死亡羊，营养多在中等以上。尸体迅速腐败，腹围迅速胀大，可视黏膜充血，血液凝固不良，口鼻等处常见有白色或血色泡沫。最急性的病例，大多数病例出现腹水，带血色。胃黏膜皱襞水肿，增厚数倍，黏膜上有紫红斑、溃疡，十二指肠充血、出血。小肠黏膜水肿、充血，尤以前段黏膜为甚，黏膜面常附有糠皮样坏死物，肠壁增厚，结肠和直肠有条状溃疡，并有条状、点状出血斑点，肝脏多呈水煮色，混浊，肿大，质脆，被膜下常见有大小不一的出血斑，胆囊胀大，胆汁浓稠呈深绿色。肾脏在病程短促或死后不久的病例，多无肉眼可见变化，病程稍长或死后时间较久的，可见有软化现象，肾盂常储积白色尿液。脾多正常，少数瘀血。膀胱积尿，量多少不等，呈乳白色。

部分病例胸腔有淡红色浑浊液体，心包内充满透明或血染液体，心脏扩大，心外膜有出血斑点。肺呈深红色或紫红色，气管内常有血色泡沫。全身淋巴结水肿，颌下、肩前淋巴结充血、出血及浆液浸润。肌肉出血，肌肉结缔组织积聚血样液体和气泡。

（2）防治措施

【预防措施】发生本病时，将病羊隔离，对病程较长的病例实行对症治疗，宜抗菌消炎、输液、强心，应将所有未发病羊只转移到高燥地区放牧，加强饲养管理，防止受寒感冒，避免羊只采食冰冻饲料，早晨出牧不要太早。

用菌苗进行紧急接种。在本病常发地区，每年可定期注射1～2次羊快疫、猝疽二联菌苗或快疫、猝疽、肠毒血症三联苗。对怀孕母羊在产前进行2次免疫，第1次在产前1～1.5个月，第2次

在产前15～30天，但在发病季节，羔羊也应接种菌苗。

【治疗措施】12%复方磺胺嘧啶注射液，用量为8毫升，一次肌内注射，每天2次，连用5天。10%安钠咖注射2～4毫升，维生素C注射液0.5～1克，地塞米松注射液2～5毫克，5%葡萄糖生理盐水200～400毫升。混匀，一次静脉注射，连用3～5天。

12. 山羊传染性胸膜肺炎

羊传染性胸膜肺炎又称羊支原体性肺炎，是由支原体所引起的一种高度接触性传染病，其临床特征为高热、咳嗽，胸和胸膜发生浆液性和纤维素性炎症，取急性和慢性经过，病死率很高。

（1）诊断

【临床症状】潜伏期短者5～6天，长者3～4周，平均18～20天。根据病程和临床症状，可分为最急性型、急性型和慢性型三种。

① 最急性型　病初体温增高，可达41～42℃，极度委顿，食欲废绝，呼吸急促而有痛苦的鸣叫，呼吸困难，咳嗽，并流浆液带血鼻液，肺部叩诊呈浊音或实音，听诊肺泡呼吸音减弱、消失或呈捻发音。12～36小时内，渗出液充满病肺并进入胸腔。病羊卧地不起，四肢直伸，呼吸极度困难，每次呼吸则全身颤动。黏膜高度充血，发绀。目光呆滞，呻吟哀鸣，不久窒息而亡。病程一般不超过4～5天，有的仅12～24小时。

② 急性型　最常见。病初体温升高，继之出现短而湿的咳嗽，伴有浆性鼻漏。4～5天后，咳嗽变干而痛苦，鼻液转为黏液、脓性并呈铁锈色，高热稽留不退，食欲锐减，呼吸困难和痛苦呻吟，眼睑肿胀，流泪，眼有黏液、脓性分泌物。口半开张，流泡沫状唾液。头颈伸直，腰背拱起，腹肋紧缩，最后病羊倒卧，极度衰弱委顿，有的发生臌胀和腹泻，甚至口腔中发生溃疡，唇、乳房等部皮肤发疹，濒死前体温降至常温以下，病期多为7～10天，有的可达1个月。幸而不死的转为慢性。孕羊大批（70%～80%）发生流产。

③ 慢性型　多由急性转变而来。全身症状轻微，体温降至

40℃左右，病程发展缓慢，病羊间有咳嗽和腹泻，鼻涕时有时无，病羊消瘦、身体衰弱，被毛粗乱无光。在此期间，如饲养管理不良，与急性病例接触或机体抵抗力由于种种原因而降低时，很容易复发或出现并发症而迅速死亡。

【病理剖检变化】羊传染性胸膜肺炎多局限于胸部。胸腔常有淡黄色液体，胸膜变厚而粗糙，上有黄白色纤维素层附着，直至胸膜与肋膜。间或两侧有纤维素性肺炎，肝变区凸出于肺表，颜色由红色至灰色不等，切面呈大理石样。心包发生粘连，心包积液，心肌松弛、变软。急性病例还可见肝、脾肿大，胆囊肿胀，肾肿大和膜下小点溢血。慢性病例，肺脏的肝变区结缔组织增生，形成深褐色、干燥、硬固、有包膜包裹的坏死块。肺膜和胸膜增厚更明显、肺与胸膜粘连更多见。

（2）防治措施

【预防措施】除加强饲养管理、做好卫生消毒工作外，关键问题是防止引入或迁入病羊和带菌羊。新引进羊只必须隔离检疫1个月以上，确认健康时方可混入大群。

免疫接种是预防本病的有效措施。用山羊传染性胸膜肺炎氢氧化铝苗预防，半岁以下山羊皮下或肌内注射3毫升，半岁以上注射5毫升，免疫期为1年。

【治疗措施】发病羊群应及时对全群进行逐头检查，对病羊、可疑病羊和假定健康羊分群隔离和治疗；对被污染的羊舍、场地、饲管用具和病羊的尸体、粪便等，应进行彻底消毒或无害化处理。

酒石酸泰乐菌素注射液2～10毫克/千克体重，皮下或肌内注射，每天2次，连用3天。

左氧氟沙星注射液2.5～5毫克/千克体重，5%葡萄糖注射液500毫升，地塞米松注射液4～10毫克，静脉注射，每天1次，连用3天。

病初使用足够剂量的土霉素、林可霉素、大观霉素、四环素或氟甲砜霉素（氟苯尼考）等有治疗效果。

二、寄生虫病的防治

1. 山羊肝片形吸虫病

山羊的片形吸虫病主要是由肝片吸虫和大片吸虫寄生于肝脏胆管中，引起急性或慢性肝炎和胆管炎，并伴发全身性中毒现象和营养障碍，其危害相当严重。

（1）诊断

【临床症状】急性型症状多发生于夏末秋初。急性型病羊，初期发热，衰弱，易疲劳，离群落后；叩诊肝区半浊音界扩大，压痛明显；很快出现贫血、黏膜苍白，红细胞及血红素显著降低，严重者多在几天内死亡。慢性型症状较多见于患羊耐过急性期或轻度感染后，在冬春转为慢性，病羊主要表现消瘦、贫血、食欲不振、异嗜、被毛粗乱无光泽且易脱落、步行缓慢；眼睑、颌下、胸前及腹下出现水肿，便秘与下痢交替发生，病情逐渐恶化，最终因极度衰竭而死亡。

【病理剖检】剖检时，病理变化主要呈现在肝脏。在大量感染、急性死亡的病例中，可见到急性肝炎和大出血后的贫血现象，肝肿大，肝包膜有纤维沉积，有暗红色虫道，虫道内有凝固的血液和少量幼虫；腹腔中有血红色的液体，有腹膜炎病变。慢性病例主要呈现慢性增生性肝炎，肝实质萎缩，退色，变硬，边缘钝圆；胆管肥厚、扩张呈绳索样突出于肝表面，胆管内膜粗糙，刀切时有沙沙声；胆管内有虫体和污浊稠厚的液体。病尸出现消瘦、贫血和水肿现象；胸腹腔及心包内蓄积有透明的液体。

（2）防治措施

【预防措施】在进行预防性驱虫时，驱虫的次数和时间必须与当地的具体情况及条件相结合。通常情况下，每年如进行 1 次驱虫，可在秋末冬初进行；如进行 2 次驱虫，另一次驱虫可在翌年春季进行。及时对畜舍内的粪便进行堆肥发酵，以便利用生物热杀死虫卵。尽可能避免在沼泽、低洼地区放牧，以免感染囊蚴。给羊的饮水最好用自来水、井水或流动的河水，保持水源清洁卫生。有条件的地区可采用轮牧方式，以减少感染机会。

肝片吸虫的中间宿主椎实螺生活在低洼阴湿地区，可结合水土改造，破坏椎实螺的生活条件。流行地区应用药物灭螺时，可选用1∶50000的硫酸铜溶液或25∶1000000的血防846对椎实螺进行浸杀或喷杀。

【治疗措施】

① 吡喹酮：羊按10～80毫克/千克体重的剂量，一次内服。

② 阿苯达唑：羊按10～20毫克/千克体重的剂量，一次内服。

③ 氯氰碘柳胺钠：羊按10毫克/千克体重的剂量，一次内服；也可按5毫克/千克体重的剂量皮下注射。

④ 三氯苯咪唑：又名肝蛭净，羊按10～15毫克/千克体重的剂量，一次内服。

⑤ 硫氯酚：用法为75～100毫克/千克体重的剂量，一次内服。但对童虫无效。用药后1天有时出现减食和下痢等反应，一般经3天左右可以恢复正常。

2. 山羊鼻蝇蛆病

羊鼻蝇蛆病又称羊狂蝇蛆病，是由羊狂蝇的幼虫寄生于羊的鼻腔及其附近的腔窦中引起的疾病。主要危害绵羊，对羊危害较轻。有的地方也称为“脑蛆”。

（1）诊断　根据症状、流行病学和尸体剖检，可作出诊断。羊患狂蝇蛆病时为了早期诊断，可用药液喷入鼻腔，收集鼻腔喷出物，发现幼虫后，可以确诊。

【临床症状】病羊表现的症状分为以下两个阶段。

成虫在侵袭羊群产幼虫时，羊只不安，互相拥挤，频频摇头、喷鼻，或以鼻孔抵于地面，或以头部埋于另一只羊的腹下或腿间严重扰乱羊的正常生活和采食，使羊生长发育不良且消瘦。

在幼虫附着的地方，形成小圆凹陷及小点出血。发炎初期，流出大量清鼻涕，以后由于细菌感染，变成稠鼻涕，有时混有血液。患羊因受刺激而磨牙。因分泌物黏附在鼻孔周围，加上外物附着形成痂皮，致使患羊呼吸困难，打喷嚏，用鼻端在地上摩擦。咳嗽，

常摔鼻子。结膜发炎，头下垂。有时个别幼虫深入颅腔，使脑膜发炎或受损，出现运动失调和痉挛等神经症状，严重的可造成极度衰竭而死亡。

（2）防治措施

① 依维菌素：按 0.2 毫克/千克体重的剂量，1% 皮下注射。或内服同等剂量的阿福丁粉、片剂，每周 1 次，连用 2 次。0.1% 滴鼻净滴鼻，每次 4～8 毫升，每天 3～4 次，连用 3 天。其治愈率达 95%以上。

② 3%来苏儿溶液：在羊鼻蝇幼虫尚未钻入鼻腔深处时，给鼻腔喷入，杀死幼虫。但需要大量劳力，广泛进行困难较大，不如口服或注射药物。

③ 拟菊酯类杀虫药（如溴氰菊酯）：加水稀释为 30～50 克/1000 升，喷淋。

3. 山羊螨虫病

山羊螨病是由疥螨科和痒螨科的螨类寄生于山羊的表皮内或体表所引起的慢性皮肤病，以接触感染、能引起患畜发生剧烈的痒感以及各种类型的皮肤炎为特征。疥螨主要寄生于羊表皮下，痒螨主要寄生于羊体表毛密集部位。羊螨病的危害较大，常可引起大面积发病，严重时可引起大批死亡。

（1）诊断

对有明显症状的螨病，根据发病季节、剧痒、患部位置及皮肤病变等作出初步诊断。但最后的确诊须在病羊的表皮内和体表分别找到疥螨和痒螨。

【临床症状】动物患螨病后，主要表现出奇痒的症状。病变部皮肤损伤、发炎、溃烂、感染化脓、结痂，并伴有局部皮肤增厚，被毛脱落。剧痒使患病动物终日啃咬、擦痒，严重影响采食和休息，患病动物日渐消瘦，有时继发感染，严重时可引起死亡。

疥螨病严重时口唇皮肤皲裂，采食困难，病变可波及全身，死亡率高。羊疥螨病主要发生于嘴唇四周、眼圈，鼻背和耳根部，可蔓延到腋下、腹下和四肢曲面等皮肤薄、被毛短而稀少的部位。

羊痒螨病主要发生在耳壳内面等被毛长而稠密处，在耳内生成黄色痂，将耳道堵塞，使羊变聋，食欲不振甚至死亡。

【病理剖检】疥螨引起的螨病，病变部皮肤先出现丘疹、水泡和脓疮，以后形成坚硬的灰白色橡皮样痂皮。痒螨引起的螨病，病变部皮肤先出现浅红色或浅黄色粟粒大或扁豆大的小结节以及充满液体的小水泡，继而出现鳞屑和脂肪样浅黄色的痂皮。

（2）防治措施

【预防措施】羊舍宽敞，干燥，透光，通风良好，不要使畜群过于密集。房舍应经常清扫，定期消毒（至少每 2 周 1 次），饲养管理用具亦应定期消毒；观察羊群中有无发痒、掉毛现象，及时挑出可疑患病动物，隔离饲养，迅速查明原因；引入种羊时需作螨病检查，隔离观察 15～20 天，确认无螨病后，喷洒杀螨药后混群；每年夏季剪毛后对羊只应进行药浴。

【治疗药物】伊维菌素或阿维菌素，用法同羊血矛线虫病；双甲脒，500 毫克/千克体重涂擦、喷淋或药浴；溴氰菊酯，按 500 毫克/千克体重，喷淋或药浴；二嗪农（螨净），250 毫克/千克体重喷淋或药浴。

4. 山羊脑多头蚴病（脑包虫病）

山羊脑多头蚴病是由多头绦虫的幼虫——脑多头蚴（俗称脑包虫）所引起的。多寄生在羊的大脑、肌肉、延脑、脊髓等处，是危害绵羊的严重寄生虫病，尤以 2 岁以下的绵羊易感。

（1）诊断　根据流行病学及临床症状可作出初步诊断。剖检病死羊，根据其脑部的特征性病理变化及查出多头蚴即可确诊。

【临床症状】有前期与后期的区别，前期症状一般表现为急性型，后期为慢性型；后期症状又因病原体寄生部位的不同且其体积增大程度的不同而异。

前期以羔羊的急性型最为明显，表现为体温升高，患畜作回旋、前冲或后退运动；有时沉郁，长期躺卧，脱离畜群。后期典型症状为“转圈运动”，故通常又将多头蚴病的后期症状称为“回旋病”。其转圈运动的方向与寄生部位是一致的，即头偏向病侧，并

且向病侧作转圈运动。多头蚴囊体越大，动物转圈越小。

【病理剖检】剖开病羊脑部时，在前期急性死亡的病羊见有脑膜炎及脑炎病变，还可能见到六钩蚴在脑膜中移动时留下的弯曲伤痕。在后期病程中剖检时可以找到一个或更多囊体，有的在大脑、小脑或脊髓表面，有时嵌入脑组织中。与病变或虫体接触的头骨，骨质变薄、松软，致使皮肤向表面隆起。在多头蚴寄生的部位常有脑的炎性变化。还可扩展到脑的另一半球，靠近多头蚴的脑组织，有时出现坏死，其附近血管发生外膜细胞增生；有的多头蚴死亡，萎缩变性并钙化。

（2）防治措施

【预防措施】防止牧羊犬吃到含脑多头蚴的牛、羊等动物的脑及脊髓。对牧羊犬进行定期驱虫。粪便应深埋、烧毁或利用堆积发酵等方法杀死其中的虫卵，避免虫卵污染环境。

【治疗措施】

① 吡喹酮：按100～150毫克/千克体重内服，连用3天为1个疗程。

② 阿苯达唑：按25～30毫克/千克体重拌料喂服或投服每天1次，连服5天。

③ 甲苯咪唑：按50毫克/千克体重拌料喂服，每天1次，连服2次。

三、其他疾病的防治

1. 前胃迟缓

前胃迟缓是消化机能障碍，甚至全身机能紊乱的一种疾病。多由于饲养不良，劳役过度，导致前胃神经兴奋性降低，肌肉收缩力减弱。

（1）诊断

【临床症状】初期饮欲减弱，反刍不足（低于40次），嗳气酸臭，口色淡白，舌苔黄白，常常磨牙，粪便迟滞，其中混有消化不全的饲料，往往被覆黏液。以后排恶臭稀粪，食欲废绝，反刍停止。有的表现时轻时重，病程较长的则逐渐形体消瘦、被毛粗乱、眼球凹陷、卧地不起、瘤胃按之松软等。

【诊断要点】临床症状食欲减退或废绝，反刍不规则。山羊瘤胃蠕动次数减少、音减弱，触诊不坚硬。先便秘后腹泻或两者交替发生。便秘时粪球小，色黑而干硬；拉稀时排出糊状粪便，散发腥臭味。后期精神沉郁，消瘦，鼻镜干燥、龟裂，食欲、反刍停止，全身衰竭，脱水、酸中毒、卧地不起，病情危重。

瘤胃液 pH 值下降至 5.5 或更低，少数升至 8.0 或更高（正常值为 6.5～7.0），瘤胃内纤毛虫减少甚至消失（正常值为每毫升 100 万个）。纤维素消化试验，可用系有锤的棉线悬于瘤胃液中进行厌气温浴，如果棉线被消化断离的时间超过 50 小时，证明消化不良，便可以确诊。

（2）防治措施

【预防措施】加强饲养管理，防止过食易于发酵的草料。初夏放牧时，应先喂部分干草再去放牧青草，禁止在雨天或在霜雪未化的地方放养。合理使役，及时治疗原发病。当有气胀消后，当日勿喂或少喂，待反刍正常，再恢复常量，要饮以温水。

【治疗药物】

① 5%葡萄糖氯化钠溶液 1000 毫升，5%碳酸氢钠 200 毫升，维生素 C 100 毫克，10%安钠咖 20 毫升，一次静脉注射；庆大霉素 80 万单位，肌内注射；维生素 B_1 100 毫克，脾俞穴注射。

② 10%葡萄糖 500 毫升，0.9%氯化钠 500 毫升，5%碳酸氢钠 20 毫升，维生素 C 60 毫克，10%安钠咖 10 毫升，静脉注射；庆大霉素 10 毫升肌内注射；维生素 B_1 10 毫升肌内注射。

2. 瘤胃积食

瘤胃积食又称急性瘤胃扩张、瘤胃食滞、瘤胃阻塞、急性消化不良。指瘤胃内积聚过量难以消化或膨胀的食物，并停滞于瘤胃内致使瘤胃壁扩张、瘤胃容积变大、食物消化障碍，从而导致瘤胃运动机能及消化功能紊乱的疾病。多发于寒冬或早春季节。

（1）诊断

【临床症状】病初，病畜精神不安，目光呆滞，食欲、反刍、嗳气减少甚至废绝。病畜不安，拱背站立，回顾腹部或后肢踢腹，间或不断起卧，腹围显著增大。触诊瘤胃，病畜表现敏感，内容物坚实或黏硬；叩诊呈浊音；听诊，瘤胃蠕动因减弱或消失。病初不断做排粪姿势，排出少量、干硬带有黏液的粪便，有的会排褐色恶臭的少量稀粪。尿少或无尿，鼻镜干燥，呼吸困难，结膜发绀。后期，因有毒物的出现，病畜呈现脱水及心力衰竭症状。

【病理剖检】可见各实质器官瘀血，其内含有气体和大量腐败内容物，胃黏膜潮红，有散在出血斑点；瓣胃叶片坏死。

（2）防治措施

【预防措施】应搞好饲料管理，做到养殖、饲喂有规律，防止家畜过食、偷食，避免大量纤维干硬饲料的供给。尽量放养，补充足够水分，尽量减少应激对动物的影响。

【治疗措施】症状轻微者，可禁食2～3天，内服酵母粉250～500克（神曲400克），有明显效果。

积食较严重者，可用硫酸钠（硫酸镁）100～200克，植物油200～300毫升，鱼石脂10克，酒精30毫升，温水适量，一次内服；严重积食时，可采用手术切开瘤胃，取出大量积食。

10%的氯化钠注射液100～300毫升，10%的安钠咖3～6毫升，混合一次静脉注射；也可用维生素B_1 20～30毫升一次肌内注射，每天2次，连用3天；或硫酸新斯的明2～5毫克，一次肌内注射。

对于有脱水、自体中毒的病例，可用5%的葡萄糖生理盐水注射液1500～2000毫升，20%的安钠咖注射液10毫升，5%维生素C注射液20毫升，混合一次静脉注射。

若出现酸中毒时，可内服苏打30～50克，常水适量，或静脉注射碳酸氢钠注射液200～300毫升。若出现瘤胃胀气，可在左侧肷窝部进行穿刺放气。

对于需要泻下治疗者，可插入胃管，在外口装漏斗，缓缓倒入温水（35℃）2000～3000毫升，加泻药（蓖麻油、食用油）等300～500毫升，每天2次，一般2～4次痊愈。酒石酸锑钾8～10克，加大量水灌服。

3. 瘤胃臌气

本山羊过食易于发酵的大量饲草（如露水草、带霜水的青绿饲料、开花前的苜蓿、马铃薯叶以及已发酵或霉变的青贮饲料等引起。也有的是由于误食毒草或过食大量不易消化的豌豆、油渣等），这些饲料在胃内迅速发酵，产生大量气体，引起急剧膨胀，引起前胃神经反应性降低，收缩力减弱。

（1）诊断

【临床症状】急性瘤胃臌胀，通常在采食不久后突然发病。腹部迅速膨大，左肷窝明显突起，严重者高过背中线。呼吸急促甚至头颈伸展，张口呼吸，呼吸数增至60次/分钟以上；反刍和嗳气停止，食欲废绝，回顾腹部。叩诊呈鼓音；瘤胃蠕动音初期增强，常伴发金属音，后减弱或消失。心悸、脉率增快，可达100次/分钟以上。疾病后期，羊出现心力衰竭，血液循环障碍，静脉怒张，呼吸困难，黏膜发绀；站立不稳，步态蹒跚甚至突然倒地，痉挛、抽搐，最终因窒息和心脏停搏而死亡。

慢性瘤胃臌胀，多为继发性瘤胃臌胀。瘤胃稍显膨胀，时而消长，常为间歇性反复发作，极易复发。

【诊断要点】患畜有采食大量易发酵饲料病史。腹部膨胀、左肷部上方凸出，触诊紧张而有弹性，不留指压痕，叩诊呈鼓音。瘤胃蠕动先强后弱，最后消失。体温正常，呼吸困难，血循环障碍。瘤胃腹囊黏膜有出血斑，角化上皮脱落。头颈部淋巴结、心外膜、颈部气管充血和出血；肺脏、浆膜下充血，肝脏和脾脏呈贫血状。有的瘤胃或膈肌破裂。

（2）防治措施

【预防措施】本病的预防要着重搞好饲养管理，如限制放牧时间及采食量；管理好畜群，不让牛、羊进入到苕子地，苜蓿地暴食

幼嫩多汁豆科植物；不到雨后或有露水、下霜的草地上放牧。舍饲育肥羊，应该在全价日粮中至少含有10%～15%的铡短的粗料(最好是禾谷类稿秆或青干草)。

【治疗措施】排气减压，制止发酵，恢复瘤胃的正常生理功能。

臌气严重的病羊要用套管针进行瘤胃放气。臌气不严重的用消气灵10毫升，液体石蜡油150毫升，加水300毫升，灌服。

将鱼石脂20～30克，福尔马林10～15毫升，1%克辽林20～30毫升，加水配为1%～2%溶液，内服。并向羊舌部涂布食盐、黄酱；静脉注射10%氯化钠500毫升，内加10%安钠加4～8毫升。

对妊娠后期或分娩后高产病羊，可1次静脉注射10%葡萄糖酸钙50～150毫升。

4. 感冒

感冒又称鼻卡他，即伤风，是上呼吸道及附近窦腔发生炎症，绵羊和乳用仔山羊最易发生此病。本病是一种轻微的呼吸道疾病，但粗心大意、不及时救治就可能引起喉头、气管及肺的严重并发症。

(1) 诊断

【发病原因】由于受凉，尤其在天气湿冷和气候发生急剧变化时，最易发病。羊在剪毛或药浴以后，常因受凉而在短时间内发病。如果羊患有其他呼吸道疾病，比如喉炎、气管炎、肺炎等，也会有相似临床症状。山林中的烟、饲料及饲槽的灰尘、热空气、霉菌、孤尾草等，均可发生刺激而引起感冒。奶用幼山羊的感冒常在天热时呈流行性出现，主要是由于热空气的刺激，尤其羊舍拥挤，易发生本病。患羊鼻蝇蛆病时，常会显出鼻卡他的症状。发生于长距离运输之后。当羊群进行远距离运输时，会出现较强的应激反应，导致自身机体抵抗能力下降，进而引发此病。在冬春季节，气候突然改变，或在放牧过程中被雨水突然淋湿，均可导致羊感冒。

【临床症状】最明显的症状是鼻孔分泌物，开始时呈透明的清液，以后变为黄色黏稠的鼻涕；病羊精神不振，食欲减退；常打喷嚏、擦鼻、摇头、鼻镜发干、眼结膜充血、畏光流泪、反刍停止、发鼻呼吸音，体温稍有升高。鼻黏膜潮红肿胀，呼吸困难，常有咳嗽。一般都有结膜炎并发。耳尖、鼻端发凉，肌肉震颤，口舌青白，舌有薄苔，舌质变红，呼吸加快，脉搏细数。听诊肺区肺泡呼吸音增强，时有罗音，鼻腔检查时鼻黏膜充血、肿胀，鼻部敏感。通常为急性过程，病程7～10天，如果变为慢性。病期会大为延长。

（2）防治

【预防措施】将病羊隔离，保持圈舍温暖，避免贼风吹袭，给予清洁饮水和饲料，喂以青苜蓿或其他青饲。如果认真护理，可以避免继发喉炎及肺炎。

【治疗措施】肌内注射复方氨基比林5～10毫升或30%安乃近5～10毫升，也可使用复方奎林、百尔定以及穿心莲、柴胡、鱼腥草注射液等药剂；同时结合使用抗生素，如复方氨基比林10毫升、青霉素160万国际单位、硫酸链霉素500毫克，加生理盐水10毫升，肌内注射，每天2次。

病情严重者可静脉注射青霉素320万国际单位，同时配以皮质激素类药物如地塞米松等治疗。内服感冒通，每次2片，每天3次。

先用1%～2%明矾水冲洗鼻腔，然后滴入滴鼻净或滴鼻液：1%麻黄素10毫升、青霉素20万国际单位、0.25%普鲁卡因40毫升；便秘时，可用硫酸钠80～120克，加水1500毫升，1次灌服。

5. 支气管炎

支气管炎是支气管黏膜表层或深层的炎症，典型临床症状为咳嗽、流鼻涕、不定型和听诊肺部有罗音。在春秋气候多变季节容易发生此病，按病程可分为急性支气管炎和慢性支气管炎。

（1）诊断

【发病原因】受寒感冒时容易发生急性支气管炎，如由早春晚秋气候多变，昼夜温差大，淋雨，剪毛和药浴等引起的感冒。一些刺激性气体或异物也可导致发生支气管炎，如长期在充满尘埃的环境中放牧，霉菌孢子，空气中的氨气、浓烟、毒气等。羊支气管炎

也可继发于其他疾病，如流感、口蹄疫、羊痘、肺丝虫病等，亦因投药不当而使食物或药物进入气管，刺激支气管黏膜而发生炎症。

慢性支气管炎多由急性支气管炎转化而来，常常是由于延误了急性支气管炎的治疗而变成慢性的，也可由心脏瓣膜病、肺结核、肺蠕虫病、肺气肿、肾炎等继发。

【临床症状】

① 急性支气管炎　主要症状是咳嗽。肺部听诊，可听见肺泡呼吸音增强，并伴有干罗音和湿罗音出现，通过用手轻捏病羊气管，可出现声音高亢的连续性咳嗽。全身症状较轻，体温一般正常，有时有轻度的升高，X线检查肺纹理增粗。病初支气管黏膜充血肿胀，没有炎性渗出物，表现为短促、疼痛的干咳，之后逐渐转为湿咳，疼痛减轻。鼻腔流出大量的鼻涕，开始出现时为清亮透明的，到后来变为黏液性的或化脓性的。随着病症的加剧，炎症发展到细支气管，此时全身症状加重，体温很快升高，呼吸频率加快，甚至出现极度呼吸困难，可视黏膜呈青紫色，肺部听诊时，可听到干罗音、捻发音和小水泡音。

② 慢性支气管炎　主要呈持久性咳嗽。咳嗽时间可长达几个月，甚至几年，常在气温剧变、活动、进食、夜间、早晚气温较低时出现剧烈的咳嗽。肺部叩诊时早期没有异常现象，如继发肺气肿时叩诊会出现清音和肺缘后移，听诊有罗音。全身症状在早期病程中不明显，体温也正常，后期由于支气管间结缔组织增生，支气管腔变狭窄而出现呼吸困难，可视黏膜发绀。长此下去，病羊食欲不振，疾病消耗，逐渐消瘦，发生贫血，甚至极度衰竭死亡。

（2）防治

【预防措施】加强饲养管理用营养丰富和易于消化的饲料饲喂病羊，给予清洁的饮水，圈舍在冬天要做好防寒工作，经常清洁，防止贼风侵袭以避免受寒感冒。

【治疗措施】灌服氯化铵1～2克，酒石酸锑钾0.2～0.5克，碳酸铵2～3克，也可肌内注射3%盐酸麻黄素1～2毫升；口服氨茶碱0.8～1.2克，每天3次，连用3天；选用10%磺胺嘧啶10～

20毫升肌内注射，也可内服磺胺嘧啶，剂量为0.1克/千克，每天3次；肌内注射青霉素20万～40万国际单位加链霉素0.5克，每天3次。

慢性支气管炎常用治疗处方：异丙嗪0.1克，人工盐20克，复方甘草合剂10克，一次灌服，每天1次，连用1～2次。

6. 肺炎

肺炎是由多种致病因素引起的肺实质炎症，这些原发致病因素包括细菌、病毒、寄生虫、吸入性异物等，也可由上呼吸道疾病蔓延而来。各种羊均可患此病，其中以绵羊发病引起的损失较大，尤其是羔羊较为多发。

（1）诊断

【发病原因】诱发山羊肺炎的原因很多，如圈舍潮湿、闷热，天气突变，寒流侵袭，通风不良并有贼风侵袭等均可导致感冒，如护理不当，救治不愈，即可发展为肺炎。感染巴氏杆菌、链球菌、化脓放线菌、坏死杆菌、绿脓杆菌、葡萄球菌、肺丝虫等；吞咽障碍如口炎、咽炎、食道阻塞等造成食物、唾液误入呼吸道而引起本病；也可继发于口蹄疫、放线杆菌病、羊子宫炎、乳腺炎等可继发此病，此外还有羊鼻蝇、肋骨骨折、创伤性心包炎等也可继发次病。

【临床症状】

① 小叶性肺炎　疾病初期，表现为急性支气管炎症状，即干、短的疼痛性咳嗽，之后逐渐变为湿、长的咳嗽，疼痛有所减轻。体温升高明显，呈弛张热型，脉搏随体温升高而加快，呼吸频率增加，排出少量清亮的、黏稠或化脓性鼻液，可视黏膜发绀或潮红。听诊表现为肺泡呼吸音减弱或消失，出现捻发音和支气管呼吸音，并可听到干、湿罗音，健康肺组织肺泡呼吸音增强。

② 大叶性肺炎　临床上呈持续性高热，体温可高达40～41℃以上，并持续不下，即稽留热，几天后减退或消失。脉搏加快，呼吸急促，鼻孔开张，呼出气体温度较高，病羊久站不卧，呻吟不断，磨牙。可视黏膜潮红或发绀。典型特征是病羊鼻孔流出铁锈色

或黄红色的鼻液。肺部听诊表现为，疾病初期肺泡呼吸音增强，出现干罗音，之后可听到湿罗音或捻发音，肺泡呼吸音减弱。有时听不到肺泡呼吸音，是由于肺泡内充满了炎性渗出物。如果肺组织肝变，会出现支气管呼吸音，随后支气管呼吸音逐渐消失，出现湿罗音或捻发音，疾病痊愈后呼吸音恢复正常。

③ 异物性肺炎　异物进入气管和肺时，引起气体流通不畅，同时异物强烈刺激气管黏膜和肺组织，病羊表现为精神高度紧张，狂躁不安，咳嗽强烈，有时可见病羊的鼻孔因剧烈咳嗽而排出异物。同时病羊呼吸困难。当肺内异物过多时，病羊表现为呼吸极度困难，短时间内便死亡，同时可视黏膜发绀；异物进入较少时，可随病羊咳嗽排出，有时因异物本身带有病原菌，可引起肺脏发炎，甚至发生肺坏疽。

（2）防治措施

【预防措施】加强饲养管理对病羊进行确诊后，应及早将病羊关入清洁、温暖、通风良好、无贼风的羊圈内，保持安静，给予易消化的饲料和清洁的饮水。

【治疗措施】病情严重时，在肌内注射青霉素和链霉素的同时，再灌服或静脉注射磺胺类药物。四环素 500 毫克或卡拉霉素 1000 毫克肌内注射，每天 2 次，连用 3～4 天。

灌服氯化铵 2 克，1 天分 2～3 次灌完，还可用喷托维林、甘草合剂、杏仁水等灌服。在静脉注射氯化钙或葡萄糖酸钙液 10～20 毫升，可促进肺内炎性渗出物的吸收。

将病羊保持前低后高姿势，同时注射兴奋呼吸的药物如樟脑制剂或 2%盐酸毛果芸香碱，使气管分泌增强，促进异物的排出。当异物过多时可施行气管切开术，排出肺内异物，同时立即使用大剂量的青霉素、链霉素行肌内注射或气管注射。

根据病羊的不同病情，采用适当的疗法，如体温升高时可肌内注射 2 毫克的安乃近，每天 2～3 次；当呼吸极度困难时，可使用悠扬呼吸机，或者进行氧气腹腔注射，剂量按 100 毫升/千克，注射后可使病羊体温下降，改善病情。强心可使用樟脑油或樟脑水，若有便秘，可灌腹植物油等温和泻剂。

7. 日射病及热射病

日射病及热射病又称为中暑，是由于外界环境中的光、热、湿度等物理因素对动物体的侵害，导致体温调节功能发生障碍的病理表现，常见于夏季。

（1）诊断

【发病原因】

① 日射病　由于阳光直晒头部，引起大脑及脑膜充血和脑实质的急性病变，导致中枢神经系统机能严重障碍的现象。

② 热射病　在炎热季节（外界温度过高），潮湿闷热的环境（如羊舍内潮湿、闷热、拥挤、狭小，或车船运输时通风不良）中，产热多、散热少，体内积热引起脑充血和中枢神经系统机能障碍的疾病。

【临床症状】

① 日射病　病初精神沉郁，四肢无力，步态不稳，共济失调，突然倒地，神情恐惧，有时全身出汗。随着病情发展，出现心血管运动中枢、呼吸中枢、体温调节中枢功能紊乱，心力衰竭，呼吸急促，有的体温升高，有的突然全身麻痹，常常发生剧烈的痉挛或抽搐，迅速死亡。

② 热射病　体温急剧上升至40～42℃，皮温升高，全身出汗，羊群叠堆，惊恐不安。随着病情急剧恶化，心力衰竭，黏膜发绀，脉搏疾速而微弱，呼吸浅表、间歇、极度困难。濒死前，体温下降，静脉塌陷，昏迷不醒，陷于窒息和心脏停搏状态，导致死亡。

（2）防治措施

【预防措施】夏季做好羊舍防暑降温工作，不在炎热的阳光下放牧，午间在阴凉处或树荫下休息。保证充足的清洁凉水，让羊只自由饮用。如羊只出汗较多，可适当加点盐。保持羊舍通风凉爽，降低饲养密度，防止潮湿、闷热和拥挤。长途运输时，做好防暑和急救工作。

【治疗措施】本病多发病突然、病情重、经过急，应及时抢救，方可避免死亡。

① 将病羊移至阴凉通风处，冷敷头部或心区，或凉水灌肠，以促进机体散热。

② 对兴奋不安的羊只，可静脉注射静松灵 2 毫升，或静脉注射 25%硫酸镁 50 毫升。

③ 当病羊昏迷不醒时，可于颈静脉放血，放血量视病羊大小及身体状况而定。一般放血 80～100 毫升。放血后进行补液，静脉注射氯化钠注射液 500～1000 毫升。

④ 病羊心脏衰弱或严重水肿时，应静脉注射 10%安钠咖 4 毫升。

⑤ 为纠正酸中毒，可静脉注射 5%的碳酸氢钠注射液 50～100 毫升。

⑥ 藿香正气水 20 毫升，加凉水 500 毫升，灌服；有条件时，可用西瓜 3～5 千克，捣为泥，加白糖 250 克，混少量凉水，一次投服。

8. 腐蹄病

腐蹄病是指羊蹄间发生的一种主要表现为皮肤性炎症的疾病。潮湿多雨季节多发。

（1）诊断

【发病原因】炎热雨季，圈舍潮湿泥泞，易患腐蹄病。饲草中钙、磷不平衡，导致蹄部角质疏松，经粪尿、雨水浸泡后，局部组织软化，以及石子、玻璃碴、铁屑等刺伤蹄部致使发病。或因蹄冠和角质层的裂缝而感染病菌。

【临床症状】病羊最明显的症状是跛行。喜卧怕立，行走困难，食欲减退。蹄间常有溃疡面，上面覆盖着恶臭的坏死物，扩创后蹄底的小孔或大洞中有污黑臭水流出。严重者，蹄壳腐烂变形，卧地不起，甚至形成褥疮，引发败血症。慢性病例，临床症状不显著，在蹄间裂和蹄角质下形成许多小空洞，也可造成蹄变形。

（2）防治措施

【预防措施】注意饲喂适量矿物质，及时清除圈舍内的积粪尿、石子、玻璃碴和铁屑等，圈舍彻底消毒。圈门处放置10%硫酸铜溶液浸湿草袋进行蹄部消毒。

【治疗措施】首先进行隔离，保持环境干燥；除去患部坏死组织，待出现干净创面时，采用食醋、1%高锰酸钾、3%来苏儿或过氧化氢冲洗，再用10%硫酸铜或6%福尔马林进行浴蹄。若出现脓肿，应切开排脓后采用1%高锰酸钾溶液洗涤，撒以高锰酸钾粉或涂擦福尔马林。可用磺胺类或一些抗生素软膏等。深部组织感染并有全身症状时，要控制败血症的发生，应用广谱抗菌药物，如抗生素或磺胺类药物等。

9. 流产

流产是指母羊在怀孕期间，由于受到各种内、外界因素的影响，造成早期胚胎发生死亡而被吸收，或提前从产道排出的一种疾病。

（1）诊断

【发病原因】

① 传染性流产　多见于某些传染病和寄生虫病，如布鲁杆菌病、沙门菌病、弯杆菌病、毛滴虫病等。

② 非传染性流产　可见于胎产性疾病和内、外科疾病，如子宫畸形、胎盘坏死、胎膜炎、羊水增多症、肺炎、肾炎、有毒植物中毒、食盐中毒、农药中毒、外伤、蜂窝织炎、败血症等。

③ 营养性流产　主要由于营养代谢障碍引起，可见于母羊长期营养不良、消瘦，无机盐缺乏、微量元素不足或过剩、维生素A不足、维生素E不足、饲喂冰冻和霉变饲料等。

④ 机械损伤性流产　饲养密度过大、互相冲撞、斗架、踢伤、挤压以及公、母羊同圈饲养导致互相爬跨乱交配等原因可造大量流产。此外，冬季受寒、长途运输、用药不当，如大量使用子宫收缩药、泻药和某些驱虫药等，也可导致流产。

【临床症状】突然发生的流产，产前一般没有特殊症状。病情缓慢者，表现为精神不佳、食欲停止、腹痛起卧、努责、咩叫、阴户流出羊水，排出死胎或弱胎后稍为安静。若在同一羊

群中病因相同，则陆续出现流产，直至受害母羊流产完毕，方能稳定下来。

如果胎儿受损伤发生在怀孕初期，流产可能为隐性流产（胎儿被吸收，不排出体外）。如果发生在怀孕后期，因受损伤程度不同，胎儿多在受损伤后数小时至数天排出。若微生物进入子宫内，可引起胎儿的腐败分解，产生红褐色或黄褐色有臭味的液体，母羊出现全身症状，如精神不振、食欲减退、体温升高，病羊常努责，从阴道内排出少量红褐色液体，有的混有小骨片及腐败碎块。

（2）防治措施

【预防措施】加强怀孕母羊的饲养管理，给予质量高、数量足的饲料，严禁饲喂霉败、冰冻及有毒饲料。保持羊圈的清洁卫生，冬季注意怀孕母羊的防寒保暖。让孕羊适当运动，避免怀孕母羊相互挤压、跌倒和冲撞；对于传染性流产的预防，以定期检疫、预防接种、严格消毒为主；如果发生流产后，疑为传染病时，应取羊水、胎膜及流产胎儿的胃内容物进行检验，深埋流产物，消毒污染场所。

【治疗措施】对有先兆流产的母羊，采取制止阵缩及努责的措施，可注射镇静药物，如苯巴比妥、水合氯醛、黄体酮。如可用黄体酮注射液10～25毫升，肌内注射，连用3～5天。

对于子宫颈已经开放，胎囊已进入阴道或已破水，流产不可避免时，应尽快促使其排出，可肌内注射缩宫素、垂体后叶素（1～2毫升）。

胎儿死亡，子宫颈未开张时，应先肌内注射雌激素，如乙烯雌酚或苯甲酸雌二醇2～3毫克，使子宫颈开张，然后从产道拉出胎儿。当胎儿发生干尸化或腐败分解时，应促其排出，待雌激素作用使子宫颈松软开张后，用产科钳扩张子宫颈管，缓慢取出干尸胎儿或骨片，再用高锰酸钾溶液冲洗子宫，最后在子宫内加入抗生素或磺胺类药物消炎防腐。

10. 难产

难产是由于母体或胎儿异常所引起的胎儿不能顺利通过产道的分娩疾病。难产不仅能造成胎儿死亡，有时还影响母羊的生命。

（1）诊断

【发病原因】引起难产的原因有三种，即产力异常、产道异常和胎儿姿势异常。饲养失调、营养不良、运动不足、体质虚弱、老龄或患有全身性疾病，引起母羊努责无力和阵缩微弱；母羊发育不全，过早配种，骨盆和产道狭窄，或产道畸形，加之胎儿过大，无法顺利产出。胎儿姿势及胎位异常，常见的有胎儿头侧转、胎儿头俯状、胎儿头仰转、前肢或后肢关节屈曲，胎儿横位及胎儿畸形。此外，胎位不正，羊水破裂过早，也可能使胎儿不能产出，称为难产。

【临床症状】怀孕母羊发生阵痛，起卧不安，时常拱腰努责，回头望腹，阴门肿胀，从阴道流出红黄色浆液，有时露出部分胎衣，有时可见胎儿蹄或头，但胎儿长时间无法产下。

（2）防治措施

【治疗措施】为保证母子安全，对难产母羊需进行全面检查，并及时进行人工助产术，对种羊可考虑剖腹产术。

① 助产时间　当母羊阵缩超过4～5小时，而未见羊膜绒毛膜在阴门或阴门内破裂（山羊需0.5～4小时，双胎间隔0.5～1小时），母羊停止阵缩或阵缩无力时，需迅速进行人工助产，不可拖延时间，以防羔羊死亡。

② 助产准备

a. 术前检查：了解母羊是否到了预产期，开始分娩的时间，初产或经产，努责及阵缩情况，前置部分进入产道与否，胎膜是否破裂，有无羊水流出，是否进行过助产，检查全身状况，如体温、呼吸、心跳、精神状态。

b. 保定及消毒：一般使母羊侧卧，保持安静，必要时可注射强心剂或输液等。使其前躯低、后躯稍高，以便矫正胎位。对术者和助手的手臂、助产器械（如产科绳、产科钩、产科钳及一般手术器械）进行消毒；对母羊阴户外周，用1∶5000的新洁尔灭溶液进行清洗。

c. 产道检查：注意产道有无水肿、损伤、感染，产道表面干

燥和湿润状态。

d. 胎位、胎儿检查：术者将经消毒和涂上润滑油的手伸入阴道内检查胎儿姿势及胎位是否正常，判断胎儿死活。

③ 助产方法 对于阵缩及努责微弱的母羊，可皮下注射垂体后叶素、麦角碱注射液1～2毫升。麦角制剂只限于子宫颈完全开张，胎势、胎位及胎向正常时方可使用，否则易引起子宫破裂。

子宫颈口不开张时，可肌内注射雌二醇4毫升、地塞米松6毫升，2小时后再进行助产。如果子宫颈仍然扩张不全或闭锁，胎儿不能产出，或骨骼变形，致使骨盆腔狭窄，胎儿无法正常通过产道，此时，可进行剖腹产急救胎儿，保护母羊安全。

11. 胎衣不下

胎衣不下是指孕羊分娩后4～6小时，胎衣仍未完全排出的疾病。该病常引起子宫内膜炎而导致不孕，造成种肉羊的繁殖障碍。

（1）诊断

【发病原因】该病主要是由于母羊妊娠后期缺乏运动，饲料单一，缺乏矿物质、维生素和微量元素，饮饲失调，体质虚弱等引起；母羊过肥或瘦弱，胎儿过大，难产和错误助产引起子宫收缩弛缓，子宫收缩力不足，也可造成胎衣不下；此外，子宫内膜炎、布氏杆菌病等也可致病。有报道，羊缺硒也可致胎衣不下。

【临床症状】病羊常表现拱腰努责，食欲减少或废绝，精神委顿，喜卧地。体温升高，呼吸及脉搏增快。胎衣久久滞留不下，可发生腐败，从阴户中流出污红色腐败恶臭的恶露，其中杂有灰白色腐败的胎衣碎片或脉管。当全部胎衣不下时，部分胎衣从阴户中垂露于后肢跗关节部。

（2）防治措施

【预防措施】加强妊娠母羊的饲养管理，饲喂矿物质和维生素丰富的优质饲料，但同时要防止孕羊过肥。产前5天内不宜过多饲喂精料，增加光照，舍饲羊适当增加运动，搞好羊圈和产房的卫生和消毒，分娩时产房保持安静，分娩后让母羊舔舐羔羊身上的羊水，尽早让羔羊吮乳或人工挤奶。避免给分娩后的母羊饮冷水。积极做好布鲁氏杆菌病的防治工作。为了预防本病，还可用亚硒酸钠维生素E注射液，妊娠期肌内注射3次，每次0.5毫升。

【治疗措施】病羊分娩后24小时胎衣仍未排出，可选用以下方法。

① 促进子宫收缩：垂体后叶素注射液或催产素注射液0.8～1.0毫升，一次肌内注射。也可选用马来酸麦角新碱0.5毫克，一次肌内注射。

② 促进胎儿胎盘与母体胎盘的分离：向子宫内灌注5%～10%盐水300毫升。

③ 预防胎衣腐败及子宫感染：在子宫黏膜与胎衣之间放入金霉素胶囊50毫克，每天或隔天1次，连用2～3次，以使子宫颈开放，排出腐败物。当体温升高时，宜用抗生素注射。

④ 手术剥离：应用药物方法已达48～72小时而不奏效者，应立即采用手术剥离法，剥离后向宫内灌注抗生素或防腐消毒的药液，如土霉素1克，溶于100毫升生理盐水中，注入子宫腔内，或注入0.2%普鲁卡因溶液20～30毫升，加入青霉素40万单位。

⑤ 自然剥离法：不借助手术剥离，辅以防腐消毒药或抗生素，让胎膜自溶排出，达到自行剥离的目的。可于子宫内投入土霉素胶囊（每只含0.5克土霉素），效果较好。

12. 生产瘫痪

生产瘫痪又称乳热症，是产后母羊突然发生的一种急性低血钙症，其特征是羊分娩后四肢瘫痪，站立不起，咽、舌、肠道麻痹。多发生于3～6岁的高产、营养良好的羊。

（1）诊断

【发病原因】母羊分娩前后，大量血钙进入初乳，引起血钙浓度急剧下降；妊娠后半期由于胎儿发育的消耗和骨骼吸收能力的增强，使母体骨骼中储存的钙量大为减少。分娩过程中，大脑皮层由过度兴奋转为抑制状态，分娩后腹压突然降低，腹腔器官被动性充血，同时血液大量进入乳房，引起暂时性的脑部充血，导致大脑皮层抑制程度加深，从而使甲状旁腺功能减退，以致无法维持体内钙

的平衡。分娩前后母羊肠道消化机能减弱，致使钙的吸收率降低。舍饲羊若精饲料中钙量不足，运输、日粮变更、饥饿及饮水不足等应激可诱发该病。

【临床症状】病羊虚弱，精神高度沉郁，体温偏低，食欲减少，反刍停止。四肢凉感，头歪向一侧，四肢瘫痪，卧地无法站立。对各种刺激反应迟钝，呈昏迷状，人工扶起羊体后，羊四肢不能支持站立而又卧地。血检钙含量在 6 毫克/100 毫升以下，正常值为 8 毫克/100 毫升。临床上以产后 24 小时发病的最多，且病情发展快而严重，如不及时抢救常引起死亡。

（2）防治措施

【预防措施】怀孕期间加强饲养管理，产前两周减少含钙多及高蛋白的饲料，每天保持足够的运动，增加阳光照射；分娩后立即给母羊饮温盐水和补充钙质饲料，促使降低的血压迅速恢复正常。避免应激，不要突然改变日粮，也不要轻易转运妊娠母羊。

【治疗措施】以尽快提高血液中钙离子的浓度，减少钙的流失为主，辅以对症治疗。

① 静脉注射 5%氯化钙、10%葡萄糖酸钙或 40%硼葡萄糖酸钙，配合强心、补液、缓泻等。

② 乳房送风法：以抑制泌乳，减少血钙流失。具体方法为乳房消毒后，用通乳针依次向每个乳头管内注入青霉素 40 万单位、链霉素 50 万单位（用生理盐水溶解）。然后再用乳房送风器或 100 毫升注射器依次向每个乳头管注入空气，注入空气的适宜量，以乳房皮肤紧张、乳腺基部的边缘清楚并且变厚、轻叩呈现鼓音为标准。送完气后，用纱布将乳头轻轻束住，防止空气逸出。待病羊站起后，经过 1 小时，将纱布解除。

13. 乳腺炎

乳腺炎是由于病原微生物感染引起的乳腺、乳池和乳头局部的炎症。多见于泌乳期的山羊。

（1）诊断

【发病原因】病因较为复杂，其中以机械损伤和细菌感染较为重要，病菌通过乳导管、乳头损伤或血管侵入而引起。多见于挤乳技术不熟练，损伤乳头、乳腺；挤乳工具不卫生；乳房、乳头消毒不严、卫生不良；羔羊吃乳咬伤乳头等，使乳房受到细菌感染所致，病菌主要有葡萄球菌、链球菌和肠道杆菌等。另外，结核病、口蹄疫、子宫炎、羊痘、脓毒败血症等疾病也可导致乳腺炎的发生。

【临床症状】

① 急性乳腺炎：乳房局部红、肿、热、痛、硬结，泌乳量明显减少，乳汁性状发生改变，其中混有血液、脓汁或絮状物等，呈现褐色或淡红色。挤乳或羔羊吃乳时，母羊抗拒、躲闪。随着炎症延续，病羊体温升高，可达 41℃，食欲减退或废绝，瘤胃蠕动和反刍停止，严重的还会导致败血症而死亡。

② 慢性乳腺炎：多因急性未彻底治愈而引发，病程延长。通常无明显的全身症状，病变乳房组织弹性降低，局部萎缩变硬，触诊乳房时，发现大小不等的硬块；乳汁稀薄、清淡，泌乳量显著下降，乳汁中带颗粒状或絮状凝乳块。

③ 化脓性乳腺炎：乳腺可形成脓腔，使腔体与乳腺管相通，若穿透皮肤可形成瘘管。山羊可患坏疽性乳腺炎，为地方流行性急性炎症。该病多发生于产羔后 4～6 周。结核病时乳腺组织中或其他内脏器官可形成结核结节和干酪样坏死。

（2）防治措施

【预防措施】保持羊圈清洁卫生，使乳房经常保持清洁，定期消毒棚圈，发现病羊隔离饲养，单独挤乳，防止病菌扩散；保持乳房清洁，每次挤奶前采用洁净温水清洗乳房和乳头，再用毛巾擦干，挤完奶后，采用 0.2%～0.3%氯胺丁溶液或 0.05%新洁尔灭浸泡或擦拭乳头；防止机械性或负压过大引起乳头管黏膜及皮肤损伤；干乳期可将抗生素注入每个乳头管内；加强饲养管理，对于枯草季节，适当补喂草料、青贮料；分娩前如果乳房过度肿胀，应减少精料和多汁饲料。

【治疗措施】

① 乳房内注入药液：乳池内注入抗生素，是治疗乳腺炎的常

用方法，常用的药物有青霉素、链霉素、四环素等。操作时先将患区乳房乳汁挤净，局部消毒，将消毒过的乳导管轻轻插入乳头内，向乳头内注入抗生素（如青霉素40万单位，0.5%普鲁卡因5毫升；或普链新霉素：含普鲁卡因青霉素G 30万单位、硫酸双氢链霉素100毫克、硫酸新霉素100毫克，每支10毫升），轻柔乳房腺体，使药液分布于乳腺中，或应用青霉素普鲁卡因溶液进行乳房基部封闭，也可应用磺胺类药物。

② 促进炎性渗出物吸收和消散：炎症初期需要冷敷，2～3天后可施行热敷。采用10%硫酸镁水溶液1000毫升，加热至45℃，每天外洗热敷1～2次，连用4次。涂擦樟脑软膏或用常醋调制复方醋酸铝散等药物，以促进炎性渗出物吸收，消散炎症。

③ 脓性乳腺炎及开口于乳池深部的脓肿：可向乳房脓腔内注入0.02%呋喃西林溶液，或用0.1%～0.25%雷佛奴尔溶液。采用3%过氧化氢溶液或0.1%高锰酸钾溶液冲洗消毒脓腔，引流排脓。必要时应用四环素族药物静脉注射，以消炎和增强机体抗病能力。

④ 对有全身症状的病羊要肌内注射青霉素、链霉素针剂或口服磺胺类药物进行全身治疗。

14. 骨软病

骨质软化病是成年羊的一种慢性无热性疾病，由于体内钙、磷代谢紊乱而发生，以全身性矿物质代谢紊乱和进行性脱钙，骨骼软化变形，疏松易碎为特征。主要见于母山羊，绵羊发生较少。

（1）诊断

【发病原因】饲料中钙、磷量供给不足、饲料中的钙、磷比例不当、怀孕及产后钙需要量增加、维生素D不足、甲状旁腺机能亢进等均会引起山羊骨软病的发生。

【临床症状】初期为精神不好，食欲减退，味觉异常。病羊躺卧，喜欢啃吃石、砖、黏土、水泥、被煤烟所污染的或腐朽的木器，以及墙壁的涂抹物，后喜食带有恶臭气味的物体，最后只吃垫草和饮用粪汁和尿。

中期表现为不愿起立，当被驱赶而起立时，弯背站立，四肢叉开，勉强能走，微小的肌肉运动都会伴有呻吟声。行走和起立时可听到关节中发出响声。压其背骨、关节和脊柱时，非常敏感，叩诊时有疼痛感。泌乳减少或完全停止，妊娠母羊发生流产。

末期为骨的进行性软化。如面骨与颅骨的剧烈膨大（骨质疏松），脊柱与骨盆骨软化，而四肢病变较轻，病羊稍能运动；运动剧烈紊乱，顽固地卧地不起，臀部呈麻痹状态，拒食，有强直性痉挛，应激性增高。

【病理剖检】骨骼表面粗糙，呈齿形、骨质疏松，间隙扩大多孔，呈海绵状，易折断，多发生在肋骨、肱骨、股骨、盆骨等部位。

（2）防治措施

【预防措施】根据羊的不同生理阶段对矿物质营养的需要，及时调整日粮中的钙、磷比例及维生素 D 的含量是预防本病的关键。在怀孕和泌乳期间更应该引起足够的重视。

【治疗措施】饲喂富含钙磷的饲料，如三叶草、豆科干草与稿秆，以及燕麦、油饼和青饲料。喂给食盐、纯钙与磷的制剂或带有鱼肝油的制剂，入骨粉与蛋壳。

为了减轻异嗜癖，可以适量喂给碱剂（小苏打）。对于泌乳的羊，可以少量挤奶或停止挤奶，限制精料给量，并给予中等剂量的泻剂。

用石英灯紫外线治疗可获得良好效果，每次照射时间为 15～30 分钟，距离光源 1 米。对较重的病例，除补饲骨粉外，配给静脉注射钙磷制剂，如 30％次磷酸钙注射液 20 毫升，每天 1 次，连用 3～5 天。同时注射维生素 D_2，每次 1～2 毫升，隔 1～2 天 1 次，连续多次。

15. 霉变饲料中毒

霉变饲料中毒是潮湿季节易发生的中毒性疾病之一，由于羊采食了发霉变质的饲料引起，主要临床症状依饲料的霉变程度与采食的多少和采食时间的长短而有所不同。轻者出现胃肠炎、拉稀，怀孕母羊流产，重者出现神经症状甚至死亡。

（1）诊断

【发病原因】霉变饲料引起的山羊中毒，主要有黑斑病甘薯中

毒、赤霉菌毒素中毒、霉稻草中毒、霉麦芽中毒、黄曲霉毒素中毒等，其中以饲料中黄曲霉毒素引起中毒最常见。霉菌毒素的产生多因饲料的储存不当受潮所引起。

【临床症状】

① 急性中毒：食欲废绝，精神沉郁，弓背，惊厥，磨牙，转圈运动，站立不稳，易摔倒；黏膜黄染，患结膜炎甚至失明，对光有过敏反应；颌下水肿；腹泻呈里急后重，脱肛，虚脱；约 48 小时内死亡。

② 慢性中毒：羔羊表现为食欲不振，生长发育缓慢，惊恐转圈或无目的地徘徊，腹泻，消瘦。成年羊表现为前胃弛缓，精神沉郁，采食量减少，产奶量下降，黄疸。妊娠期母山羊会出现流产，排足月的死胎或早产。因奶中含有霉菌毒素，故可使哺乳羔羊中毒。由于毒素抑制淋巴细胞的活性，损伤免疫系统，致使机体的抵抗力下降，易引起继发症的发生。

【病理剖检】急性中毒时，剖检可见黄疸，皮下、骨骼肌、淋巴结、心内外膜、食道、胃肠浆膜出血；肝棕黄色，质坚实如橡胶。慢性中毒时，剖检症状除肝黄染、硬变外，无其他明显异常的变化。镜检可见静脉阻塞，肝细胞颗粒变性和脂肪变性，结缔组织和胆管增生；血管周围水肿，纤维母细胞浸润，淋巴管扩张。

（2）防治措施

【预防措施】防止饲料发霉变质、不喂霉变饲料是预防本病的关键。饲料储藏室要保持通风干燥，对被霉菌污染的仓库应熏蒸消毒（每立方米用福尔马林 40 毫升，高锰酸钾 20 克，水 20 毫升，密闭熏蒸 24 小时）。对被霉菌污染的饲料可在每吨饲料中添加脱霉净 500～1000 克。

【治疗措施】

① 怀疑为霉菌毒素中毒时，立即停喂所怀疑的饲料，改换其他饲料。如果羊是轻微中毒，换料即可，不需用药。如症状较重，可进行缓泻用药。

② 对严重病例可辅以补液强心，用安钠咖注射液 5～10 毫升，

5%葡萄糖注射液250～500毫升，5%碳酸氢钠注射液50～100毫升，一次静脉注射，维生素C注射液5～10毫升肌内注射。

③ 对有神经症状的加镇静剂，用盐酸氯丙嗪按羊每千克体重1～3毫克的量注射（出现神经症状的多愈后不良）。

16. 食盐中毒

食盐是动物饲料中不可缺少的成分，适量的食盐能维持动物体内的正常水盐代谢，并可增强食欲和促进胃肠活动，但过量则可引发中毒。资料表明，成年羊食盐的致死量是125～250克。

（1）诊断

【发病原因】羊发生食盐中毒或致死并不单纯决定于食盐的食入量，还取决于羊饮水是否充足。如果羊一时食入的食盐太多，但同时又饮用了大量水，则不一定会发生中毒；相反，如果食入的食盐过多，又缺乏饮水，那么中毒的机会就加大。

【临床症状】羊中毒后表现口渴，食欲或反刍减弱或停止，瘤胃蠕动消失，常伴发臌气。急性发作的病例，口腔流出大量泡沫，结膜发绀，瞳孔散大或失明，脉细弱而增数，呼吸困难。腹痛，腹泻，有时便血。病初兴奋不安，磨牙，肌肉震颤，盲目行走和转圈运动，继而行走困难，后肢拖地，倒地痉挛，头向后仰，四肢不断划动，多为阵发性。严重时呈昏迷状态，最后窒息死亡。体温在整个病程中无显著变化。

【病理剖检】脑膜和脑内充血与出血，胃肠黏膜充血、出血、脱落。心内外膜及心肌有出血点。肝脏肿大，质脆，胆囊扩张。肺水肿。深紫红色肿大，被膜不易剥离，皮质和髓质界限模糊。全身淋巴结有不同程度的瘀血、肿胀，也可见到嗜酸性粒细胞性脑炎。

（2）防治措施

【预防措施】做好食盐的储存，防止羊只误食。日粮中补加食盐时要充分混匀，量要适当。用高渗盐水静脉注射时应掌握好用量，以防发生中毒。

【治疗措施】中毒初期，内服黏浆剂及油类泻剂，并少量多次地给予饮水，切忌任其暴饮，使病情恶化。

静脉注射10％氯化钙或10％葡萄糖酸钙，皮下注射或肌内注射维生素B_1。

对症治疗可用镇静剂，肌内注射盐酸氯丙嗪1～3毫克/千克体重，静脉注射25％硫酸镁溶液10～20毫升或5％溴化钙溶液10～20毫升；心脏衰竭时，可用强心剂；严重脱水时应立即进行补液。

17. 尿素中毒

尿素是动物体内蛋白质分解的终末产物，在农业上广泛用作肥料。可作为反刍动物的蛋白质补充饲料，也可用于麦秸的氨化。但若用量不当，则可导致反刍动物尿素中毒。

（1）诊断

【发病原因】尿素添加剂量过大，浓度过高，和其他饲料混合不匀，或食后立即饮水以及羊喝了大量人尿都会引起尿素中毒。

【临床症状】发病较快，表现不安，呻吟磨牙，口流大量泡沫性唾液；瘤胃急性膨胀，蠕动消失，肠蠕动亢进；心音亢进，脉搏加快，呼吸极度困难、呼气有氨味；中毒严重者站立不稳，倒地，全身肌肉痉挛，眼球震颤，瞳孔放大。

【病理剖检】瘤胃内容物有氨臭，胃黏膜充血、出血、溃疡，甚至脱落，肝脏肿大易碎，胆囊肿胀，肾肿大瘀血，肺充血水肿，血液凝固不良，肠系膜淋巴结肿胀，切面湿润多汁呈灰白色。

（2）防治措施

【预防措施】严格化肥保管使用制度，防止羊误食尿素。用尿素作饲料添加剂时，严格掌握用量，体重50千克的成年羊，用量不超过25克/天。

尿素以拌在饲料中喂给为宜，不得化水饮服或单喂，喂后2小时内不能饮水。如日粮蛋白质已足够，不宜加喂尿素。

【治疗措施】发现羊中毒后，立即停止补饲尿素并灌服食醋或醋酸等弱酸溶液，如1％醋酸1升，糖250～500克，水1升，分5次灌服。静脉注射10％葡糖糖酸钙液100～200毫升，或静脉注射10％硫代硫酸钠液100～200毫升，同时应用强心剂、利尿剂、高渗葡萄糖等疗法。

第六章

波尔山羊养殖场的建设及管理

波尔山羊养殖场是波尔山羊集中饲养和生产的场所，设计建设波尔山羊养殖场必须根据波尔山羊的生物学特点、生活习性、当地的土地规划和环境保护要求来考虑。羊场设计包括建筑设计和技术设计，羊场设计必须满足工艺设计要求，即满足波尔山羊对环境的要求及饲养管理工作的技术要求等，并考虑当地气候、建材、施工习惯等。羊场建筑设计的任务，在于确定羊舍的形式、结构类型、各部尺寸、材料性能等，设计合理与否，对舍内小气候状况具有决定性影响。羊舍技术设计，包括结构设计及给排水、采暖、通风、电气的设计，均须按建筑设计要求进行。因此，波尔山羊养殖场的设计建设要从选址、场内规划布局、羊舍建筑、设施设备和卫生防疫等方面进行考虑。

第一节　羊场建设

一、场址选择

规模化养殖波尔山羊，场址选址非常重要，除考虑饲养规模外，应符合当地土地利用规划和环保的要求，充分考虑羊场的饲草料条件，还要符合波尔山羊的生活习性及当地的社会条件和自然条

件。选择一个好的场址统筹考虑，较为理想的场址应具备以下基本条件。

1. 地势

建设羊场的地势应比较高燥。羊喜欢干燥清洁的环境，在低洼潮湿的环境中，羊容易产生体外和体内寄生虫病或者发生腐蹄病等。因此，建设羊场的场地应选择地势较高、透水透气性强、通风干燥的地方，不能在低洼涝地、河道、山谷、垭口及冬季风口等地建场，建场的地下水位一般在 2 米以下。场区地势要平坦而稍有坡度（不超过 5%），山区地势变化大，面积小，坡度大，可结合实际情况确定，场区土质应坚实。

2. 水质

羊场附近要有充足清洁的水源，不宜在严重缺水或生源严重污染的地区建场。选择场址前，应考虑当地有关地表水、地下水资源的情况，了解是否有因水质问题而出现过某种地方性疾病。另外，在羊场附近是否有屠宰场和排放废水的工厂，尽可能建场于工厂上游，以保持水质洁净。水中的大肠杆菌数、固体物总量、硝酸盐和亚硝酸盐的总含量都要符合卫生标准。羊场要建在居民区和水源的下风头，距离居民区和水源至少 500 米。

3. 交通

为了保证饲草饲料和羊只进出运输方便，减少运输成本，同时考虑通讯和能源供应条件，羊场建设要求交通便捷，选择在养羊中心产区建场，距离市区又不太远，但同时又不能在车站码头或交通要道的旁边建场。羊场距离公路干线、铁路、城镇居民区和公共场所要在 500 米以上。

4. 饲草料供应

波尔山羊以产肉为主，体格大、生长速度快，规模化养殖所需饲草饲料总量较多，因此要有充足的饲草饲料来源，饲料基地的建设要考虑羊群发展的规模，特别要注意准备足够的越冬干草和青贮饲料，本着尽可能多的原则解决好饲草料供应问题。

5. 防疫

不在传染病和寄生虫流行的疫区建场，羊场周围的居民和牲畜应尽量少些，以便一旦发生疫情时方便进行隔离封锁。羊场周围3千米以内无大型化工厂、采矿厂、皮革厂、肉品加工厂、屠宰场等污染源。羊场周围有围墙或防疫沟，并建立绿化隔离带。场址大小和圈舍间隔距离等都应该遵守卫生防疫要求。

二、羊场基本设施

羊场基本设施包括羊舍、运动场、消毒设施、供水设施、供电设施、饲草基地、饲草料加工及储藏设施、粪污处理设施。

三、羊场布局规划

羊舍结构要符合羊群生产结构，要求生活管理区、生产区、粪污处理及隔离区三区分开，净道、污道分开，羊舍布局符合生产工艺流程，即公羊舍、空怀及后备母羊舍、妊娠母羊舍、产羔舍、保育舍、育成羊舍、育肥舍分开，有运动场。

1. 羊场分区规划

通常将羊场分为三个功能区，即生活管理区、生产区、粪污处理及隔离区。分区规划时，首先从家畜保健角度出发，以建立最佳的生产联系和卫生防疫条件，来安排各区位置，一般按主风向和坡度的走向依次排列顺序为生活管理区→生产区→粪污处理及隔离区。

(1) 生活管理区　应建设在场区常年主导风向上风处，管理区与生产区应保证有30米以上的间隔距离。管理区应建设饲料加工设施及仓库、工人食宿设施、兽医药品库、消毒室等。粗饲料库应建在地势较高处，与其他建筑物保持一定防火距离，兼顾由场外运入、再运到羊舍两个环节。

(2) 生产区　应设在场区的下风位置，应建设种公羊舍、空怀母羊舍、妊娠母羊舍、分娩羊舍、哺乳羊舍、育成羊（羔羊）舍、育肥舍、运动场、更衣室、消毒室、药浴池、青贮窖（塔）等设

施。种羊舍建筑面积占全场总建筑面积的70%～80%。

（3）粪污处理及隔离区 主要包括隔离羊舍、病死羊处理及粪污储存与处理设施。粪污堆放和处理应安排专门场地，设在羊场下风向、地势低洼处。病羊隔离区应建在羊舍的下风、低洼、偏僻处，与生产区保持500米以上的间距；粪污处理房、尸坑和焚尸炉距羊舍100米以上。

2. 羊场建筑布局

羊的生产过程包括种羊的饲养管理与繁殖、羔羊培育、育成羊的饲养管理与肥育、饲草饲料的运送与储存、疫病防治等，这些过程均在不同的建筑物中进行，彼此间发生功能联系。建筑布局必须将彼此间的功能联系统筹安排，尽量做到配置紧凑、占地少，又能达到卫生、防火安全要求，保证最短的运输、供电、供水线路，便于组成流水作业线，实现生产过程的专业化有序生产。

3. 羊用运动场与场内道路设置

运动场应选在背风向阳、稍有坡度的地方，以便排水和保持干燥。一般设在羊舍南面，低于羊舍地面60厘米以下，向南缓缓倾斜，以砖扎或沙质壤土为好，便于排水和保持干燥，四周设置1.2～1.5米高的围栏或围墙，围栏外侧应设排水沟，运动场两侧应设遮阳棚或种植树木，以减少夏季烈日暴晒，面积为每只成年羊4米^2；羊场内道路根据实际定宽窄，既方便运输，又符合防疫条件，要求运送草料、畜产品的路不与运送羊粪的路通用或交叉，兽医室有单独道路，不与其他道路通用或交叉。

4. 羊舍分类

（1）成年羊舍 成年羊舍是饲喂基础母羊和种公羊的场所，多为头对头双列式，中间为饲喂通道。种公羊单圈，青年羊、成年母羊一列，同一运动场，怀孕前期一列、一个运动场。敞开式、半敞开式、封闭式都可，尽量采用封闭式。

（2）分娩羊舍 怀孕后期进入分娩舍单栏饲养，分娩栏4米^2，每百只成年羊舍准备15个，羊床厚垫褥草，并设有羔羊补饲栏。

一般采用双列式饲养，怀孕后期母羊一列、同一运动场，分娩羊一列、一个运动场，敞开式、半敞开式、封闭式都可，尽量采用封闭式。

（3）青年羊舍　青年羊舍用于饲养断奶后至分娩前的青年羊。这种羊舍设备简单，没有生产上的特殊要求，功能与成年羊舍一致。

（4）羔羊舍　羔羊断奶后进入羔羊舍，合格的母羔羊6月龄进入后备羊舍，公羔至育肥后出栏，应根据年龄段、强弱、大小进行分群饲养管理。关键在于保暖，采取封闭式，双列、单列都可。

羊舍分类不是绝对的，也可分羔羊舍、育肥羊舍、配种舍（种公羊、后备羊、空怀母羊）、怀孕前期羊舍、怀孕后期羊舍，设计时可单列或双列饲养，羊舍尽量不要那么复杂，管理方便即可。

四、羊场建筑物

主要包括羊场办公及生活用房、羊舍、隔离舍、运动场、草料储藏及加工房、青贮窖、兽医室及人工授精室等。

第二节　羊舍建筑

波尔山羊在我国的分布很广，各地的自然条件差异较大，因此，羊舍的建筑要求与结构也有所不同，对羊舍内环境要求总的原则是能保温、无贼风、保持干燥。

一、羊舍建筑的基本要求

1. 建筑地点要开阔干燥

波尔山羊舍必须建设在干燥、排水良好的地方，南面有较为宽阔平坦的运动场，羊舍要求处在生活办公区的下方，羊舍侧面对着冬春季的主风方向。

2. 布局要合理

养羊区要与办公区、生活区分开，圈舍应建在办公室或住房的

下方。公羊舍建在下风处，距母羊舍200米以上；羔羊舍和育成羊舍建在上风处；成年羊舍建在中间；病羊隔离舍要远离健康羊舍300米处。

3. 面积要适宜

羊舍建筑面积以羊的生产方向、品种、性别、年龄和气候条件不同而加以区别。羊舍建筑面积一般占整个羊场面积的10%～20%，面积过小会导致舍内拥挤、潮湿、空气混浊，过大不利于冬季保温并造成不必要的浪费。一般每只羊对舍内面积的要求是，种公羊1.5～2.0米^2；成年母羊0.8～1.0米^2；育成羊0.6～0.8米^2；羔羊0.5～0.6米^2；羯羊0.6～0.8米^2；妊娠后期或哺乳母羊2.0～2.5米^2。产羔舍一般可按基础母羊总数的25%计算。房内应有取暖设备，保持产房有一定温度。

4. 高度要适中

羊舍高度根据羊舍类型及养羊数量决定。羊数多时，羊舍应适当高些，以保持空气新鲜，但过高不利于保温，且建筑费用高。一般舍顶高度为2.5米左右。南方地区的羊舍以防暑防湿为重点，羊舍可适当高些。一般农户羊只较少，圈舍高度可略低些，但不得低于2米。

5. 门窗面积要适中

波尔山羊合群性强，出入圈门易拥挤。一般门高1米，门的面积按照圈舍面积5%～6%计算。寒冷地区的羊舍，最好在大门外加设套门，以防冷风直接侵入。羊舍应有足够的光线，窗户面积一般占地面面积的1/15，以保证羊舍内的采光及卫生，窗应向阳，距地面1.5米以上，防止贼风直接吹袭羊体。南方气候高温、多雨、潮湿，门窗应大开为好，羊舍南面或南北两面可加修高0.9～1.0米高的草墙，上半部敞开，以保证羊舍干燥通风。

6. 地面要干燥

羊舍地面应高出舍外地面20～30厘米，铺成斜坡以利排水。北方羊舍地面可用石灰和土按1∶1比例混合夯实，饲料室地面宜用水泥铺成，并作防潮处理。南方的羊舍一般采用高床漏缝式，楼台常用木条构筑，也可采用复合材料制成，木条间隙为1.0～1.5厘米，以便漏下粪尿，楼台与地面距离1.5～1.8米，便于清扫粪便。

7. 要防潮保温

羊舍要做到冬季保温，夏季防潮。一般羊舍冬季应保持在0℃以上，羔羊舍及产房在10℃左右。

8. 建筑材料就地取材

建造羊舍的材料，以经济耐用、就地取材为原则。土坯、石头、砖瓦及木材等都可用来做羊舍建筑材料，要因地制宜，就地取材，降低成本，提高效益。

二、羊舍的类型

波尔山羊羊舍类型依所在地区气候条件、饲养方式等不同而异。羊舍的形式按羊床在舍内的排列可划分为单列式、双列式。按屋顶样式分为单坡式、双坡式和拱形等，单坡式羊舍跨度小，自然采光好，适于小型羊场和农户；双坡式羊舍跨度大，保温力强，但采光和通风差，占地面积少。按羊舍墙体封闭程度划分为封闭式、敞开式和半敞开式，封闭式羊舍具有保温性能强的特点，适合寒冷北方地区采用，塑膜暖棚羊舍亦属此类。半敞开式羊舍具有采光和通风好，但保温性能差，我国南北方普遍应用。敞开式棚舍可防太阳辐射，但保温性能差，适合炎热地区，温带地区在放牧草地也设有，具凉棚作用。在单列式羊舍中为使管理人员操作方便，又有带走廊和无走廊的形式，大型羊场多采用带走廊的双列式羊舍（图6-1）。

1. 长方形羊舍

这是我国比较普遍、实用、建筑也较为方便的羊舍类型。运动场可根据分群饲养的要求再进行分隔成若干个小运动场，羊舍的面积根据羊群大小和利用方式而定。

图 6-1 各种类型羊舍

1—单列式羊舍；2—拱形屋顶羊舍；3—双坡式羊舍；4—双列式羊舍

2. 敞开式羊舍

敞开式羊舍三面有墙，一面无墙，有顶盖，无墙的一面向运动场敞开。无墙对面的墙上留有通风窗口，以利于夏季炎热气候时的防暑降温。运动场内靠围栏设置饲草料饲喂槽架和饮水设施。为了防止夏季强烈的太阳辐射，影响羊采食饲草料，在饲槽的上方搭建遮阴棚。并建造羊运动走道，以便于人工驱赶羊进行适当的运动，增强羊的体质和健康。在羊场内饲养的羊必须有足够时间的运动，才能保证其体质的健康。在运动场内，羊在饲养员的驱赶下自动地围绕着花木坛运动。羊舍及运动场地面最好为砖地面，有利于清洁和羊蹄的保护。羊平时采食和活动时在舍外运动场内，休息时在羊舍内。

3. 楼式羊舍

是我国南方气候炎热、多雨潮湿地区主要推广的羊舍建筑。建筑材料可用砖、木板、木条竹竿、竹片或金属材料等。羊舍为半敞开式，双坡式屋顶，双列式，南北两面（或四面）墙高1.5米，冬季寒冷时用草帘、竹篱笆、塑料布或编织布将上墙面围住保暖。圈底距地面高1.3～1.8米，采用漏缝地板，缝隙1.5～2.0厘米，以便粪尿漏下，清洁卫生，无粪尿污染，且通风良好，防暑、防潮性能好。漏缝地板下做成斜坡形的积粪面和排尿水沟，有利于粪尿的清洁和收集，节约用水。运动场在羊舍的南面，面积为羊舍的2～2.5倍，运动场围栏高1.3～1.5米。楼梯设在南面或侧面的山墙处，双列式羊舍中间的走廊设食槽和饮水槽。

4. 吊楼式羊舍

南方草山草坡较多，为了方便羊群采食，可就近修建羊舍，主要用于小规模饲养。可因地制宜地借助缓坡，山坡坡度以20°左右为宜，羊舍距地面高度为1.2米。建成吊楼，双坡式屋顶，单列式或双列式，羊舍南面或南北面做成1米左右高的墙，舍门宽1.5～2.0米。铺设木条漏缝地板，缝隙1.5～2.0厘米，便于粪尿漏下。羊舍南面设运动场，用于羊补饲和活动。

三、羊舍的基本结构

1. 地基与地面

承受整个建筑物的土层叫地基。一般羊舍多用天然地基（直接利用天然土层），通常以一定厚度的沙壤土层或碎石土层较好。黏土、黄土和富含有机质的土层不宜用作地基。基础是指墙壁埋入地下的部分，它直接承受墙壁、门窗等建筑物的重量。基础应坚固、耐火、防潮，比墙宽，并成梯形或阶梯形，以减少建筑物对地基的压力。深度一般为50～70厘米。为防止地下水通过毛细管作用浸湿墙体，应在地平部位铺设防潮层（如沥青等）。

圈舍和运动场地面是羊只活动、采食、休息和排粪尿的主要场所，尤其在北方。因其与土层直接接触，易传热并且被水渗透，因此，要求地面坚实平整，不滑，便于清扫和消毒，并具有较高的保温性能。舍内地面比舍外地面应高40厘米，地面一般应保持一定坡度（1%～1.5%），以利于保持地面干燥。土质地面、三合土地

面和砖地面保温性能好，但不坚固、易渗水，不便于清洗和清毒。水泥地面坚固耐用、平整，易于清洗消毒，但保温性能差，可在地表下层用孔隙较大的材料（如炉灰渣、空心砖等）增强地面的保温性能。

2. 羊床

除地面以外，羊床也是非常重要的环境因子，极大地影响着波尔山羊的健康和生产力。为解决一般水泥羊床冷、硬、潮的问题，可选用下列方法。

（1）按功能要求的差异选用不同材料　用导热性小的陶粒粉水泥、加气混凝土、高强度的空心砖修建羊床，走道等处用普通水泥，但应有防滑表面。

（2）分层次使用不同材料　在夯实素土上，铺垫厚的炉渣拌废石灰作为羊床的垫层，再在此基础上铺一层聚乙烯薄膜作为防潮层，薄膜靠墙的边缘向上卷起，然后铺上导热性小的加气混凝土、陶粒粉水泥、高强度空心砖。

（3）使用漏缝地板　尤其在南方等炎热潮湿地区，漏缝地板具有保持圈舍内清洁不污染饲料和减少腐蹄病等优点。漏缝地板条间距1～1.5厘米，以利粪尿漏下。离地面高度为1.5～2米，以利通风、防潮、防腐、防虫和除粪。一般使用的材料有木材、竹子和复合型板材等，木材和竹子建设成本低但使用年限较短，使用1～2年后强度下降，羊只踩踏后容易折断。而复合型板材漏缝地板采用树脂、纤维、石粉等天然材料通过高压压制而成，具有高强度、耐腐蚀、抗老化、便于清洗、边缘光滑不伤羊蹄、保温性能好等特点，使用寿命可达20年，但建设成本较高（图6-2）。

3. 墙壁

墙壁是羊舍建筑结构的重要部分，羊舍的保温、防潮、防贼风等性能的优劣在很大程度上取决于墙壁的材料和结构，据研究，羊舍总热量的30%～40%都是通过墙壁散失的。因此，对墙壁的要求是坚固，承载墙的承载力和稳定性必须满足结构设计的要求，保

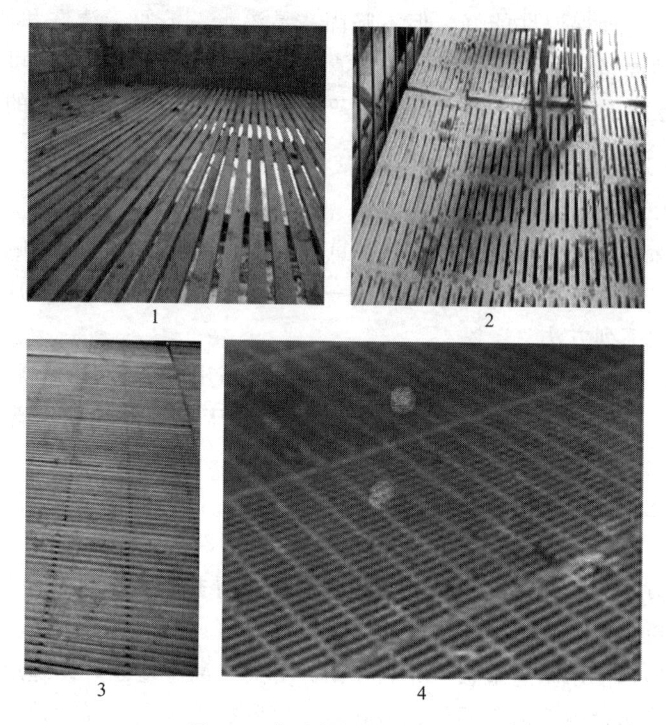

图 6-2 各种材质的漏缝地板

1—木条漏缝地板；2—水泥漏缝地板；3—楠竹漏缝地板；4—树脂漏缝地板

温性能好，墙内表面要便于清洗和消毒，地面或羊床以上 1.0～1.5 米高的墙面应有水泥墙裙。

我国常用的墙体材料是黏土砖，优点是坚固耐用、传热慢、消毒方便；缺点是毛细作用较强、吸水能力也强、造价高，所以为了保温和防潮，同时为了提高舍内照度和便于消毒等，砖墙内表面要用水泥砂浆粉刷。至于墙壁的厚度，应根据当地的气候条件和所选墙体材料的传热特性来确定，既要满足墙的保温和承载力要求，又要尽量降低成本和投资。

在有些地方，还可以使用土墙，其特点是造价低、保温性能好，但防水性能差、容易倒塌，只适用于临时羊舍。

近年来，许多新型建筑材料（如金属铝板、钢构件和隔热材料

等）已经用于各类畜舍建筑中。用这些材料建造的畜舍，不仅外形美观，性能好，而且造价也不比传统的砖瓦结构建筑高多少，是未来大型集约化羊场建筑的发展方向。

4. 门窗

羊舍的门窗要求坚固结实，能保持舍内温度和易于出入，并向外开。门是供人和羊出入的地方，以大群放牧为主的圈舍，圈门宽1.5～2米、高度1.5米为宜，分栏饲养的门的宽度1～1.5米。门外设坡道，便于羊只的出入，门的设置应避开冬季主导风向。饲养管理走廊门宽度2.0米、高度2.0米为宜，便于饲养人员和饲料推车的进出。

窗户主要是为了采光和通风换气。窗户的大小、数量、形状、位置应根据当地气候条件合理设计。面积大的窗户采光多、换气好，但冬季散热和夏季向舍内传热也多。窗户距地面1.5米，高1米，宽度1～2米，一般窗户的大小以采光面积对地面面积之比来计算，种羊舍为1∶(8～10)，育肥羊舍为1∶(15～20)，产羔舍或育成羊舍应小些，窗户的大小和数量，应根据当地气候条件确定。

5. 屋顶和天棚

屋顶和天棚是羊舍顶部的承重构件和围护结构，主要作用是承重、保温隔热、防太阳辐射和雨雪。羊舍屋顶材料基本上应具有防雨、耐用、良好的隔热效果的特色。良好的羊舍绝缘设施可减少羊舍外的热量传导到羊舍内，隔热可由两方面着手，其一为屋顶面具有反光好的表面和色泽，如此可减少辐射热；其二是屋顶材料具有良好的绝缘（亦即隔热）效果，可减少热量传导入羊舍内。常用的屋顶有以下几种形式。

① 草顶，优点是造价低、冬暖夏凉，但使用年限短、不易防火、还要年年维修。

② 瓦顶，优点是坚固、防寒、防暑，但造价太高。

③ 水泥顶或石板顶，优点是结实不透水，缺点是导热性高，夏季过热，冬季阴冷潮湿。

④ 泥灰顶，优点是造价低、防寒、防暑、能避风雨，缺点是不坚固，要经常维修。

⑤ 目前最常使用的是烤漆钢板加上良好的绝缘材料。

6. 通风

通风可排除羊舍多余的水汽，降低舍内湿度，防止围护结构内表面结露，同时可排除空气中的尘埃、微生物、有毒有害气体，改善羊舍空气的卫生状况。另外，适当的通风还可缓解夏季高温对羊的不良影响。

（1）自然通风　自然通风的动力是靠自然界风力造成的风压和舍内外温差形成的热力，使空气流动，进行舍内外空气交换。当舍内有羊只时，热空气上升，舍内上部气压高于舍外，而下部气压低于舍外。由于存在压力差，羊舍上部的热空气就从上部开口排出，舍外冷空气从羊舍下部开口流入，这就形成了热压通风。热压通风量的大小取决于舍内外温差、进排风口的面积和进排风口间的垂直距离。温差越大，通风量越大；进排风口的面积及其之间垂直距离越大，通风量越大。当外界有风时，羊舍迎风面气压大，背风面气压小，则空气从迎风面的开口流入羊舍。舍内空气从背风面的开口流出，这样就形成了风压通风。自然界的风是随机的，时有时无，在自然通风设计中，一般是考虑无风时的不利情况。

（2）机械通风　密闭式羊舍且跨度较大时，仅靠自然通风不能满足其需求，需辅以机械通风。机械通风的通风量、空气流动速度和方向都可以控制。机械通风可分为两种形式，一种为负压通风，即用轴流式风机将舍内污浊空气抽出，使舍内气压低，则舍外空气由进风口流入，从而达到通风换气的目的；另一种是正压通风，即将舍外空气由离心式或抽流式风机通过风管压入舍内，使舍内气压高于舍外，在舍内外压力差的作用下，舍内空气由排气口排出。正压通风可以对进入舍内的空气进行加热、降温、除尘、消毒等预处理，但需设风管，设计难度大，在我国较少采用；负压通风设备简单，投资少，通风效率高，在我国被广泛采用；其缺点是对进入舍内的空气不能进行预处理。

无论正压通风还是负压通风都可分为纵向通风和横向通风。在纵向通风中，即风机设在羊舍山墙上或靠近该山墙的两纵墙上，进风口则设在另一端山墙上或远离风机的纵墙上。横向通风有多种形式：负压风机可设在屋顶上，两纵墙上设进风口或风机设在两纵墙上，屋顶风管进风；也可在两纵墙一侧设风机，另一侧设进风口。纵向通风口舍内气流分布均匀，通风死角少，其通风效果明显优于横向通风。无论采用什么样的通风方式。都必须考虑羊舍的排污要求，使舍内气流分布均匀，通风死角，无涡风区，避免产生通风短路。此外，还要有利于夏季防暑和冬季保暖。

第三节　羊场设施与设备

一、羊场设施

1. 消毒设施

（1）药浴设施　在羊场内选择适当地点修建药浴池。药浴池一般深 1 米、长 10 米、池底下宽 0.6 米、池底上宽 0.8 米，以 1 只羊能通过而转不过身为度，入口一端是陡坡，出口一端筑成台阶以便羊只攀登，出口端并设有滴流台，羊出浴后在羊栏内停留一段时间，使身上多余的药液流回池内。药浴池一般为长方形，似一条狭而深的水沟（图 6-3），用水泥筑成。小型羊场或农户可用浴槽、浴缸、浴桶代替，以达到预防羊体外寄生虫的目的。另外，大型羊场还可以采用淋浴式，修建密闭的淋浴通道，上下左右分别安装 4 排喷淋管，使羊从通道过去全身能均匀地被药液浸透。

（2）场区入口车辆消毒设施　车辆消毒设施分为全自动车辆消毒通道和消毒池，以前在建设羊场的时候，通常都要求大门口通道处建一个大的消毒池，供进出养殖场的车辆消毒使用，确实起到了一定的消毒防疫作用，但也暴露出很多问题。比如消毒药单一，主要以生石灰为主，消毒池大部分属露天的性质，池内的消毒液夏季污染、挥发、下雨冲淡药液等，无法保证消毒效果。进出羊场的运

图 6-3　农户简易药浴池

输车辆，特别是运羊车辆，车轮、车厢内外都需要进行全面的喷洒消毒，目前主要采用车辆专用智能消毒通道，让消毒更全面。

（3）更衣室与消毒室　凡进场人员，必须经门卫第一消毒室，先用消毒液洗手，然后更衣换鞋方可入场。因此在人员入场消毒通道旁需要设置更衣室。进入消毒通道后，地面需铺上防滑垫并用消毒药液浸泡 1 厘米深。消毒一般采用紫外线、喷雾、臭氧这三种方法进行。因为紫外线和臭氧对人体健康有较强的危害，所以现在一般都采用喷雾消毒的方法。

2. 饮水设施

一般羊场可用水桶、水槽、水缸给羊饮水，大型集约化羊场一般采用自动饮水器，以防止致病微生物污染（图 6-4）。

饮水槽一般固定在羊舍或运动场上，可用镀锌铁皮制成，也可用砖、水泥制成。在其一侧下部设置排水口，以便清洗水槽，保证饮水卫生。水槽高度以方便羊只饮水为宜。

羊场采用自动化饮水器，能适应集约化生产的需要，有浮子式和真空泵式两种，其原理是通过浮子的升降或真空调节器来控制饮水器中的水位，达到自动饮水的效果。浮子式自动饮水器，具有一个饮水槽，在饮水槽的侧壁后上部安装有一个前端带浮子的球阀调整器。使用中通过球阀调整器的控制，可保持饮水器内的盛水始终处在一定的水位，羊通过饮水器饮水，球阀则不断进行补充，使饮水器中的水质始终保持新鲜清洁。其优点是羊只饮水方便，减少水

1

2

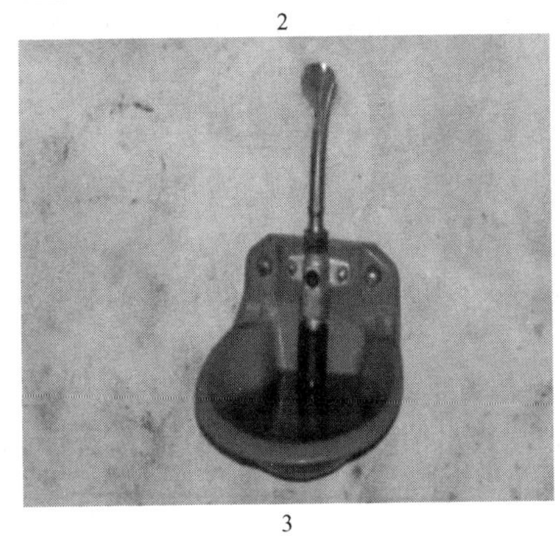

3

图 6-4　各种类型的饮水设施

1—水槽；2—乳头式自动饮水器；3—杯式自动饮水器

资源的浪费，可保持圈舍干燥卫生，减少各种疾病的发生。

3. 饲喂设施

包括饲槽及草架等。

（1）饲槽　通常有固定式、移动式和悬挂式三种。

① 固定式长条形饲槽适用于舍饲为主的羊舍。一般将饲槽固定在舍内或运动场内，用砖头、水泥砌成长条形。可平行排列或紧靠四周墙壁设置。双列对头羊舍内的饲槽应建于中间走道两侧，而双列对尾羊舍的饲槽则设在靠窗户走道一侧。单列式羊舍的饲槽应建在靠北墙的走道一侧，或建在沿北墙和东西墙根处。设计要求上宽下窄，槽底呈半圆形，大致规格一般为上宽50厘米、深20～25厘米，槽底距地高40～50厘米。槽长依羊只数量而定，一般可按每只大羊30厘米计，每只羔羊20厘米计。

另外，可在饲槽的一边（站羊的一边）砌成可使羊头进入的带孔砖墙、用木头或金属做成带孔的栅栏。孔的大小依据羊有角与无角可安装活动的栏孔，大小可以调节。防止羊只践踩饲槽，确保饲槽饲料的卫生。

② 固定式圆形饲槽适合于去角的山羊。食槽中央砌成圆锥形体，饲槽围圆锥体绕一周，在槽外沿砌一带有采食孔、高50～70厘米的砖墙，可使羊分散在槽外四周采食。

③ 移动式长条形饲槽主要用于冬春舍饲期妊娠母羊、泌乳母羊、羔羊、育成羊和病弱羊的补饲。常用厚木板钉成或镀锌铁皮制成，制作简单，搬动方便，尺寸可大可小，视补饲羊只的多少而定。为防羊只践踩或踏翻饲槽，可在饲槽两端安装临时性的能随时装拆的固定架。

④ 悬挂式饲槽适于断奶前羔羊补饲用。制作时可将长方形饲槽两端的木板改为高出槽缘约30厘米的长方形木板，在上面各开一个圆孔，从两孔中插入一根圆木棍，用绳索拴牢于圆木棍两端后，将饲槽悬挂于羊舍补饲栏上方，离地高度以羔羊采食方便为准。

⑤ 羔羊哺乳饲槽。这种饲槽是做成一个圆形铁架，用钢筋焊

接成圆孔架，每个饲槽一般有 10 个圆形孔，每个孔放置搪瓷碗 1 个，适宜于哺乳期羔羊的哺乳。

(2) 草架　波尔山羊爱清洁，喜吃干净饲草，利用草架喂羊，可防止羊践踏饲草，减少浪费。还可减少羊只感染寄生虫病的机会。草架的形式有靠墙固定的单面草架和安放在饲喂场的双面草架，其形状有三角形、U 形、长方形等。草架隔栅间距为 9～10 厘米，有时为了让羊头伸入栅内采食，可放宽至 15～20 厘米。草架的长度，按成年羊每只 30～50 厘米、羔羊 20～30 厘米计算。制作材料为木材、钢筋。舍饲时可在运动场内用砖石、水泥砌槽，钢筋作栅栏，兼作饲草、饲料两用槽。

4. 通风换气设施

羊舍通风换气的目的有两个，一是在气温高时加大气流量使羊体感到舒适，从而缓解高温对羊的不良影响；二是在羊舍封闭的情况下，通风可排出舍内的污浊空气，引进舍外的新鲜空气，从而改善舍内的空气质量。通风是羊舍环境调控的重要方式之一，恰当的通风设计应该是在夏季能够提供足量的最大通风率，而在冬季能够提供适量的最小通风率。

另外，通风可以降低舍内湿度，避免病原微生物滋生，排出舍内有害气体，保持舍内空气新鲜，有利于羊只健康，从而提高生产成绩。羊舍内有害气体浓度高时，羊只增重减慢，饲料利用率降低。研究表明，日增重随着羊舍内 NH_3 浓度的升高而下降，料肉比则随着羊舍内的 NH_3 浓度的升高而升高，同时高浓度的 NH_3 还可诱发结膜炎等其他疾病。

但通风换气又是一柄双刃剑，处理得好对羊群有利，处理得不好则对羊群有害。俗话说："不怕狂风一片，只怕贼风一线，"通风换气把握不好，往往会形成局部贼风。

(1) 通风方式　当前大部分羊场采用的通风方式可分为屋顶通风、横向通风和纵向通风三种，下面分别加以介绍。

① 屋顶通风　屋顶通风是指不需要机械设备而借不同气体之间的密度差异，使羊舍内空气上下流动，从而使羊舍内废气能够及

时从屋顶上方排出舍外。屋顶通风可大大降低舍内的废气浓度，确保羊舍内空气新鲜，减少呼吸道疫病等的发生率；对于采用了地脚通风窗和漏粪地板的羊舍，屋顶通风使外界新鲜凉爽空气从羊舍地脚通风窗进入直吹至羊体，带走羊散发的热量和排出的废气，可起到明显的降温作用，特别是在夏季效果尤为明显。屋顶通风可以选择在屋顶开窗、安装屋顶无动力风扇或安装屋顶风机等方式（图 6-5）。

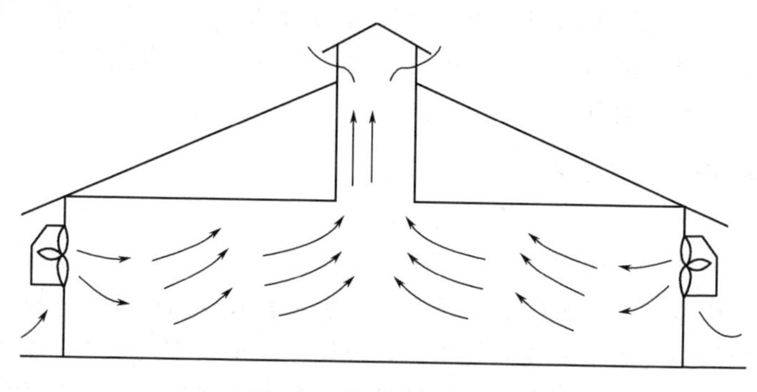

图 6-5　屋顶通风模式图

② 横向通风　横向通风一般为自然通风或在墙壁上安装风扇，主要用于开放式和半开放式羊舍的通风。为保证羊舍顺利通风，必须从场地选择、羊舍布局和方向，以及羊舍设计方面加以充分考虑，最好使羊舍朝向与当地主风向垂直，这样才能最大限度地利用横向通风。横向通风的进风口一般由玻璃窗和卷帘组成，安装卷帘时要使卷帘与边墙有 8 厘米左右的重叠，这样在冬天能防止贼风进入；同时还要在卷帘内侧安装防蝇网，防止苍蝇、老鼠等进入以保证生物安全；卷帘最好能从上往下打开，在秋冬季节时，可以让废气从卷帘顶端排出，平衡换气和保温（图 6-6）。

③ 纵向通风　纵向通风通常采用机械通风，分正压纵向通风和负压纵向通风两种。一般来说，正压纵向通风主要用于密闭性较差的羊舍；负压纵向通风则用于密闭性好的羊舍，通过风扇将舍内空气强行抽出，形成负压，使舍外空气在大气压的作用下通过进气

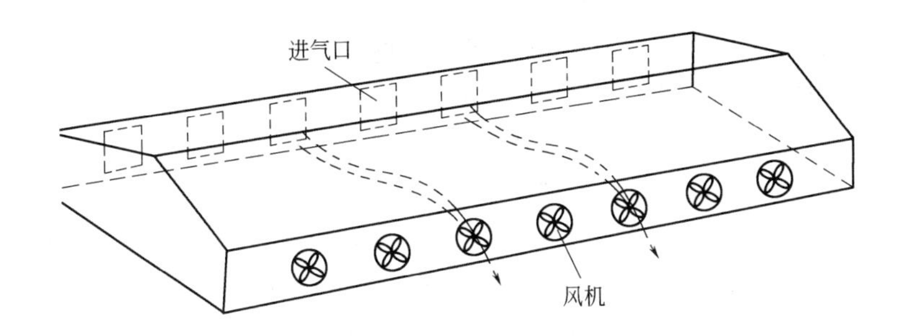

图 6-6　横向通风模式图

口进入舍内（图 6-7）。通风时风扇与羊只之间要预留一定距离（一般 1.5 米左右），避免临近进风口风速过大对羊只造成不利影响。纵向通风羊舍长度不宜超过 60 米，否则通风效果会变差。

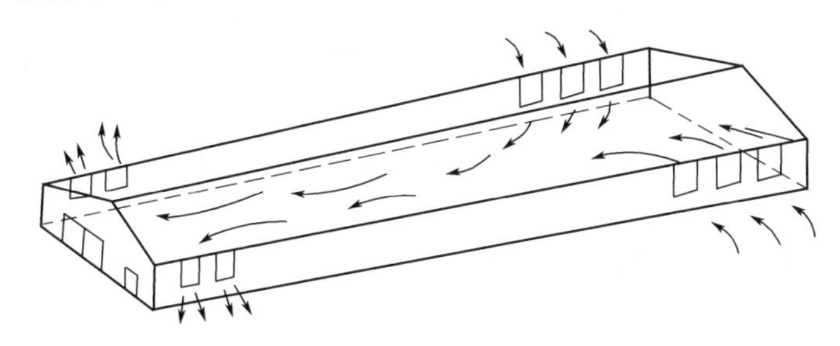

图 6-7　纵向通风模式图

（2）羊舍内通风换气量计算　一般用二氧化碳或水汽或热量计算换气量。现代羊舍设计应考虑用通风换气参数确定换气量。换气参数：每只羊冬季 0.6～0.7 米^3/(分钟・只)，夏季 1.1～1.4 米^3/(分钟・只)；冬季每只肥育羔羊 0.3 米^3/(分钟・只)，夏季 0.65 米^3/(分钟・只)。

5. 牧草储藏设施

目前，羊场牧草储藏设施有青贮窖和干草棚等。

干草棚主要以通风防潮为主，保证储存的干草不发生霉变。羊场青贮设施的种类有很多，主要有青贮窖、塔、池、袋、箱、壕及平地青贮。按照建设用材分，有土窖、砖砌、钢筋混凝土，也有塑料制品，木制品或钢材制作的青贮设施。但是不管建设成什么类型，用什么材质建设，都要遵循一定的设置原则，以免青贮窖效果差，饲料霉变或被污染，造成饲料的浪费和经济的损失。

（1）青贮设施建设的原则

① 不透空气原则。青贮窖（壕、塔）壁最好是用石灰、水泥等防水材料填充、涂抹，如能在壁裱衬一层塑料薄膜更好。

② 不透水原则。青贮设备不要靠近水塘、粪池，以免污染水渗入。地下式或半地下式青贮设备的底面要高出历年最高地下水位以上 0.5 米，且四周要挖排水沟。

③ 内壁保持平直原则。内壁要求平滑垂直，墙壁的角要圆滑，以利于青贮料的下沉和压实。

④ 要有一定的深度原则。青贮设备的宽度或直径一般应小于深度，宽深比为 1∶（1.5～2）为好，便于青贮料能借助自身的重量压实。

⑤ 防冻原则。地上式的青贮塔，在寒冷地区要有防冻设施，防止青贮料冻结。

（2）青贮设施建设的类型　青贮设施包括青贮窖、青贮壕、青贮塔，是制作青贮饲料的设施。青贮能有效地保存青饲料的养分，改善饲料的适口性，解决冬春草料的不足，取用饲喂方便。应建于地势干燥、土质坚硬、地下水位低、排水良好、靠近羊舍、远离水源和粪坑的地方。要坚固牢实，不透气，不漏水。内部要光滑平坦，窖壁应有一定倾斜度，上宽下窄，底部必须高出地下水位 0.5 米以上，以防地下水渗入。长形青贮窖窖底应有一定的坡度。规模大的羊场可建青贮塔、地上青贮壕等，规模小的场可建青贮窖或用塑料袋青贮，青贮建筑物的类型一般有以下几种。

① 青贮窖　一般分为地上式和地下式两种。目前以地上式窖应用较广（图 6-8）。青贮窖以圆形或长方形为好。窖四周用砖砌成，三合土或水泥盖面。这种窖坚固耐用，内壁平滑，不透气，不漏水，青贮易成功，养分损失小。青贮窖，一般圆形窖直径 2 米、

深 3 米，直径与窖深之比以 1∶(1.5～2) 为宜。

图 6-8　大型青贮窖

② 青贮壕　通常挖在山坡一边，底部应向一端倾斜以便排水。修建青贮壕，可以距羊舍较近处，在地势高、地下水位低的地区，一般采用地下式，地下水位高的地区一般采用地上式，建筑材料一般采用砖混结构或钢筋水泥结构。开口宽度和深度根据羊群饲养量计算，每天取料的掘进深度不少于 20 厘米（一般每立方米窖可以青贮玉米秸 500～600 千克，甘薯秧等 700～750 千克），其长度可根据青贮数量的多少来决定，把长宽交接处切成弧形，底面及四周加一层无毒的聚乙烯塑料膜。薄膜用量为（窖长＋1.5 米）×2。装填时高于地面 50～100 厘米，仔细用塑料薄膜将料顶部密封好，上面用粗质草或秸秆盖上再加 20 厘米厚的泥土封严，窖的四周挖好排水沟，顶部最好搭建防雨棚。

③ 青贮塔　用砖和水泥等制成的永久性塔形建筑。塔成圆形，上部有顶，防止雨水淋入。在塔身一侧每隔 2 米高开一个约 0.6 米×0.6 米的窗口，装时关闭，取空时敞开。青贮塔高 12～14 米，直径 3.5～9 米，原料由顶部装入，顶部装一个呼吸袋，此法青贮料品质高，但成本也高。国外多采用钢制的圆筒立式青贮塔，一般附有抽真空设备，此种结构密闭性能好，厌氧条件理想。用这种密闭式青贮塔调制低水分青贮料，其干物质的损失仅为 5%，是当前世界上保存青贮饲料最好的一种设备，国外已有定型的产品出售。

④ 青贮塑料袋　塑料袋要求厚实，每袋贮 30～40 千克，堆放时，每隔一定高度放一块 30～40 厘米的隔离板，最上层加盖，用重物镇压（图 6-9）。

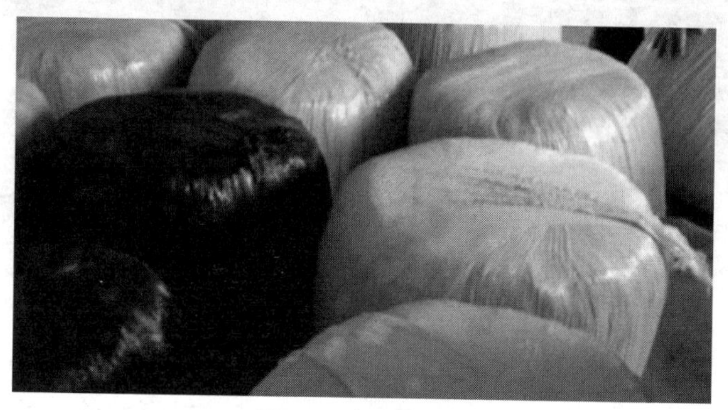

图 6-9　青贮塑料袋

6. 辅助设施

（1）兽医室　建在羊舍附近，便于发现病情及时治疗。需要配备必要的消毒设备、干燥设备，医疗器械、手术室、药品柜和疫苗存放柜等。

（2）人工授精室　包括采精室、精液处理室及洗涤消毒室。

采精室应宽敞、清洁、防风、安静、光线充足，其面积为30～40 米^2。温度控制在 20～25℃，最好安装空调，以使公羊性欲表现和精液不受影响。采精室最好与处理精液的实验室只有一墙之隔，隔墙上安装两侧都能开启的壁橱，以便从实验室将采精用品传递到采精室和采集的精液能尽快传递到实验室进行处理。采精室要配备假台畜，地面要略有坡度，以便进行冲刷，水泥地面不要提浆打光，以保持地面粗糙，防止公羊摔倒。采精室还应配备水槽、防滑垫、水管、扫把、毛刷等用品，用以清扫冲刷地面。

精液处理室内装备精液检查、稀释和保存所需要的器材，以及各项纪录档案，一般占地 15～20 米^2；相当于 GMP 清洁室的标准，室内温度控制在 22～24℃，湿度控制在 65%左右。地板、墙

壁、天花板、工作台面等必须是易清洁的瓷砖、玻璃等材料，真正达到无尘环境。实验室的位置很重要，应直接同采精室相连，以便最快地处理精液。也可用一窗口来连接人工授精实验室和采精室以便于减少污染。窗口正中间置一紫外线灯，可消毒灭菌，以使精液处理室内保持无菌状态。人工授精实验室不允许其他人员出入，以避免将其鞋子和衣服上的病原带入人工授精实验室。室内也禁止吸烟，窗户应装不透光的窗帘，以防止紫外线照射对精子造成伤害。

洗涤消毒室是处理人工授精所用器材和药品的地方，占地面积10～15 米^2。装配不锈钢水槽、冷热水龙头；器械消毒盒干燥设备、普通冰箱等。

（3）栅栏　种类有母仔栏、羔羊补饲栏、分群栏、活动围栏等。可用木条、木板、钢筋、铁丝网等材料制成，一般高 1.0 米，长 1.2 米、1.5 米、2.0 米、3.0 米不等。栏的两侧或四角装有挂钩和插销，折叠式围栏，中间以铰链相连。

① 母仔栏　为便于母羊产羔和羔羊吃奶，应在羊舍一角用栅栏将母子围在一起。可用几块各长 1.2 米或 1.5 米、高 1 米的栅栏或栅板做成折叠式围栏。一个羊舍内可隔出若干小栏，每栏供一只母羊及其羔羊使用。

② 羔羊补饲栏　用于羔羊的补饲。将栅栏、栅板或网栏在羊舍、补饲场内靠墙围成小栏，栏上设有小门，羔羊能自由进出，而母羊不能进入。

③ 分群栏　由许多栅栏连接而成，用于规模肉羊场进行羊只鉴定、分群、称重、防疫、驱虫等事项，可大大提高工作效率。在分群时，用栅栏在羊群入口处围成一个喇叭口，中部为一条比羊体稍宽的狭长通道，通道的一侧或两侧可设置 3～4 个带活动门的羊圈，这样就可以顺利分群，进行有关操作。

④ 活动围栏　用若干活动围栏可围成圆形、方形或长方形活动羊圈，适用于放牧羊群的管理。

⑤ 磅秤及羊笼　羊场为了解饲养管理情况，掌握羊只生长发育动态，需要经常地定期称测羊只体重。因此，羊场应设置小型地

磅秤或普通杆秤（大型羊场应设置大地磅秤）。磅秤上安置长 1.4 米、宽 0.6 米、高 1.2 米的长方形竹制、木制或钢筋制羊笼，羊笼两端安置进、出活动门，这样，再利用多用途栅栏围成连接到羊舍的分群栏，把安置羊笼的地秤置于分群栏的通道入口处，可减少抓羊时的劳动强度，方便称量羊只体重。

（4）其他设备　包括生长发育性能测定设备（小型称、卷尺、测杖等），运输车辆等。

二、羊场机械设备

1. 饲草收获机械

（1）通用型青饲收获机　波尔山羊舍饲圈养必须准备足够的饲草料，青贮饲料是必不可少的。制作青贮可使用联合收割机，在作业时用拖拉机牵引，后方挂接拖车，能一次性完成作物的收割、切碎及抛送作业，拖车装满后用拖拉机运往储存地点进行青贮。如采用单一的收割机，收割后运至青贮窖再进行铡切和入窖。如收割的牧草用于晒制干草，则使用与四轮拖拉机配套的割草机、搂草机、压捆机等，可满足羊场的饲草收获的需求，大大提高青贮等饲料制作的效率和质量。

（2）玉米收获机　能一次完成玉米摘穗、剥皮、果穗收集、茎叶切碎及装车作业，拖车装满后运往青贮地点储存。

（3）割草机　收割牧草的专用设备，分为往复式割草机和旋转式割草机两种。割下的牧草应连续而均匀地铺放，尽量减少机器对其碾压、翻动和打击。

（4）搂草机　按搂成的草条方向分成横向和侧向两种类型。横向搂草机操作简便，但搂成的草条不整齐，损失较大；侧向搂草机结构较复杂，搂成的草整齐，损失小，并能与捡拾作业相配套。

（5）压捆机　分为固定式压捆机和捡拾式压捆机两种类型。按压成的草捆密度也可分为高密度（200～300 千克/$米^3$）、中密度（100～200 千克/$米^3$）、低密度（100 千克/$米^3$ 以下）压捆机。其作用是将散乱的牧草和秸秆压成捆，方便储存和运输。

2. 饲草料加工机械

（1）铡草机　又称切草机。其作用是将牧草、秸秆等切短，便于青贮和利用。大、中型机一般采用圆盘式，小型多为滚筒式。小型铡草机适宜小规模养殖户使用，主要用来铡切干秸秆，也可铡切青贮料；中型铡草机可铡干秸秆与青贮料两用，故又称为秸秆青贮饲料切碎机。

（2）粉碎机　主要有锤片式、劲锤式、爪片式和对辊式四种类型。粉碎饲料的含水率不宜超过15%。

（3）揉碎机　揉碎是介于铡切与粉碎之间的一种新型加工方式。秸秆尤其是玉米秸秆，经揉搓后被加工成丝状，完全破坏了其结节的结构，并被切成8～10厘米的碎段，使适口性改进。

（4）压块机　秸秆和干草经粉碎后送至缓冲仓，由螺旋输送机排至定量输送机，再由定量输送机、化学添加剂装置、精饲料添加装置完成配料作业，通过各自的输送装置送到连续混合机。同时加入适量的水和蒸汽，混匀后进入压块机成形。压制后的草块堆集密度可达300～400千克/米^3，可使山羊采食速度提高30%以上。

（5）制粒设备　秸秆经粉碎后，通过制粒设备，加入精饲料和添加剂，可制成全价颗粒料。这种颗粒料营养全价，适口性好，采食时间短，浪费少，但加工费高。全套制粒设备包括粉碎机、附加物添加装置、搅拌机、蒸汽锅炉、压粒机、冷却装置、碎粒去除和筛粉装置。

（6）糊化机　多用于淀粉尿素糊化。把经混合后的原料送到挤压糊化机内，加工成糊化颗粒，然后干燥粉碎。成套设备包括粉碎机、混合机、挤压糊化机、干燥设备、输送设备等。

（7）TMR饲料搅拌机　是把切断的粗饲料和精饲料以及微量元素等添加剂，按羊群不同饲养阶段的营养需要混合的新型设备（图6-10）。带有高精度的电子称重系统，可以准确地计算饲料，并有效地管理饲料库。不仅要显示饲料搅拌机中的总重，尤其是对一些微量成分的准确称量（如氮元素添加剂、人造添加剂和糖浆等），从而生产出高品质饲料，保证羊只每采食一口日粮都是精粗比例稳定、营养浓度一致的全价日粮。

图 6-10　TMR 饲料搅拌机

（8）袋装青贮装填机　将切碎机与装填机组合在一起，操作灵活方便，适用于牧草、饲料作物、作物秸秆等青饲料的青贮和半干青贮，青贮袋为无毒塑料制成，重复使用率为 70%。这种装填机尤其适用于潮湿多雨地区。

3. 消防设备

对于具有一定规模的羊场，应加强防火意识。必须备足消防器材和完善消防设施，如灭火器、消防水龙头或水池、大水缸等。

4. 环保设备

羊场建设中还应重点考虑避免粪尿、垃圾、动物尸体及医用废弃物对周围环境的污染，特别是避免对水源的污染，以免威胁人类健康。场内应设有粪尿、污水、动物尸体和医用废弃物处理设施，如沼气池及焚烧炉等。

三、羊场附属建筑与设施

1. 兽医室

规模较大的肉羊场应建立兽医室。兽医室应建在行政办公区附

近，离羊舍较远的地方。配备常用的消毒器械、诊断器械、手术器械、注射器械、喷雾器械和药品，室外装有保定架。

2. 人工授精室

包括采精室、精液处理室、输精室，其面积分别为8～12米^2、10～12米^2、20～25米^2，室内光线好，空气新鲜，水泥防滑地面，配齐所需的药品和器械。

3. 饲料仓库

用于储存精饲料原料、混合精饲料、预混料和添加剂，要求仓内通风性能好，防鼠防雀，保持清洁干燥。

4. 干草棚

应建于高燥之地，远离居民区，并设有排水道。可建成简易羊舍式，三面有围墙，前面为半截墙敞口，以达到防潮湿、防雨雪、防火的目的。

第四节　羊场粪便处理与利用

近年来，随着养羊业的快速发展，越来越多的羊场采取规模化的养殖。由此大量的羊粪也就成了亟待解决的有机垃圾资源之一。羊粪中含有病原微生物、寄生虫、某些化学药物、有毒金属和激素等，若不及时科学的处理，不仅会恶化羊场的卫生环境，使羊感染疾病的概率增大，同时任意排放这些粪便也会造成农业环境的污染，传播疾病，从而严重危害到人类的健康。因此，我们要及时处理、科学利用羊粪，走可持续发展路线。

一、羊粪的特性

羊粪与其他粪污不同，新鲜羊粪外表层呈黑褐色黏稠状，羊粪内芯呈绿色的细小碎末，臭味较浓，并具有保持完整颗粒的特性。羊粪中有机质含量较高，可达30%～40%，适合好氧堆肥处理，氮、钾含量可达1%以上，作为有机肥料可提高土壤肥力，改良土壤。

二、羊粪对环境的污染与危害

1. 对土壤的污染与危害

土壤的一个基本功能是它具有肥力，能提供植物生长发育所必需的水分、养分、空气和热能等，即可以供作物生长；另一个基本功能是可以分解有机物质。这两方面构成了土壤自然循环的重要环节。

羊粪对土壤既有有利面也有不利面，在一定条件下两个方面可能相互转化。羊粪的有利面在于：能够施用于农田作为肥料培肥土壤；粪浆也为土壤提供必要的水分；经常施用羊粪也能提高土壤抗风化和抗水侵蚀的能力，改变土壤的空气和耕作条件，增加土壤有机质和作物有益微生物的生长。不利面在于：使用羊粪过度会危害农作物、土壤、表面水和地下水水质。在某些情况下（通常是新鲜的羊粪）含有高浓度的氮能烧坏作物；大量使用羊粪也能引起土壤中溶解盐的积累，使土壤盐分增高，植物生长受影响。

磷是作物生长的必要元素，磷在土壤中以溶解态、微粒态等形式存在，自然条件下在土壤中含量为0.01%～0.02%之间。羊粪中的磷能以颗粒态和溶解态两种形式损失，大多数磷易于被侵蚀的土壤部分所吸附。磷通常存在于土壤上表层几厘米的地方（特别是少耕条件的土壤），在与地表径流作用最为强烈的土壤上表面几厘米处可溶解态的磷的含量也十分高。当按作物对氮需求的标准进行施用羊粪时，土壤中磷的含量会迅速上升，磷的含量超出作物所需，土壤中的磷发生积累。这种情况引发的后果是：一方面打破了在区域内土壤养分的平衡，影响作物生长，且通过复杂的生物链增加了区域内动物、植物产品磷的含量；另一方面土壤中累积的磷会通过土壤的侵蚀和渗透作用进入水体，使水体富营养化。

此外，高密度的羊粪使用也能导致土壤盐渍化，高的含盐量在土壤中能减少生物的活性，限制或危害作物的生长，特别是在干燥气候下危害更明显。羊粪也能传播一些野草种子，影响土壤中正常

作物的生长。羊粪常包含一些有毒金属元素（如砷、钴、铜和铁等），这些元素主要存在于粪便固液分离后的固体中。过多施用羊粪在土壤中可能导致这些元素在土壤中的积累，对植物生长产生潜在的危害作用。羊粪便也含有大量的细菌，细菌随羊粪进入土壤后，在土壤中一般能存活几个月。

2. 对大气的污染与危害

羊粪尿中所含有机物大体可分成碳水化合物和含氮化合物，它们在有氧或无氧条件下分解出不同的物质。碳水化合物在有氧条件下分解释放热能，大部分分解成二氧化碳和水；而在无氧条件下，化学反应不完全，可分解成甲烷、有机酸和各种醇类，这些物质略带臭味和酸味，使人产生不愉快的感觉。而含氮化合物主要是蛋白质，其在酶的作用下可分解成氨基酸，氨基酸在有氧条件下可继续分解，最终产物为硝酸盐类；在无氧条件下可分解成氨、硫酸、乙烯醇、二甲基硫醚、硫化氢、甲胺和三甲胺等恶臭气体，这些气体不但危害羊群的生长发育而且也危害人类健康，加剧空气污染。

一般来说，散发的臭气浓度和粪便的磷酸盐及氮的含量成正比的，家禽粪便中磷酸盐含量比较高，羊粪比其他动物粪便含量低，因此羊场有害气味比其他动物场少，尤其比鸡场少。挥发性气体及其他污染物质有风时可传播很远，但随距离加大，污染物的浓度和数量会明显降低。在恶臭物质中，对人、畜健康影响最大的是氨气和硫化氢。硫化氢含量高时，会引起头晕、恶心和慢性中毒症状；人长期在氨气含量高的环境中，可引起目涩流泪，严重时双目失明。由于甲烷与氨对全球气候变暖和酸雨贡献较大，因而近年来畜禽粪便中的这两种气体研究较多。甲烷、二氧化碳和二氧化氮都是地球温室效应的主要气体。据研究，甲烷对全球气候变暖的增温贡献大约为15%，在这15%的贡献率中，养殖业对甲烷的排放量最大。畜禽废物是最大的氨气源，氨挥发到大气中，增加了大气中的氮含量，严重时构成酸雨，危害农作物。

3. 对水体的污染与危害

在某些地区，当作物不需要额外养分时，高密度羊粪便成为一个严重问题。羊粪便中除养分外，还含有生物需氧量、化学需氧量、团体悬浮物、氨态氮、磷及大肠菌群等多种污染指标。羊粪主要用于土壤，土壤通常有好的吸收、储存、缓慢释放养分的能力。然而，持续的运用过量养分，土壤的储存能力迅速减弱，养分寻找新的途径进入河流、湖泊。另外，羊粪还可通过渗透或直接排放废水进入水体，并逐渐渗入地下污染地表水和地下水。当排入水体中的粪便总量超过水体自然净化的能力时，就会改变水体的物理、化学性质和生物群落组成，使水质变坏，并使原有用途受到影响，不仅污染河水水质，而且殃及井水，给人和动物的健康造成危害。地下水污染后极难恢复，自然情况下需300年才能恢复，造成较持久的污染。

羊粪中的氮主要以氨态氮和有机氮形式存在，这些形式很容易流失或侵蚀表面水。自然情况下，大多数表面水中总的氨态氮超过标准约0.2毫克/升将会毒害鱼类，氨态氮的毒性随水的酸性和水温而变化，在高温碱性水条件下，鱼类毒性条件是0.1毫克/升。如果有充足的氧，氨态氮能转变成硝态氮，进而溶解在水中，并通过土壤渗透到地下水。同时，水体中过多的氮会引起水体富营养化，促使藻类疯长，争夺阳光、空间和氧气，威胁鱼类、贝类的生存，限制水生生物和微生物活动中氧的供给，危害水产业；影响沿岸的生态环境，也影响水的利用和消耗。人若长期或大量饮用硝态氮超标的水体，可能诱发癌症。

羊粪中磷通常随雨水流失或通过土壤侵蚀而转移到表面水区域，磷是导致水体富营养化的重要元素。磷进入水体使藻类和水生杂草不正常生长，水中溶解氧下降，引起鱼类污染或死亡，过量的磷在大多数内河或水库是富营养化的限制因子。

羊粪中含有机质达到24%～27%，比其他畜禽粪便含量高。有机质主要通过雨水流失到水体，有机质进入水体，使水体变色、发黑，加速底泥积累，有机质分解的养分可能引起大量的藻类和杂草疯长；有机质的氧化能迅速消耗水中的氧，引起部分水生生物死亡，如在水产养殖环境中，经常因氧的迅速耗尽引起鱼死亡。此

外，由于羊粪便含有机质较高，用羊粪水灌溉稻田，易使禾苗陡长、倒伏，稻谷晚熟或绝收；用于鱼塘或注入江河，会导致低等植物（如藻类）大量繁殖，威胁鱼类生长。

羊粪中还含有大量源自动物肠道中的病原微生物和寄生虫卵，这些病原微生物和寄生虫卵进入水体，会使水体中病原种类增多、菌种和菌量加大，且出现病原菌和寄生虫的大量繁殖和污染，导致介水传染病的传播和流行。特别是在人畜共患病时，会引发疫情，给人、畜带来灾难性危害。另外，羊粪中激素和药物残留对水体的潜在污染也不容忽视。

三、粪便的处理与利用

虽然羊粪对人体健康、空气、水源和土壤环境等容易造成污染产生危害，但羊粪是家畜粪肥中养分最浓，氮、磷、钾含量最高的优质有机肥，如能采用农牧结合，互相促进的处理办法，因地制宜进行无害化处理利用，做到既处理了羊粪，又保护生态环境，对维持农业生态系统平衡起到重要作用。

1. 腐熟堆肥处理技术

羊粪中富含粗纤维、粗蛋白、无氮浸出物等有机成分，这些物质与垫料、秸秆、杂草等有机物混合、堆积，将相对湿度控制在65%～75%，创造适宜的发酵环境，微生物就会大量繁殖，此时有机物会被分解、转化为无臭、完全腐熟的活性有机肥。高温堆肥能提高羊粪的质量，在堆肥结束时，全氮、全磷、全钾含量均有所增加，堆肥过程中形成的特殊高温理化环境能杀灭羊粪中的有害病菌、寄生虫卵及杂草种子，达到无害化、减量化和资源化，从而有效解决羊场因粪便所产生的环境污染问题。堆肥的优点是技术和设施较简单，使用方便，无臭味，而且腐熟的堆肥属迟效肥料，牧草及作物使用安全有效。

堆积发酵方法有以下几种。

（1）条形堆腐处理　在敞开的棚内或者露天将羊粪堆积成长条状，高度1.5～2米，宽1.5～3米，长度视场地大小和粪便多少而定，进行自然发酵，根据堆内温度进行人工或者机械翻堆，堆制时间需 3～6 个月，堆制过程中用泥浆或塑料薄膜密封，特别是在多雨地区，堆肥覆盖塑料薄膜可防止粪水渗入地下污染环境。

（2）大棚发酵槽处理　修筑宽 8～10 米、长 60～80 米、高 1.5～2 米的水泥槽，将羊粪置入槽内并覆盖塑料薄膜，利用机械翻堆，堆腐时间 20～30 天即可启用。

（3）密闭发酵塔堆腐处理

修筑圆柱形密闭发酵塔，直径一般 3～6 米，高度 10～15 米。

2. 羊粪生产沼气技术

在一定的温度、湿度、酸碱度和碳氮比等条件下，羊粪有机物在厌氧环境中，通过微生物发酵作用可产生沼气，参与沼气发酵的微生物的数量和质量与产生沼气的关系极大。一般在原料、发酵温度等条件一致时，参与沼气发酵的微生物越多，质量越好，产生的沼气越多，沼气中的甲烷含量越高，沼气的品质也越好。利用羊粪有机物经微生物降解产生沼气，同时可杀灭粪水中的大肠杆菌、蠕虫卵等。沼气可用来供热、发电，发酵的残渣可作农作物的肥料，因而生产沼气既能合理利用羊粪，又能防止环境污染，是规模化羊场综合利用粪污的一种最好形式。但在发酵过程中，羊粪蛋不易下沉，容易漂浮在发酵液上面，不能分解，在生产实际中应注意解决这一技术问题。

3. 制成有机肥处理技术

利用羊粪中的有机质和营养元素，使其转化成性质稳定、无害的有机肥料。还可根据不同农作物的吸肥特性，添加不同比例的无机营养成分，制成不同种类的复合肥或混合肥，为羊粪资源的开发利用开辟更加广阔的市场空间。制成有机肥能够突破农田施用有机肥的季节性，克服羊粪运输、使用、储存不便的缺点，并能消除其恶臭的卫生状况。在制作有机肥时应控制粪便含水率、调节粪便的碳氮值、调节粪便的 pH 值。

4. 作为其他能源处理技术

将羊粪的水分调整到65%左右，再进行通气堆积发酵，这样可得到高达70℃以上的温度，然后在堆粪中放置金属水管，通过水的吸收作用来回收粪便发酵产生的热量，用于畜舍取暖保温。还可以将羊粪中的有机物在缺氧高温条件下加热分解，从而产生以一氧化碳为主的可燃性气体。

5. 生物学处理羊粪技术

羊粪是生产生物腐殖质的基本原料。将羊粪与垫草混合堆成高度为50厘米左右的粪堆，浇水，堆藏3～4个月，直至pH值达到6.5～8.2，粪内温度28℃时，引入蚯蚓进行繁殖。蚯蚓具有很强的分解有机物的能力，在其新陈代谢过程中能吞食大量有机物，消除有机废物的同时可以产生多种副产品，不仅具有环保价值，而且具有经济价值。

第七章

波尔山羊羊肉及其副产品综合利用技术

羊产品有羊毛、绒、羊肉、羊奶、羊皮、骨、血、粪、肠衣以及利用现代生物技术制成的生物制品等，并且以毛、绒、皮、肉为主。而乳、骨、血、内脏作为食品工业原料和生物制品原料进行深加工的却很少。羊肉属于高蛋白质、低脂肪、低胆固醇食品、具有味鲜细嫩、易消化的特点。羊奶含有 200 多种营养素和生物活性物质，其中乳酸 64 种、氨基酸 20 种、维生素 20 种、矿物质 25 种，是世界上公认的最接近人奶的食品。近年来，随着养羊业以及食品工业和生物技术的快速发展，羊产品的深加工产品种类越来越多。事实表明，对羊产品进行科学的储藏保鲜和深加工不仅能获得良好的经济效益，而且其市场潜力巨大，前景广阔。

本章主要介绍羊肉品质评定方法及加工技术。

第一节　羊肉品质评定

一、羊肉的成分及营养价值

羊肉属于高蛋白、低脂肪、低胆固醇的营养食品，其味甘性温，补益脾虚、强壮筋骨、益气补中，具有独特的保健作用。经常

食用可以增强体质使人精力充沛，延年益寿。特别是羔羊肉具有瘦肉多、肌肉纤维细嫩、脂肪少、膻味轻、味美多汁、容易消化和富有保健作用的特点，深受消费者欢迎。我们中华民族的祖先在远古时代发明的一个字——“羹”，意思是用肉和菜等做成的汤，从字形上看。还可以这样来解释，即用羔羊肉做的汤是最鲜美的。涮羊肉的主要原料是羔羊肉，现在涮羊肉的调制者也确认羔羊肉肥瘦相宜，色纹美观，到火锅中一涮即刻打卷，味道鲜，肉质细嫩，为成年羊肉所不及。在国外，许多国家大羊肉和羔羊肉的产量不断变化，羔羊肉所占的比例增长较快，甚至有不少国家羔羊肉的产量远远超过成年羊肉。生产羔羊肉成本低，产品率和劳动生产率也比较高，羔羊肉售价又高，因而经营有利，发展迅速，如美国现在的羔羊肉产量占全部羊肉总产量的70%、新西兰占80%、法国占75%、英国占94%。我国目前羔羊肉的产量在羊肉总产量中所占的比例不到30%。

另外，据研究，在动物蛋白质中有一种能够燃烧细胞内部脂肪的氨基酸——“肉毒碱”，在心脏和骨骼肌等肌肉中，肉毒碱的含量特别多。2002年，日本北海道大学对羊、牛和猪肉中的肉毒碱含量进行检测，发现羊肉中肉毒碱含量最多。每100克羊肉中可能含有188～282毫克肉毒碱。肉毒碱还有提高神经传导介质——乙酰胆碱的生成作用，同时，肉毒碱还有可能预防脑老化的功效。因此，从脑科学的角度看，羊肉也称得上是健康食品。

二、产肉力的测定

1. 胴体重

指屠宰放血后，剥去毛皮，除去头、内脏及前肢膝关节和后趾关节以下部分后，整个躯体（包括肾脏及其周围脂肪），静置30分钟后的重量。

2. 净肉重

指用温胴体精细剔除骨头后余下的净肉重量，要求在剔肉后的骨头上附着的肉量及耗损的肉屑量不能超过300克。

3. 屠宰率

指胴体重与羊屠宰前活重（宰前空腹24小时）之比，用百分率表示。

屠宰率＝胴体重/宰前活重×100%

4. 净肉率

指胴体净肉重占宰前活重的百分比。

净肉率＝净肉重/胴体重×100%

5. 骨肉比

指胴体骨重与胴体净肉重之比。

6. 眼肌面积

测量倒数第1肋骨与第2肋骨之间脊椎上眼肌，（背最长肌）的横切面积，该测定值与长肉量呈高度正相关。测量方法，一般用硫酸绘图纸描绘出眼肌横切面的轮廓，再用求积仪计算出面积，如无求积仪可用下面公式估测。

眼肌面积(平方厘米)＝眼肌高度(厘米)×眼肌宽度(厘米)×0.7

7. GR值

指在第12肋骨与第13肋骨之间，距背脊中线11厘米处的组织厚度，作为代表胴体脂肪含量的标志，GR值大小与胴体膘分的关系，0～5毫米，胴体膘分为1（很瘦）；6～10毫米，胴体膘分为2（瘦）；11～15毫米，胴体膘分为3（中等）；16～20毫米，胴体膘分为4（肥）；21毫米以上，胴体膘分为5（极肥）；我国制定的羊肉质量分级标准（NY/T630—2002）中，将GR值称为"肋肉厚"。

三、羊肉的品质评定

1. 肉色

肉色是指肌肉的颜色，是由组成肌肉的肌红蛋白和肌白蛋白的比例所决定的。但与羊肉的性别、年龄、肥度、宰前状态、放血的完全与否、冷却、冻结等加工情况有关。一般情况下，山羊肉的肉

色较绵羊肉色红。

评定肉色时，可用分光光度计精确测定肉的总色度，也可按照肌红蛋白含量来评定，现场多用目测法，即取最后一个胸椎处背最长肌（眼肌）为代表，新鲜肉样于宰后1～2小时，冷却肉样于宰后24小时在4℃左右冰箱中存放。在室内自然光度下，用目测评分法评定肉新鲜切面，避免在阳光直射下或在室内阴暗处评定。灰白色评1分，微红色评2分，鲜红色评3分，微暗红色评4分，暗红色评5分。两级间允许评0.5分。具体评分时可用美式或日式肉色评分图对比，凡评为3分或4分者均属正常颜色。

2. 大理石纹

指肉眼可见的肌肉横切面红色中的白色脂肪纹状结构，红色为肌细胞，白色为肌束间的结缔组织和脂肪细胞。白色纹理多而显著，表示其中蓄积较多的脂肪，肉多汁性好，是简易衡量肉含脂量和多汁性的方法。若要准确评定，需经化学分析和组织学方法等测定。现在常用的方法是取第一腰椎部背最长肌鲜肉样，至于0～4℃冰箱中24小时后，取出横切，以新鲜切面观察其纹理结构，并借用大理石纹评分标准图评定，只有大理石纹的痕迹评为1分，有微量大理石纹评为2分，有少量大理石纹评为3分，有适量大理石纹评为4分，有过量大理石纹的评为5分。

我国羊肉中的大理石纹不明显或缺乏，但可通过测定肌内脂肪含量来衡量，一般含量在2%～5%，而含量在2%～3%的较好。

3. 羊肉酸碱度（pH）

羊肉酸碱度是指肉羊宰杀停止呼吸后，在一定条件下，经过一定时间所测得的pH。肉羊宰杀后，其羊肉发生一系列的生化变化，主要是糖原醇酵解和三磷酸腺苷（ATP）的水解供能变化，结果使肌肉中聚集乳酸和磷酸等酸性物质，使肉pH降低。这种变化可改变肉的保水性能、嫩度、组织状态和颜色等性状。现常用酸度计测定肉样pH，按酸度计使用说明书在室温下进行。直接测定时，在切开的肌肉面用金属棒从切面中心刺一个小孔，然后插入酸度计电极，使肉紧贴点击求端后读数；捣碎测定时，将肉样加入组织捣碎机中捣3分钟左右，取出装在小烧杯中，插入酸度计电极测定。

评定标准：鲜肉pH为5.9～6.5；次鲜肉pH为6.6～6.7；腐败肉pH在6.7以上。

4. 羊肉失水率

测定失水率是指羊肉在一定压力条件下，经一定时间所失去的水分占失水前肉重的百分数。失水率越低，表示保水性越强、肉质柔嫩、肉质越好。测定时，截取第一腰椎以后最长肌5厘米肉样一段，平置在洁净的橡皮片上，用直径为2.532厘米的圆形取样器（面积约为5厘米^2），切取中心部分眼肌样品一块，其厚度为1厘米，立即用感量为0.001克的天平称重，然后放置于铺有多层吸水性好的定性中速滤纸，以水分不透出、全部吸净为度，一般为18层定性中速滤纸的压力计平台上，肉样上方覆盖18层定性中速滤纸，上、下各加一块书写用的塑料板，加压至35千克，保持5分钟，撤除压力后，立即称重肉样重量。肉样加压前后重量的差异即为肉样失水重。按下列公式计算失水率。

失水率=(肉样压前重量-肉样压后重量)/肉样压前重量×100%

5. 羊肉系水率

系水率是指肌肉保持水分能力，用肌肉加压后保存的水量占总含水量的百分数表示。系水率高，则肉的品质好。测定方法是取背最长肌肉样50克，按食品分析常规测定法测定肌肉加压后保存的水量占总含量的百分数。

系水率=(肌肉中总含水量-肉样失水量)/肌肉中总含水量×100%

6. 熟肉率

熟肉率是指肉熟后与生肉的重量比率。用腰大肌代表样本，取一侧腰大肌中端约100克，于宰杀后12小时内进行测定。剥离肌外膜所附着的脂肪后，用感量0.1克的天平称重（W_1），将样品置于铝蒸锅的蒸笼上用沸水在2000W的电炉上蒸煮45分钟，取出后

冷却30～45分钟或吊挂在室内无风阴凉处，30分钟后再称重（W_2）。计算公式为

$$熟肉率=W_2/W_1\times100\%$$

7. 羊肉的嫩度

羊肉的嫩度指肉的老嫩程度。影响羊肉嫩度的因素有很多，如品种、年龄、性别、肉的部位、肌肉的结构、成分、肉脂比例、蛋白质的种类、化学结构和亲水性、初步加工条件、保存条件和时间、熟制加工的温度、时间和技术等。羊胴体上肌肉的嫩度与肌肉中结缔组织胶原成分的羟脯氨酸有关，羟脯氨酸含量越大，切断肌肉的强度越大，肉的嫩度越小。

羊肉嫩度评定通常采用仪器评定和品尝评定两种方法。仪器评定目前通常采用肌肉嫩度计，以千克为单位表示，数值越小、肉越细嫩，数值越大、肉越粗老。品尝评定通常是取后腿或腰部肌肉500克放入锅中蒸60分钟，取出切成薄片，凭咀嚼碎裂的程度进行判定，易碎裂则嫩，不易碎裂则表明粗硬。

8. 膻味

膻味是山羊固有的一种特殊气味。膻味的大小因品种、性别、年龄、季节、遗传、地区、去势与否等因素不同而异。鉴别羊肉膻味最简便的方法是煮沸品尝，取前腿肉0.5～1.0千克放入铝锅内蒸60分钟，取出切成薄片，放入盘中，不加任何佐料，凭咀嚼感觉来判断膻味的浓淡程度。

第二节　无公害羊肉和有机羊肉生产加工技术

由于羊肉制品独特的风味和我国人民的消费习惯，近年羊肉制品受到国内广大消费者的青睐。由于工艺和包装的改进及市场冷销链的建成，使熟肉制品的保质期大大延长。质地、口感、卫生条件的改善和合理的营养搭配又极大地刺激了羊肉制品市场的发展，使肉制品加工业进入了一个新的发展阶段。羊肉制品种类繁多，加工程度和方法各异，风味也不尽相同。下面主要介绍具有典型代表和特色的羊肉制品的加工方法。

一、产地环境要求

肉类食品的安全问题，已成为人们日益关注的主要问题。因此，消费者不仅要求肉类食品安全、美化、营养丰富，而且要求采用先进的屠宰方式、屠宰工艺、屠宰技术来保证肉类食品的质量。而工厂化屠宰则是肉类食品安全的可靠保证，这是因为工厂化屠宰是以规模化、机械化生产，现代化管理和科学化检疫、检验为基础，以现代科技为支撑，通过屠宰加工全过程质量控制来保证肉品安全、卫生和质量，只有实行工厂化屠宰才能将“放心肉食品”送到消费者的餐桌上。因此，羊的屠宰加工走出小作坊和个体模式，现代化规模化的集中屠宰已是势在必行。

随着我国法制建设的快速发展，国家和有关部门颁布和修订了一系列有关畜禽屠宰和安全卫生的法律、法规、规程和标准，如《食品安全法》《动物防疫法》《肉品卫生检验试行规程》《畜类屠宰加工通用技术条件》等。另外，我国早在1983年就颁发了肉、乳、蛋、鱼的卫生标准45种，1998年制定了包括抗生素残留量等20项测定标准，1985年颁布了解冻猪、羊、牛、禽类和分割冻猪肉等产品标准，近年来对许多标准法规进行了修订补充和完善，特别是《食品安全法》的实施以及各地检验和执法系统的加强，现已形成了我国的畜禽屠宰加工安全管理体系，为肉类食品的质量提供了保障。

1. 场址选择

① 屠宰场地点应远离住宅、学校、医院、水源及其他公共场所，应位于住宅区的下风向、河流的下游。

② 交通便利，要相对靠近公路、铁路或码头，但应远离交通主干道。

③ 应有良好的自然光照、通风条件，建筑物应选择合理的朝向，以朝南或东南为佳。

④ 地势应干燥、平坦，坡度不宜过大。

⑤ 应远离化工石油等厂矿，避免产生的有害气体和灰尘污染肉品。

⑥ 应有充足的供水和完善的污水处理系统。生产用水必须采用清洁卫生的水源，城市可采用自来水，无自来水的地方可用井水。若采用江河水，必须加净水过滤系统，并经当地食品安全卫生监督机构检验审批。

⑦ 污水废水不能直接排入江河或农田，也不准直接排入城市下水道，需经过污水处理系统处理。

⑧ 要求对屠宰的粪尿进行无公害化处理，以防止屠宰畜禽粪尿和肠胃内容成为疾病传染源。

⑨ 场内通道和地面应铺设沥青或水泥，应建 2 米高的围墙，防止其他动物进出，避免疫病传播。

⑩ 尊重民族习惯，清真食品需按 HALA 认证标准建设。

⑪ 环境要绿化和美化。

2. 建筑设施

羊屠宰场的建设设施，主要包括饲养圈、候宰圈、屠宰加工车间、胴体晾晒间、副产品加工车间、冷藏库、无害化处理间等。

屠宰加工企业的总体设计必须做到符合卫生要求和科学管理的原则。各个车间和建筑物的配置，既要互相连贯、又要合理布局，做到病疫隔离、病检分宰、原料、成品、副产品和废弃物的运转可以顺利进行。另外，应设立与门同宽、长度超过大型载重汽车车轮周长的消毒池。建筑物要有充分的自然光照。

二、生产技术

羊屠宰的工艺流程如下。

宰前检验→候宰（疑病畜隔离→急宰）→击昏→刺杀→放血→剥皮→开膛破肚→同步卫检→排酸→悬挂输送→胴体体整→检验→盖印→称重→出厂。

1. 宰前检验

屠宰的羊只要求取得非疫区证明和产地检疫证明，为了保证肉品质量，还需在宰前进行检验以确保屠宰的羊来自安全非疫区、健康无病。对于检疫发现的可疑羊需进行隔离观察，对确定的病羊应及时送急宰间处理，将健康的羊送候宰间待宰。

2. 候宰

羊在屠宰前，一般需断食，休息12～24小时，屠宰前3小时停止给水。

3. 击昏

击昏是使羊暂时失去知觉，避免屠宰时因挣扎痛苦等刺激造成血管收缩，放血不净而降低肉的品质。羊的击昏基本采用电麻击昏。羊的电麻器前端形如镰刀状为鼻电极，后端为脑电极麻电器和麻电时间及电压各国不同。电击晕时要依据羊的大小、年龄，注意掌握电流、电压和麻电时间。电压、电流强度过大、时间过长，引起血压急剧增高，造成皮肤、肉和内脏出血。我国多采用低电压，通常情况下采用电压90伏、电流0.2安、时间3～6秒。

4. 刺杀与放血

羊击昏后应尽快刺杀，刺杀位置要准确，使进刀口能充分放血。羊在刺杀时，在羊的颈部纵向切开皮肤，切口8～12厘米，然后用刀伸入切口内向右偏，挑断气管和血管进行放血，但应避免刺破食管。放血时应注意把羊固定好，防止血液污染毛皮。刺杀后经3～5分钟，即可进入下一道工序。部分国家已采用空心放血刀刺杀，利用真空设备收集血液，卫生条件好，有利于血液的再利用。

放血完全或放血充分的肉品特征为肉的色泽鲜艳、有光泽，肉的味道纯正、含水量少、不沾手，质地坚实、弹性强，能长时间保藏。放血不全的肉品外表色泽晦暗，缺乏光泽，有血腥味，含水量多，手摸湿润，容易发生腐败变质，不耐久储。

5. 剥皮

一般屠宰后的羊多进行剥皮，剥皮方式通常有手工剥皮和机械

剥皮。

6. 开膛破肚

羊剥皮后应立即开膛取出内脏，最迟不超过30分钟，否则对脏器和肌肉均有不良影响，如可降低肠和胰的质量等。开膛时沿腹部正中线切开，接着用滑刀滑开腹膜，肠胃等自动滑出体外，然后沿肛门周围用刀将直肠与肛门连接部剥离开，再将直肠掏出打结或用橡皮筋套住直肠头，以免粪便流出污染胴体。用刀将肠系膜割断，随之取出胃、肠和脾。然后用刀划破膈，并事先沿肋软骨连接处切开胸腔，并剥离气管、食管，再将心、肺取出。取出的内脏分别挂在挂钩上或传送盘上以备检验。开膛破肚取出内脏后，若需要将整个胴体劈成两半时，用电锯或砍刀沿脊柱正中将胴体劈为两半。羊的屠宰加工生产线一般不使用劈半设备。

7. 同步卫检

同步卫检是羊屠宰加工工艺中的重要工序，胴体与内脏分别同步输送，准确检查羊内脏有无病变，确保肉质质量。

8. 排酸

羊在屠宰以后，体细胞失去了血液的氧气供应，进行无氧呼吸，从而产生乳酸。排酸即根据羊胴体进入排酸库的时间，在一定的温度、湿度和风速下，将乳酸分解成二氧化碳、水和乙醇后挥发掉，同时羊肉细胞内三磷酸腺苷在酶的作用下分解为新的物质——基苷，肉的酸碱度被改变，代谢产物被最大限度分解和排出。因此，屠宰后获得羊胴体如果尽快冷却，就可以得到质量好的肉，同时还可以减少损耗。冷却间温度一般为2～4℃，相对湿度为75%～85%。冷却后的羊胴体中心温度不高于7℃，羊胴体一般冷却24～36小时。

9. 悬挂输送

悬挂输送系统是屠宰生产线中将屠体及胴体传送到各个加工工序进行流水线作业的关键装置。悬挂输送装置又分推线和自动线两种。

10. 胴体休整

羊的胴体休整主要是割去生殖器、腺体、分离肾脏。胴体休整的目的是保持胴体整洁卫生，符合商品要求。

11. 检验、盖印、称重、出厂

在整个屠宰加工过程中，要进行屠宰兽医检验，宰后检验是宰前检验的继续，目的是发现处于潜伏期或症状不明显的病畜。

三、羊肉加工新技术

在肉类食品工业中，最重要的也最费时间的加工工序是肉的腌制、干燥成熟和肉食品的杀菌处理。目前研究水平已经得到提高，可以用于工业化生产，能够改善肉品安全性、肉食品的感官和提高肉食品加工企业生产效率的新技术，包括以下几个方面。

1. 快速腌制技术

肉类食品加工中，腌制的目的是通过腌制处理，使腌制材料在食品中均匀分布，从而改善产品的颜色和风味，萃取肌肉中盐溶性蛋白质并获得人们所需要的食品质构和改善食品的风味。

腌制材料的扩散速度与腌制温度有关。因此，可以采用高于传统腌制温度的高温腌制法来提高腌制材料的扩散速度。然而，盐溶性蛋白质的萃取、产品的卫生安全性和颜色稳定性则需要较低的温度环境。快速腌制技术的发展就是基于上述两个相互矛盾的事实而设计和发展的。

多针头盐水注射机的应用是加快腌制材料扩散速度的有效方法之一，但影响腌制材料在注射过程中均匀分布的因素是原料肉的不均一性，而不是工艺方面的问题。利用针头或软化机对肉进行嫩化处理，使肉的表面积增大，加速了肌原纤维蛋白质的萃取速度，进一步缩短了腌制时间。由于摩擦力压力或剪切力等机械能作用，改善了腌制材料的扩散速度和盐溶性蛋白质的萃取速度，可在一定程度上弥补低温下扩散速度慢的缺陷。

目前工厂内广泛采用的多针头注射、机械嫩化滚揉和按摩新熏煮火腿加工工艺，已经将腌制时间降低到大约 24 小时。但是人们

更感兴趣的是是否有可能将熏煮火腿总的加工时间缩短到7小时之内，即在一班内完成肉的腌制、填充、烟熏、热加工和冷却等熏煮火腿的全部加工过程。当然，为了实现这一目的仅仅依靠缩短腌制时间是不够的，还必须同时缩短熟制冷却过程。或是采用连续的腌制加工，并与后续的加工工序合并，使整个熏煮火腿的加工过程成为一个不间断的连续生产过程。

（1）预按摩处理　在60～100千帕的压力下，对原料肉进行预按摩处理的研究结果发现，采用此方法处理原料肉，将使肌肉中的肌纤维彼此分离，并增加了肌原纤维的距离，使肉变得松软，从而加快腌制材料的吸收和扩散速度，缩短了总的滚揉时间。

（2）无针头盐水注射　采用高压液体发生器，将腌制液直接注射到原材料中，然后进行嫩化和滚揉处理，这使得肉制品的连续生产成为可能。

（3）高压处理　高压处理由于使分子间距增大和极性区域的暴露，使得肉的保水性提高，从而改善肉的出品率和肉的嫩度。Nestle公司的研究结果显示，在盐水注射之前，用202.65兆帕高压处理腿肉，可将肉的出品率提高0.7%～1.2%。

（4）超声波　超声波处理作为滚揉的辅助手段，促进盐溶液蛋白质的萃取，超声波处理能加快干燥速度。有人认为，超声波处理引起的压力变化是加速水分和溶质转移的主要原因，在超声波处理的干燥过程中，肉制品表面的水分快速蒸发，因而加速了水分由肉制品的中心向表面的扩散速度。然而，必须严格地控制超声波处理的操作过程，以免干燥环（drying rings）的产生。

超声波处理的可能副作用是超声波能量能够为转化成热能，导致肉温度的升高，不过适当的温度升高可以加快腌制的速率。

2. 成熟、干燥和熟化技术

传统发酵香肠的生产工艺中，发酵、干燥和成熟工序的时间非常长（由于水分的扩散速度较慢，为避免干燥环的产生，长时间的干燥成熟过程是必需的），从半干香肠的几周，到干香肠的几个月使得发酵香肠的生产效率很低。

为了提高生产效率，如何在不降低产品感官特性的条件下，尽可能地缩短发酵香肠的生产周期，是肉类工业非常感兴趣的课题之一。目前有关的研究主要集中在两个方面：一是将传统的加工工艺和生物技术（如添加加快成熟的酶类）的结合；二是加快传统干燥过程的方法或原料肉的预干燥处理。

（1）酶法成熟　在干酪生产中添加蛋白分解酶加快成熟工程中的研究已经获得了可喜的结果，蛋白分解酶降解蛋白促进了发酵剂微生物的生长，从而加快了产酶速度，并促进了风味物质的形成。

挪威的 MATFORSK 在发酵香肠的生产工艺中，添加由 Lactobacillu sparacasei 产生并经修饰的丝氨酸蛋白分解酶，在不降低产品品质的前提下，将发酵香肠的干燥时间和成熟时间减少了30%（由原来的 3 周减少到 2 周）。

对木瓜蛋白酶和菠萝蛋白酶的研究结果显示，它们对加快发酵香肠成熟过程的作用较小。因此，蛋白酶种类的选择，或是具有适宜的蛋白分解能力的发酵剂菌种的选择，是缩短发酵香肠干燥时间、成熟时间的关键因素。同时，所选用的分解酶或发酵剂必须能够工业化生产，当然必须是经有关机构认可，允许在食品生产中使用的酶类或发酵剂。

（2）干燥新技术

① 冷冻干燥　在发酵香肠的原料中添加部分经冷冻干燥除去一定数量水分的原料也是加快干燥成熟过程的方法之一。德国的研究结果显示，添加 2%的经冷冻干燥的原料肉，可将发酵香肠的干燥成熟时间缩短 20%，同时不降低产品的品质，但产品的生产成本提高 1.5%。

应用冷冻干燥原料肉的优点包括以下几方面。

a. 在干燥开始时或干燥成熟的大部分时间内，肉的水分活性将更低。

b. 改善了产品的安全性，并降低了次品发生的比率。

c. 缩短了干燥时间，相应增加了生产能力。

② 真空干燥　对发酵香肠实施温度高于 0℃的真空干燥，或是

对部分原料肉进行真空干燥，在理论上是加快发酵香肠干燥成熟速度的方法之一。美国的研究结果显示，可以将产品的干燥时间缩短30%，实际的效果与产品的组成和产品的加工参数有关。制约这一技术在实际生产中应用的因素是真空设备的生产和大量资金的投入。对部分原料肉进行真空干燥比冷冻干燥更节省能量，或许真空干燥和冷冻干燥相结合，是缩短干燥成熟时间的切实可行的方法。

③ 渗透压干燥　渗透压干燥就是将发酵香肠浸入含有食盐、糖、甘油或山梨糖醇的浓缩溶液中进行的干燥方法。由于没有改变产品的化学状态，因而比冷冻干燥或空气干燥更节省能量，或许真空干燥更节省能量。遗憾的是由于仍然依赖于产品中的水分的扩散速度，所以这种方法并不节省时间。

④ 高压和超声波处理　日本 Fujichiku 公司将火腿切片真空包装后，在 20℃、253.31 兆帕的大气压的条件下，高压处理 3 小时。结果显示，火腿的成熟程度与传统工艺成熟 2 周相同，且产品更多汁、更嫩，并降低了产品的细胞总数。

（3）熟制新技术　羊肉制品熟制的主要目的是改善肉制品的包藏性，并通过熟制过程中肉制品物理化学性质的变化获得人们所需要的食品质构、风味和颜色。目前常用的熟制方法主要是以热空气、热蒸汽或热水为加热介质，将热能从产品的表面向产品的中心传导，完成产品的熟制过程。这些加热方法的一个缺陷就是很容易造成产品的外周部分，被过度热处理，而产品的中心部分则没有达到所要求的热加工程度。

在产品热处理中的某些新工艺是基于所谓的 volumetric heating 为基础发展起来的。就是说热能在食品的内部产生，并且快速、均匀地传导到整个产品。这种加热方式使得产品在很短时间内完成热制过程，并对产品的感官品质影响较小，从而使产品获得更好的风味、颜色等。

大部分 volumetric heating 方法是利用不同波长的电磁辐射进行的。根据波长的不同，人们可将电磁波分为下述两种。

① 无线电波加热　无线电波波长为 30 厘米或 10 厘米。微波

加热是一种被大众熟知的加热方式，但是到目前为止，该种加热方法尚未在生产中广泛使用，原因有二：第一，不同产品的脂肪、水分和盐的含量差异大、分布不均；第二，微波的穿透深度较小，2450兆帕的微波，其穿透深度约为1.5厘米。

② 红外线加热　红外线波长为1～1000微米，频率为108兆赫兹。红外线波的穿透深度也仅有几个毫米，因此其不能单独用于肉制品的热加工处理，但红外线处理可以用于产品表面的杀菌处理。该方法可以和其他的热处理方法结合使用。

(4) 新含气调理技术　新含气调理技术是加工肉品原料经过清洗、整理等初加工后，结合调味烹饪进行合理的减菌化处理。处理后的肉品原料与调味汁一同充填到高阻隔性（防氧化）的包装容器中。先去除空气，再注入不活泼气体然后密封。最后，将包装后的物料送入新含气烹饪锅中进行多阶段加热的温和式调理灭菌。

① 加工步骤

a. 初加工　对生鲜肉进行清洗、去内脏、切块、切丝等初加工。

b. 预处理　这是新含气调理技术的关键所在。在预处理过程中，结合蒸、煮、炸、烤、煎、炒等必要的调味烹饪，同时进行减菌化处理。一般来说，肉类等每克原料中有105～106个细菌，经减菌化处理之后，可降至10～102个，通过这样的减菌化处理，可以大大降低和缩短最后灭菌的温度和时间，减轻最后杀菌的负担，从而使肉品承受的热损伤控制在最小限度。

c. 气体置换包装　预处理后将肉品原料及调味汁装入高阻隔性的包装盒中，进行气体置换包装，然后密封。气体置换的方法有三种：其一是先抽真空，再注入氮气，置换率一般可达99%以上；其二是通过向容器内注入氮气，同时将空气排出，置换率一般为95%～98%；其三是直接在氮气的环境中包装，置换率在97%～98.5%之间，通常采用第一种方式。

② 主要设备

a. 万能自动烹饪锅　万能自动烹饪锅采用空气热源方式，根

据需要喷射热水、蒸汽或调味汁，进行无搅拌的蒸煮煎烤的多功能烹饪。同时装备有加压和减压的功能，通过调节压力，有效地进行加热和冷却处理以缩短冷却时间，此外，整个烹饪过程中可在无氧全氮的条件下进行，以免食物在烹饪的过程中发生氧化作用。该设备通过高性能电脑平台全自动控制，锅内的温度和压力、事物的中心温度、调味汁的糖度、盐度等数据随时在电脑的画面上显示，以便进行连续的监控烹饪。

b. 新含气制氮机　新含气制氮机是专用于食品包装的氮气分离设备，与新含气包装机连接。通过无油压缩机将压缩空气送入吸附柱内，空气中的氧气、二氧化碳和水分等杂质被选择性吸收而将氮气分离出来。所分离的氮气纯度可达99%以上。制氮气的运转通过程序装置自动控制。

c. 新含气包装机　半自动包装机需人工填料，但抽真空、充氮、封口自动进行，包装袋适用范围较宽；全自动式配套自动填料机，其填料、送盒、抽真空、充氮和封口全部自动化进行。

③ 其他设备　除了上述主要设备外，还需要配备车间消毒设备、供热设备、空压机、供水、冷却水塔、储气罐等辅助生产设施。

由于新含气调理技术生产的产品可在常温下运输、储存和销售，货架期长，使流通领域的成本大大降低，适合于中式、西式食品的多品种加工，可为宾馆、饭店、酒店、快餐店、超市、医院、居民小区及家庭提供美味可口的即食食品或半成品。相信新含气调理技术的广泛应用，将对我国肉品加工业的发展起到积极的促进作用。

四、监督与质量管理

随着近年国内肉类消费结构的变化和国际市场的恢复，羊肉产品的市场需求空间较大，产品价格较高且稳中有升，生产效益良好，发展潜力大。同时，各级政府将加快发展优质草食家畜作为畜牧结构调整的重点，从而使我国养羊生产进入了良性增长期，羊肉产量逐年增加。据农业部新资料显示，我国羊肉年产量、年羊存栏和出栏数量有较大幅度的增加，羊出栏率已接近世界平均水平。然而由于环境污染、饲料饲草农残及其不合理使用、滥用兽药和药物添加剂，导致许多有毒有害物质直接或通过食物链进入羊的体内，同时，羊的许多疾病可通过其产品传播给人，从而影响其食用安全性。因此，为了适应新形势下农业和农村经济结构战略性的调整和加入 WTO 的需要，全面推进“无公害食品行动计划”，以保证羊肉不会对消费者健康造成危害，在羊肉的生产中必须从产地环境、肉羊饲养、饲料安全、兽医防疫、兽药使用以及羊肉加工、包装、标志、储存和运输十大环节着手，采用无公害的生产加工技术与管理准则。

肉羊无公害生产技术规范在肉羊无公害生产中，坚持“自养自繁”的原则，采用“全进全出”的生产管理模式，禁止其他畜禽进入饲养场内。加强肉羊饲养管理，减少疾病发生，尽量不用药物。

生产无公害羊肉的屠宰厂和肉类加工企业应遵守《食品企业通用卫生规范》(GB 14881)、《肉类加工厂卫生规范》(GB 12694) 和《畜类屠宰加工通用技术条件》(GB/T 17237) 的有关规定，远离垃圾场、畜牧场、医院及其他公共场所和排放“三废”的工业企业，并离开交通主干道 20 米以上。生产用水应符合《生活饮用水卫生标准》(GB 5749) 的规定，大气环境质量不低于 GB 3095 的规定。加工厂环境应清洁、干净，车间配有必要的卫生设施。

活羊必须来自无公害生产基地，经当地动物监督检疫机构检验和宰前检验合格后方能屠宰。屠宰加工按照 GB 12694 的规定执行，严格实施卫生监督与宰后检验。修割后的胴体不得有病变、外伤、血污、毛和其他污物。羊肉经检验合格，胴体冷却后方可进行分割与剔骨，或进一步深加工和供市场鲜销。在无公害羊肉及其制品加工中，不得使用任何化学合成防腐剂和人工合成着色剂，加工设备、用具、包装材料、储存、运输和车间必须符合卫生要求。工作人员应持有健康合格证，保持个人卫生。

第八章

波尔山羊养殖模式及养殖效益分析

第一节　波尔山羊养殖模式

一、山羊养殖模式现状分析

1. 山羊养殖模式

山羊养殖目前没有固定的养殖模式，整体来看，可分为全放牧、放牧＋舍饲和全舍饲三种类型。全放牧优势是能充分利用天然植物资源、降低养羊生产成本及增加运动量，有利于羊体健康。放牧效果的好坏取决于草场质量和利用的合理性以及放牧的方法和技术。放牧＋舍饲可有效缓减放牧对生态环境的影响，避免过度放牧对草地（草原）以及草山草坡植被的影响，同时也可通过舍饲补料加快羊只生长速度，增加养殖效益。全舍饲养殖成本较高，要注重规模出效益，但大规模养殖产生的粪污需要有效地处理，否则也会生态环境造成影响，同时，全舍饲养殖，对养殖技术、疫病防控技术要求较高，没有科学的养殖技术和疫病防控技术则山羊养殖的经济效益较低。

在我国不同区域采取的养殖模式大不相同，在北方，养殖规模较大，全放牧的比例较南方大，北方的山羊全舍饲养殖采用地面平养较多，但目前规模化养殖场也在朝高床漏缝养殖模式发展。在南方农区，由于地形地势和气候的影响，不同的养殖规模采用的养殖模式有差异，规模化养殖场较多采用全舍饲方式，散户采用方式多样，全放牧、放牧＋舍饲和全舍饲均存在，以放牧＋舍饲的比例较多，总体来说南方全放牧的比例较北方小。在圈舍建设方面，由于南方较大，一般均采用高床漏缝地面养殖。漏缝地面能给羊提供干燥卧床，也可防止寄生虫病的传播，在国外和国内亚热带地区已普遍采用。漏缝地面可用木条、水泥条、竹条和塑料或铸铁制品制成，羊床离地面的高度可在1米左右，缝隙的宽度应保持在1.5～2.0厘米，专门的羔羊舍可在1～1.5厘米。过窄不利于漏粪，过宽易于夹住羊蹄。

2. 山羊养殖经营形式

山羊养殖经营存在多种类型，如农户的散养、专业养殖户、养殖企业（公司）、专业养殖合作社（专业养殖协会）、家庭农场等，农户散养是农户以山羊养殖为主业或副业，小规模地从事养羊生产的一种经营形式，目前在我国山羊养殖中，还存在相当多的散养户。山羊专业养殖户是在农牧民家庭经营条件下，专门或主要从事山羊养殖的农牧户。专业养殖户存在两种类型，一是牧区专业养殖户，他们虽然专门从事畜牧业生产，但大部分是牛、马、羊等各种牲畜都有，并不一定专门经营某种牲畜，另一种是农区专门从事山羊专业养殖的农户。山羊专业养殖户一般饲养规模较大，采用较先进的科学技术和经营管理，能够取得较好的规模经济效益。山羊养殖企业（公司）是指成立养殖企业或农牧公司专门从事山羊的养殖、加工或销售的一种经营形式，从组织形式可分为合伙制企业、股份制企业、股份合作制企业、公司制等。山羊养殖合作社是在不改变家庭经营的基础上，自愿地在山羊养殖领域实行联合，实行统一生产、统一加工或统一销售。2013年，中央一号文件提出“鼓励和支持承包土地向专业大户、家庭农场、农民合作社流转，发展多种形式的适度规模经营”，这是中央首次提出家庭农场概念。所谓家庭农场，是指以家庭经营为基础，融合科技、信息、农业机械、金融等现代生产因素和现代经营理念，实行专业化生产、社会

化协作和规模化经营的新型微观经济组织，具有家庭经营、适度规模、市场化经营、企业化管理等四个显著特征。

在山羊养殖具体的经营形式上既可单独，也可有效地组合，如“专业养殖户＋养殖专业合作社”“公司＋农户”“公司＋合作社＋农户”等。不同的经营形式要根据当地的养殖状况、资源、环境和市场进行综合考虑而确定。

二、波尔山羊适宜的养殖模式

波尔山羊本身具有生长速度快、适应能力强等特点，能够适应任何一种养殖方式。但为了充分发挥波尔山羊自身优势和提高波尔山羊养殖的经济效益，我们主推波尔山羊规模化的舍饲养殖，应为波尔山羊提供良好的饲养水平和饲养条件，保证其营养需要、提高其抗病力和适应力。

第二节　波尔山羊养殖效益分析

一、羊场的成本核算

1. 成本核算指标

为了评估羊场经济效益，每个羊场应进行年终收入总结算，计算净收入、纯收入、利润和净收入率，从而确定羊场全年经营效果，便于制定来年的计划和决策。

年终总结算主要是根据会计年度报表中的数据资料，进行经营效果核算。一般是用羊场全年总收入减去全年总支出，如果为正数，即收入大于支出，为赢利，反之，则亏损。需要注意的是在进行经营核算时羊场用于购置固定资产（如购置机具、设施设备等）的资金不能直接列入当年的支出，应当根据固定资产使用的年限计算出当年的折旧费，然后将其列入当年的生产支出。成本核算的主要指标和计算方法有以下几个。

（1）净收入（又称毛利）

净收入＝经营总收入－生产、销售中的物资耗费

生产、销售中的物资耗费包括生产固定资产耗费，饲料、兽药消耗，生产性服务支出，销售费用支出以及其他直接生产性物质消耗费。

（2）纯收入（又称纯利）

纯收入＝净收入－职工工资和差旅费等杂项开支

（3）利润　是当年积累的资金，也是用于来年生产投入或扩大再生产的资金。

利润＝纯收入－(税金＋上交各种费用)

（4）净收入率　是衡量羊场经营是否合算的指标，如果净收入率高于银行贷款利息率，则证明该羊场有利润。

2. 成本核算内容

搞好成本核算，对场内加强经营管理，提高养殖经济效益具有指导意义。

（1）确定成本核算对象　在成本核算期内对主要饲养山羊进行成本核算，1 年或 1 个生产周期核算 1 次。

（2）遵守成本开支范围的规定　成本开支的范围包括生产经营活动中所发生的各项生产费用，而非生产性基本建设的支出以及上交的各种公积金和公益金等都不计入成本中。

（3）确定成本项目　是指确定生产费用按经济用途分类的项目。分项目登记和汇总生产费用，便于计算产品成本，有利于分析成本构成及其变化的原因，成本项目应列羔羊培育费用、饲料费用、防疫治疗费用、固定资产折旧费用、共同生产费用、人工费、经营费及其他直接费用、其他支出费用。

（4）确定计价原则　计算产品成本，要按成本计算期内实际生产和实际消耗的数量及当时的实际价格进行计算。

（5）做好成本核算的基础工作　一是建立原始记录，从经营之初就要做好固定资产（包括土地、圈舍、设施设备、种公羊、基础母羊等)、用工数量、产品数量、低值易耗品数量、饲料饲草消耗量等的统计工作，为做好成本核算提供基础数据。二是采用会计方法进行记录的建账，对生产经营过程中的资金活动，进行连续、系统、完整的记录和计算，要实物收支业务，实现钱物各记、各自建

账，同时要建立产品材料计量、收发和盘点制度。

3. 羊场成本核算的特点与方法

① 羊场成本核算的特点　一是羊群在饲养管理过程中，由于购入、繁殖、出售、屠宰、死亡等原因，其头数、重量在不断变化，为减少计算上的麻烦和提高精确度，通常应按批核算成本。又因羊群的饲养效果和饲养时间、产品数量有关，因此应计算单位产品成本和饲养日成本。二是养波尔山羊的主要产品为活羊、肉、皮等，为方便起见，可把活羊、肉、皮作为主产品，其他为副产品，产品收入抵销一部分成本后，列入主产品生产的总成本。三是单位羊产品消耗饲料的多少和饲料加工运输费用等在总成本中所占的比例，既反映羊场技术水平的高低，也反映其经营管理水平的高低。

② 羊场成本核算的方法

a. 单位主产品成本核算

育肥羊活重单位（千克）成本＝初期存栏总成本＋本期购入（拨入）成本－副产品价值/期末存栏活重＋本期离圈活重（不含死羊）

育肥增重单位（千克）成本＝本期饲养费用－副产品价值/本期期末存栏活重＋本期离圈活重（含死羊）－期初存栏活重－本期购入（拨入）活重

在计算活重、增重单位成本时，所减去的副产品价值包括羊粪、羊毛、死亡羊的残值收入等；死亡羊的重量在计算增重成本时，应列入本期离圈（包括出售、屠宰等）的活重，才能如实反映每增重1千克的实际成本。但计算活重成本时，不包括死亡羊的重量，死亡羊的成本要由活羊负责。

b. 饲养日成本

饲养日成本＝饲养费用/饲养只数×天数

活重实际生产成本加销售费用等于销售成本，销售收入减去销售成本、税金、其他应交费用，有余数为盈，不足为亏。从而得出当年养羊的经济效益，为下年度养羊生产、控制费用开支提供重要依据。计算增重单位成本，可知每增重1千克所需费用；计算饲养日成本，可知每只羊平均每天的饲养成本。通过成本核算可充分反映羊场经营管理水平和经济效益的高低。

二、羊场经济活动分析

在波尔山羊养殖项目投资前，要对羊场的投资成本和效益进行科学分析和预测，这是发展波尔山羊养殖生产的关键环节。波尔山羊养殖可以归结为散养、专业养殖和规模养殖3种类型，下面就这3种养殖类型的养殖成本与经济效益分析方法、计算公式以及规则作一简介，以供参考。

1. 散养

以饲养5只波尔山羊种母羊为例，精料按80%计算，草料、基建、设备不纳入成本计算，人工和羊粪尿产生的价值或费用相抵。

（1）成本

① 购种母羊

5只×费用/只＝购种羊费用

购种羊费用÷5年（利用年限）＝购种羊每年摊销

② 饲养成本

5只种母羊×精料量/(天·只)×精料价格/千克＝5只种母羊每天精料费用

5只种母羊每天精料费用×365天＝5只种母羊年精料费用

总羔羊数(7月龄出栏,5个月饲喂期)×羔羊精料量/(天·只)×150天×精料价格/千克＝育成羊精料费用

总饲养成本＝5只种母羊年精料费用＋育成羊精料费用

③ 医药费用摊销成本　可按10元/(年·只)×总羔数进行计算。

总成本＝购种羊每年摊销＋总饲养成本＋医药费用摊销成本

（2）收入

总育成羊数＝5只种母羊×产羔数羊/只×羔羊成活率×育成羊成活率

总收入＝总育成羊数×出栏重/只×销售价格/千克活羊

（3）经济效益分析

饲养 5 只种母羊年盈利＝总收入－总成本

每卖 1 只育成羊盈利＝总盈利÷总育成数

2. 专业养殖

以饲养 50 只种母羊为例，精料按 100%计算，草料或青贮料计算一半，基建、设施设备不纳入成本计算，人工和羊粪尿产生的价值或费用相抵。

（1） 成本

① 购置种羊费用

购种母羊费用＝50 只母羊×费用/只

购种公羊费用＝2 只种公羊×费用/只

购种羊每年摊销＝购种羊总费用÷5 年(利用年限)

② 饲养成本

a. 种羊

种羊年消耗干草费用＝52 只×干草量/(天・只)×365 天×干草价格/千克

种羊年消耗精料费用＝52 只×精料量/(天・只)×365 天×精料价格/千克

种羊年消耗青贮料费用＝52 只×青贮料量/(天・只)×365 天×青贮料价格/千克

b. 育成羊（7 月龄出栏，5 个月饲喂期）

育成羊年消耗干草费用＝总羔羊数×成活率×干草量/(天・只)×150 天×干草价格/千克

育成羊年消耗精料费用＝总羔羊数×成活率×精料量/(天・只)×150 天×精料价格/千克

育成羊年消耗青贮料费用＝总羔羊数×成活率×青贮料量/(天・只)×150 天×青贮料价格/千克

在计算饲养成本时，根据实际的喂料类型进行计算，如只饲喂了青贮料和精料，则只计算这两样成本。

③ 年医药费用

年医药费用＝10 元/(年・只)×总羔数

（2）收入

总收入＝总育成羊数×出栏重/只×销售价格/千克活羊

（3）经济效益分析

饲养50只种母羊年盈利＝总收入－购种羊每年摊销－总饲养成本－年医药费用

每卖1只育成羊盈利＝总盈利÷总育成数

3. 规模养殖

以饲养500只基础母羊为例。

（1）成本

① 基建　500只基础母羊，净羊舍面积500米^2；周转羊舍（羔羊、育成羊）1250米^2；25只公羊，50米^{2}公羊舍。

总造价＝1800米^2×造价/米^2

青贮池总造价＝500米^2×造价/米^2

贮草及饲料加工车间总造价＝500米^2×造价/米^2

办公室及宿舍总造价＝400米^2×造价/米^2

基建总成本＝羊舍造价＋青贮池总造价＋贮草及饲料加工车间总造价＋办公室及宿舍总造价

② 设施设备　设施设备包括青贮用机械（铡草机、粉碎机、取料车等）、兽医药械、运输车辆、舍内设施设备、水电设施设备等产生的总费用。

每年固定资产总摊销＝(基建总成本＋设施设备费用)÷10年

③ 种羊成本

种母羊成本＝500只母羊×价格/只

种公羊成本＝25只公羊×价格/只

种羊总成本＝种母羊成本＋种公羊成本

每年种羊摊销＝种羊总成本÷5年

④ 建设后需草料成本

a. 种羊

成年羊年消耗干草费用＝525只种羊×干草量/(天・只)×365天×干草价格/千克

成年羊年消耗精料费用＝525 只种羊×精料量/(天·只)×365 天×精料价格/千克

成年羊年消耗青贮料费用＝525 只种羊×青贮料量/(天·只)×365 天×青贮料价格/千克

种羊饲养总成本为以上三种料的费用之和，如没有饲喂任何一种或两种，则不计算其成本。

b. 育成羊（7 月龄出栏，5 个月饲喂期）

育成羊年消耗干草费用＝总羔数×羔羊成活率×育成期成活率×干草量/(天·只)×150 天×干草价格/千克

育成羊年消耗精料费用＝总羔数×羔羊成活率×育成期成活率×精料量/(天·只)×150 天×精料价格/千克

育成羊年消耗青贮料费用＝总羔数×羔羊成活率×育成期成活率×青贮料量/(天·只)×150 天×青贮料价格/千克

育成羊饲养总成本为以上三种料的费用之和，如没有饲喂任何一种或两种，则不计算其成本。

总饲养成本＝种羊饲养总成本＋育成羊饲养总成本

⑤ 年医药、水电、运输、业务管理总摊销　可按 10 元/(年·只)×总只数进行计算。

⑥ 工人年总工资

年总工资＝25 元/(年·只)×总只数

（2）收入

年销售商品羊收入＝总育成数×出栏重/只×销售价格/千克活羊

另外，羊粪收入应视当地销量情况进行合理估价，如果不能出售，则不计算销售收入。

（3）经济效益分析　建一个 500 只基础母羊的商品羊场，年总盈利＝总收入－总饲养成本－年医药费、水电费、运输费－业务管理总摊销－年总工资－年固定资产总摊销－低值易耗品费用－年种羊总摊销

每销售 1 只育成羊盈利＝年总盈利÷总育成数

参考文献

[1] 赵有璋．现代中国养羊［M］．北京：金盾出版社，2005.

[2] 王建民．波尔山羊饲养与繁殖新技术［M］．北京：中国农业大学出版社，2000.

[3] 李苏新．南方肉用山羊养殖技术［M］．北京：金盾出版社，2009.

[4] 宋清华．山羊养殖技术［M］．成都：电子科技大学出版社，2010.

[5] 袁希平，叶瑞卿．现代山羊生产［M］．昆明：云南科技出版社，2007.

[6] 田树军．波尔山羊饲养与疾病防治［M］．北京：中国农业大学出版社，2004.

[7] 崔保维，关娟，刘喜生．波尔山羊饲养关键技术［M］．广州：广东科技出版社，2004.

[8] 陈家振，左北瑶．波尔山羊胚胎移植技术［M］．北京：中国农业科学技术出版社，2003.

[9] 王自力，赵永聚．山羊高效养殖与疾病防治［M］．北京：机械工业出版社，2015.

[10] 权凯．农区肉羊场设计与建设［M］．北京：金盾出版社，2010.

[11] 武和平，周占琴，陈小强．波尔山羊生长发育特性的研究［J］．甘肃农业大学学报，1998，33（4）：340-344.

[12] 周欣德．波尔山羊的特征与开发利用［J］．当代畜牧，1999，（2）：43.

[13] 赵开飞，周广生．波尔山羊杂交试验初报［J］．畜禽业，1999，（4）：11-15.

[14] 熊朝瑞，陈天宝，王教勋，等．波尔山羊改良仁寿山羊产肉性能测定报告［J］．四川畜牧兽医，1999，92（4）：28-29.

[15] 任守文,张浩,李赛明,等．杂交对安徽白山羊生长发育性能的影响［J］．南京农业大学学报，2002,25(3):57-60.

[16] 张树村．波尔山羊改良沂蒙山区当地山羊的效果［J］．山东畜牧兽医，2005，（4）：3-5.

[17] 文际坤，叶瑞卿，阮晓贵．波尔山羊与鲁布革山羊杂交效果研究［J］．中国草食动物，2001，21（5）：10-12.

[18] 刘艳芬，刘铀，林红英，等．不同品种山羊与雷州山羊杂交一代生长发育研究

[J]. 中国草食动物，2002，22(3)：20-23.
[19] 张永东. 布尔山羊杂改河西山羊效果探讨 [J]. 中国草食动物，2003，23(1)：16-17.
[20] 万博荣，苟拉文，王官林，等. 布奶杂交一代山羊生长发育及产肉性能试验研究 [J]. 中国草食动物，2001，S：154-156.
[21] 彭祥伟，黄勇富，粟剑，等. 肉用山羊品种杂交组合试验 [J]. 中国畜牧杂志，2002，38(4)：33-34.
[22] 薛慧文. 无公害羊肉的生产技术规范与管理 [J]. 2002—2003 年全国养羊生产与学术研讨会议论文集，91-93.
[23] 穆秀梅，马启军，段栋梁，等. 无公害羊肉生产技术规范及安全管理 [J]. 山西农业科学，2010，38(8)：117-119.
[24] 温裕平，高飞，刘圆渊. 肉羊生产现状、存在问题及对策 [J]. 内蒙古农业科技,2007(S1):113.
[25] 曹玉华，韩秋珊. 无公害（绿色、有机）羊肉生产技术 [J]，内蒙古农业科技 2013(1)：128-129.
[26] 杜美红，李步高，张纪刚，等. 波尔山羊在我国应用前景探析 [J]. 草食家畜，2002，115(2)：23-25.
[27] 伍开群. 家庭农场的理论分析 [J]. 经济纵横，2013，(6)：65-69.
[28] 姚华清，沈世枉. 山区山羊健康养殖模式探讨 [J]. 中国畜牧兽医，2014，30(10)：49-50.

化学工业出版社同类优秀图书推荐

ISBN	书名	定价(元)
27404	北方养羊新技术	29.8
22873	种草养羊实用技术	32
19820	肉羊生态高效养殖实用技术	29.8
24488	小尾寒羊高效饲养新技术	28
22990	林地生态养羊实用技术	30
22556	零起点学办肉羊养殖场	38
22166	羊的行为与精细饲养管理技术指南	30
21678	中小型肉羊场高效饲养管理	25
20073	牛羊常见病诊治彩色图谱	58
20275	羊高效养殖关键技术及常见误区纠错	35
20147	羊饲料配方手册	29
18419	无公害羊肉安全生产技术	23
18054	农作物秸秆养羊手册	22
17594	图说健康养羊关键技术	22
17523	羊病诊治原色图谱	85
17010	肉羊高效养殖技术一本通	18
15969	规模化羊场兽医手册	35
16398	如何提高羊场养殖效益	35
14923	肉羊养殖新技术	28
14014	羊安全高效生产技术	25
13787	标准化规模养羊技术与模式	28
13754	肉羊规模化高效生产技术	23
13601	养羊科学安全用药指南	26
13353	科学自配羊饲料	20
12781	牛羊病速诊快治技术	18
12667	马头山羊标准化高效饲养技术	25
11677	羊病诊疗与处方手册	28